国家出版基金项目
NATIONAL PUBLICATION FOUNDATION

中国海洋文化

辽宁卷

《中国海洋文化》 编委会 编

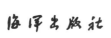

海洋出版社

2016年·北京

辽宁卷

中国海洋文化

辽宁卷

『中国海洋文化丛书』编辑委员会

# 总序

文化是民族的血脉，是人民的精神家园。2014年10月14日，习近平总书记在文艺工作座谈会上发表重要讲话指出，文化是民族生存和发展的重要力量。人类社会的每一次跃进，人类文明每一次升华，无不伴随着文化的历史性进步。在几千年源远流长、连绵不断的历史长河中，中华儿女培育和发展了独具特色、博大精深的中华文化，为民族的生生不息提供了强大精神支撑。

我国是陆海兼备大国，海洋与国家的生存和发展息息相关。中华民族是最早研究认识和开发利用海洋的民族之一。春秋时期的"海王之国"，汉代的海水煮盐工艺，沟通东西方的"海上丝绸之路"，郑和七下西洋的航海壮举，海峡两岸的妈祖文化等与海洋相关的文化遗产，都表明海洋文化是中华文化的重要组成部分，中华民族拥有显著特色的海洋文化传统，为人类海洋文明做出了不可磨灭的贡献。

党和国家历来高度重视海洋事业发展。特别是改革开放后，我国经济逐步发展成为高度依赖海洋资源的开放型经济，海洋已成为支撑我国经济格局的重要载体。党的十八大以来，建设海洋强国已成为经邦治国的大政方略、重大部署。弘扬海洋文化，提升全民海洋意识，已成为社会各界的广泛共识。海洋文化是认识海洋、经略海洋的思想基础，是建设海洋强国的精神动力，也是增强民族凝聚力、国家文化软实力的重要内容。

"中国海洋文化丛书"是我国海洋文化建设的一大成果。这套丛书第一次较为系统地展示了我国沿海各地海洋事业发展、海洋军政历史沿革、海洋文学艺术、海洋风俗民情和沿海名胜风光，既有一定的理论深度，又兼顾可读性、趣味性，荟萃众美，图文并茂，雅俗共赏，是继承弘扬海洋文化优秀传统的重要媒介。在这套丛书的编纂过程中，得益于沿海各地党政领导、机关部门的大力支持，得益于国家海洋局机关党委、地方海洋厅（局）的精心组织，凝聚了一大批海洋文化专家学者的心血和智慧。

"中国海洋文化丛书"是海洋文化综合研究的有益探索。由于海洋文化的这类研究尚属首次，受资料搜集困难、研究基础相对薄弱等各方面客观因素的影响，研究和编写难度较大，不当或疏漏之处在所难免，也希望更多的专家学者和有识之士参与到发掘、研究、宣传、弘扬海洋文化的行动中来，为弘扬海洋文化、提升全民海洋意识做出更多贡献。

希望本丛书对关注海洋文化的各界人士具有重要参考价值。希望本丛书的出版，对繁荣中华文化，推动海洋强国建设发挥重要作用。

# 丛书导读

由国家海洋局组织，沿海各省（区、市）海洋管理部门积极响应落实，200 余位历史文化专家、学者共同完成的"中国海洋文化丛书"，经过长达 5 年的立项、研究、撰著、编修，今天终于与读者见面了。海洋出版社精心打造的这套"中国海洋文化丛书"，卷帙宏巨，共 14 个分册，分别对中国沿海 8 省、2 市、1 自治区及港、澳、台地区的海洋文化进行了细致的梳理和全面的研究，连缀与展现了中国海洋文化的整体体势，探索且构建了中国海洋文化区域性研究的基础，推动中国海洋文化研究迈出了重要的、可喜的一步。

海洋文化，是一个几与人类自身同样苍迈、久远的历史存在。但"海洋文化"作为文化学研究中专一而独立的学术领域，却起步晚近，且尚在形成之中。尽管黑格尔在《历史哲学·绪论》中，就已经提出了"海洋文明"这个概念，并为阐释"世界历史舞台"和"人类精神差异"的关联性而圈划出三种"地理差别"，即所谓"干燥的高原及广阔的草原与平原""大川大江经过的平原流域"和"与海相连的海岸区域"，但很显然，这还远远不足以成为一个学科的开端与支架。中华民族是人类海洋文明的主要缔造者之一，在漫长的历史演进过程中，踏波听涛、扬帆牧海的中华先民，创造了悠久的、凝注民族血脉精神的中国海洋文化，在相当长的历史时段内，对整个人类社会海洋文明的示范与引领意义都是巨大的。但"中国海洋文化"无论是作为一个学术概念的提出，还是其学科自身的建构，同样不出百年之区，甚至只是应和着近三十多年来中国政治变革、经济发展、社会转型、文化重构的鼓点，才真正开始登上当代中国思想文化舞台的"中心表演区"。由是观之，"古老—年轻"，可谓其主要的标志。"古老"，为我们提供了巨大的时空优势和沉厚积淀，让我们得以在海洋文化历史的浩浩洪波中纵游翱翔、聚珠采珍；"年轻"，使其具备了无限的成长性和多样化的当代视角，给我们提供了建立中国海洋文化学理论体系的充分可能与生长条件。

作为一个初具雏形的学术领域，中国海洋文化研究面临的课题是众多的，必然要经历一个筚路蓝缕、艰辛跋涉的过程，才能使自身的学科建设达于初成。以研究路径而论，当前或有如下几个方面是值得注意的：一是包括基本概念、基本理论、基本路径、基本规范等在内的"基础性研究"；二是建立在海洋学、航海学、造船学、海洋考古学、海洋地质学、海洋生物学、海洋矿产学、海洋气象学等相关海洋学科基础之上，抽象与概括其文化哲学意义的"宏观性研究"；三是以独立性、个案性问题研究为着力点，进而扩及一般性、共性研究的"专题性研究"，如海上丝绸之路研究、妈祖信仰研究，等等；四是以时间为"轴线"、对中国海洋文化历史生发流变进程加以梳理与描述的"纵向式研究"；五是以空间为"维度"、对中国海洋文化加以区域性阐释与比较的"横向式研究"。当然，这些方面是相互联系、互为支撑的，具有系统的不可分割性。

海洋出版社推出的这套"中国海洋文化丛书"，应当属于横向的"区域性研究"。在分册选题的确定上，分列出《辽宁卷》《河北卷》《天津卷》《山东卷》《江苏卷》《上海卷》《浙江卷》《福建卷》《台湾卷》《广东卷》《澳门卷》《香港卷》《广西卷》和《海南卷》，其分册的依据，既考虑到了目前中国沿海省市地区的现行行政区划，也考虑到了不同地区在历史文化进程与地理关系上形成的联系与差异。

"区域性研究"非常必要，"区域性"或曰"地域性"，是文化的固有特征。有论者指出：所谓"区域文化"或"地域文化"，源自"由多个文化群体所构成的文化空间区域，其产生、发展受着地理环境的影响。不同地区居住的不同民族在生产方式、生活习俗、心理特征、民族传统、社会组织形态等物质和精神方面存在着不同程度的差异，从而形成具有鲜明地理特征的地域文化"。(李慕寒、沈守兵《试论中国地域文化的地理特征》)中国沿海辽阔，现有海岸线长达18 000多千米，跨越多个纬度和气候带，纵向跨度巨大，横向宽度各异，濒海各区域文化发展进程中依赖的主要生成依据、环境、条件差别明显。首先，中国沿海及相邻海域不同纬度的地形地貌不一，气象洋流各异，季风规律不同，岛屿分布不均，人类海洋活动、特别是早期海洋活动的自然条件迥异。其次，受地理、历史等自然、人文条件的影响与制约，濒海各地及与之相邻内陆地区的文明程度、文化性状不同。再次，古代远洋航线覆盖范围内，存在着不同种族、不同信仰、不同文化来源与不同历史传统的众多国家和地区，中国沿海各地在海洋方向上相对应的文化交流对象、传播路径、历史时段、往来方式等都不同。最后，历史上、特别是近数百年来，中国沿海各地区受外来文化影响的程度、内容等，也不完全一样。由此，造成了中国沿海各地文化样态纷繁，水平不一，内涵也不尽相同，有些甚至差异巨大，因此，不分区域地泛谈中国海洋文化，难免失之于笼统粗率，不足以反映其在大的同一性前提下的丰富多样性。从这个意义上说，"中国海洋文化丛书"的编撰别开生面，生成了中国海洋文化研究的一个新的样式，即中国海洋文化的区域性研究。这是对中国海洋文化在研究方法、研究思路上的一个重要的贡献。

区域性研究，重点在于揭示不同区域的文化独特性。任何一个文化区域的形成，都离不开两个基本要素，一是区域内的文化内聚中心的确立，二是外廓边缘相对封闭的壁垒结构。我们在辽宁的海洋文化中看到了山东海洋文化所不具备的面貌，在福建的海洋文化中看到了台湾海洋文化中所不具备的面貌，尽管辽宁和山东共拥渤海、福建和台湾同处东海，在自然与人文诸方面有着如此千丝万缕的联系，但其文化仍然各具风貌，难以混为一谈。海洋文化的区域性研究，正是要对这种区域文化的独特性有所揭示，既要揭示各区域内文化中心的存在形式、存在条件与存在依据，又要廓清本区域与其他区域的差异与联系，从而形成对本区域海洋文化核心特质的认识。本丛书 14 个分卷的撰著者，大多都关注到了这个问题，从本区域地理环境、人种族群、考古及历史典籍等方面，开始寻源溯流，追踪觅迹，最终趋近于对本区域海洋文化特质的描述，进而构成了整个中国沿海及其岛屿各区域海洋文化丰富形态与样貌的整体展示。总体上看，各分册尽管在这一问题上的学术自觉与理论深度等方面尚存参差，但毕竟开了一个好头，形成了区域性海洋文化在研究方向上的共识。

区域性研究，同样重视区域间的比较性研究。文化从来就不是静若瓶浆、一成不变的，它不仅存在于自身内部，而且以"扩散"为其基本的属性与过程，文化特性的成型、存续、彰显、变异，很大程度上存在于此一文化与彼类文化的相遇与选择、交流与传播、对立与比较、碰撞与融合之中。一方面，中国沿海南北跨度巨大，以台湾岛、海南岛等大型海岛为主体的海岛群独立存在，地理、族群、文化习俗等方面的差异不言而喻。但另一方面，中国在历史上毕竟长期处于"大一统"的政治格局中，以儒家文化为主体的儒、释、道、法百家融合的传统思想文化，长期稳定地居于中华民族精神文化的核心地位，中国沿海各区域之间政治的、经济的、人文的历史联系十分密切。由此，形成了中国海洋文化各区域之间在时间轴上的"远异近同"和内容上的"同异并存"。我们的区域海洋文化研究，必须把区域间的比较研究作为一个重要方面，在比较中，凸显本区域的文化特质；在比较中，寻找与其他区域的文化联系；在比较中，建立各区域特质与中国海洋文化整体性质的逻辑关系与完整认识。还有一个问题，是要关注到沿海地区与相邻内陆地区的比较研究，关注到内陆文化和海洋文化在相向毗邻区域间的互动、交汇、融合。我们欣喜地看到，本丛书中很多分卷对上述问题做了探讨，也取得了一定的研究成果，使本丛书的研究视野突破了各区域的地理界限，从而为完整描述中国海洋文化整体样貌打下了基础。

区域性研究，最终要突破行政区划的界域，形成中国的"海洋文化分区"。目前，本丛书是以中华人民共和国现行行政辖区来分卷的。这不仅是为了操作上的便利，也有一定的历史文化依据。因为现行的行政辖区不是凭空产生的，有相当充分的自然与人文历史渊源。如河北与天津，同处于渤海之滨，河北对天津在地理上呈"包裹状"。而上海与苏、浙，单纯以地理关系而论也与津、冀相似。但是仔细考察就会发现，天津不同于河北、上海不同于苏、浙，这是在历史文化发展进程中形成的客观存在。津、沪两个地区的海洋文化，具有更鲜明的港埠—城市特色，外向性状更突出，受外来文化影响更直接、程度更大，呈现出迥异于相邻冀、苏、浙省的特色。因此，以行政辖区来分卷是有一定理由的。

但是也应当看到，现有的省市划分，行政意义毕竟大于文化意义，难以完全契合文化学研究的实际。比如山东，依泰山而濒大海，古称"海岱之区"，但实际上，"山东"作为一个古老的地理概念，其所指范围是不断变化的；直到清代，才有"山东省"的设置。而从文化源流的角度看，历史上，齐鲁文化的覆盖区域远不以今山东省辖区为界；若再溯海岱—东夷文化之远源，则其范围更阔及今山东、江苏、河南、安徽等省，散漫分布于华北与华东的广大范围。类似的情况并不罕见，事实上，无论是"同'源'异'省'"，还是"一'省'多'源'"，都是可能存在的。因此，随着研究的深入，我们的文化研究视野，最终必然会超离现有行政辖区的局限，否则就难以对各地区文化有脉络清晰的、本质的把握。

由此，我们有一个期盼，就是在本丛书提供的、按行政辖区分省市进行海洋文化研究的基础上，可以通过类比、合并，最终形成具有文化学意义的"中国海洋文化分区"。

这一课题的意义非常重大，比如，今广东、广西和海南，地处南海之北，五岭之南，北缘有山岳关隘阻隔，远离中原，自成一体，就其文化渊源考察，同出乎"百越"一脉，共同构成了独立的"岭南文化"，具有明显的文化同源性，因此，将广东、广西和海南视为一个海洋文化分区，进行跨越现有行政区划的文化考察，或许更有利于研究的深入。而在此基础上我们还会发现，该"分区"内的广西不仅"面向南海"，且"背依西南"，在体现"岭南文化"共性的同时，亦深受"西南文化"的影响。就其向海洋方向的辐射而论，当然包括北部湾、海南乃至整个南海，并拥有海上丝绸之路的始发港合浦，但另一条重要的文化传播路径则是通过中南半岛南下。因此，广西的独特性是不言而喻的。相比之下，海南与广东（还包括本"分区"外的闽台），则直接的文化联系更加紧密，共性更突出；而港、澳地区，也有不同于粤、桂、琼的特殊性。由此，我们在大的海洋文化分区中，又可以进一步细化出不同特质的"文化单元"。这种以海洋文化分区替代行政辖区的研究思路，显然具有更大的合理性。

再如今辽宁、吉林、黑龙江等"关东之地",在历史上都曾濒海。有翔实记录表明:汉武帝时期,中国东北部疆域边界西至贝加尔湖,东至鄂霍次克海、白令海峡、库页岛地区。唐代,从北部鞑靼海峡到朝鲜湾,大片沿海地区均归中国管辖。元代,设立辽阳行省管理东北地区,其下设的开元路,辖地"南镇长白之山,北侵鲸川之海",所谓"鲸川之海",即今之日本海。而松花江、黑龙江下游,乌苏里江流域直至滨海一带的广大地区和库页岛都归中国管辖。明代,设置努尔干都司,辖地北至外兴安岭,南达图们江上游,西至兀良哈,东至日本海、库页岛。清代,满族入关前即统一了东北,所辖范围自鄂霍次克海至贝加尔湖。只是到了清康熙二十八年(1689年)中俄签订《尼布楚条约》后,外兴安岭以北及鄂霍次克海地区才"割让"给俄国,距今不过300余年。清咸丰八年(1858年),根据《中俄瑗珲条约》,沙俄又"割占"了外兴安岭以南、黑龙江以北的60多万平方千米中国领土;2年后,才占领海参崴(符拉迪沃斯托克)。直至第二次鸦片战争,沙俄才借《中俄北京条约》,把乌苏里江以东、包括海参崴(符拉迪沃斯托克)在内的40万平方千米中国领土夺走,至此,中国才失去了日本海沿岸的所有领土,这不过才是150年前的历史。事实上,无论是在红山文化的渊源追溯上,还是在与中原文化的相对隔绝上;亦无论是在区域内游牧—农耕性质的多民族并存与融合上,还是在萨满文化的覆盖与变异上,东北地区都有充分的理由成为中国文化版图上的一个独立文化区,因此也必然影响到整个东北地区的海洋文化,使其呈现出独有的"东北特色";而揭示东北地区海洋文化特质的研究,最直接的研究理路也许就是置于"海洋文化分区"的大前提统摄之下。

本丛书虽按行政辖区分卷,但也为"中国海洋文化分区"的确立,做出了先导性的贡献。

**区域性研究,必须体现基础性研究的要求。**在突出本区域文化特色研究的同时,关照到中国海洋文化基本问题的研究,是区域性研究的根本目的。如,什么是"海洋文明"?什么是"海洋文化"?什么是"中国海洋文化"?怎样确定"海洋文化"的科学概念并严格划定其内涵与外延?中国海洋文化与中国传统文化的关系究竟是什么?或者说,在漫长历史中居于主流地位的中国传统文化与中国海洋文化究竟是否属于形式逻辑范畴内讨论的"种属关系"?如果确实存在这种逻辑上的层级,那么传统文化这个"属文化"对海洋文化这个"种文化"的强制规定性究竟是什么?而中国海洋文化这个"种文化"又如何体现中国传统主流文化这个"属文化"的基本属性?反之,中国海洋文化对中国传统文化施加的影响又有哪些?在精神—物质—制度等层面上是怎样表现出来的?进一步放大研究视野，则中国海洋文化在世界海洋文化范围内的独立存在意义和历史地位是什么？从世界范围回看，中国海洋文化的基本性质是什么？而以发展的、前进的目光观察，中国海洋文化未来的发展方向和前景又是什么？在实践中华民族伟大复兴的历史进程中会发挥什么样的重要作用……这些问题，层叠缠绕，彼此相连，或多至不胜枚举，但都是海洋文化研究的基本问题。区域性的海洋文化研究的意义，不仅在于对本区域海洋文化诸课题的研究，还应有意识地在区域性研究中探讨和研究整体性、基础性的问题，分剖析理，彼此观照，以观全貌，最终为中国海洋文化学的学科建设和理论体系的形成，奠定坚实的基础。本丛书各卷撰著者，在这方面也都做出了有益的探索和尝试。

"中国海洋文化丛书"，举诸家之说，辩文化之理，兴及物之学，是近年来中国海洋文化研究成果的一次集合性的展示。尽管由于各种原因，还存在着这样或那样的不足，但对促进中国海洋文化研究的发展，仍具有不可忽视的意义。生活在 1500 多年前的陶渊明先生在诗中说："奇文共欣赏，疑义相与析。"中国海洋文化作为一个新兴的研究领域，尚在成长之中，对于丛书中存在的问题，也希望广大读者不吝赐教。

21 世纪是海洋世纪，党的十八大报告中首次提出"建设海洋强国"的战略目标，海洋上升至前所未有的国家发展战略的高度。希望本丛书的出版，能唤起更多读者对中国海洋文化的关注与研究。中国的海洋事业正在加速发展，中国的海洋文化研究正在健康成长并为国家海洋事业的发展提供强大而不竭的文化助力，让我们一起努力，为实现"两个一百年"的奋斗目标，为实现中华民族的"海上强国梦"而竭诚奋斗，执着向前。

海洋文化学者　张帆

# 目录

# 概述

　　辽宁是中国大陆同时拥有黄海和渤海的两个省份之一，有 2738 千米长的海岸线（其中陆岸线 2110 千米、岛屿岸线 628 千米）和 6.8 万平方千米的近海水域。沿海城市有丹东、大连、营口、盘锦、锦州和葫芦岛共 6 个市。在广阔的海域，分布众多的岛屿礁砣，它们像一颗颗明珠镶嵌在黄渤海洋面上。正是由于这样得天独厚的自然地理环境，辽宁地区的社会历史、政治、经济、文化的发展便同海洋产生了息息相关、不可分离的联系。

　　黄海与渤海地区的海陆环境，经历了漫长的变迁过程。在中更新世中前期，黄渤海地区尚属大陆板块的一部分，渤海以内陆湖泊状态存在。约在中更新世后期，由于气候变暖，冰盖与冰川消融，海面上升，黄海盆地被海水淹没，渤海海峡同期断裂，海水涌入渤海湖，形成了与黄海相通的内海。到晚更新世后期，地球进入玉木冰期，海平面大幅下降，渤海干涸，黄海及东海 100 米至 120 米水深线以内的大陆架相继成为陆地。约在距今 1.5 万年，第四纪冰川期结束，全球进入冰后期，气温渐暖，海面再次回升。经过 9000 多年的海侵过程，距今约 6000 年时，海侵达到顶点，在冰期时由海底出露成陆的大陆架全部被海水淹没。干涸的渤海重新被海水注满而成为与黄海相通的内海，并且其面积比中更新世后期时的渤海大许多，渤海向

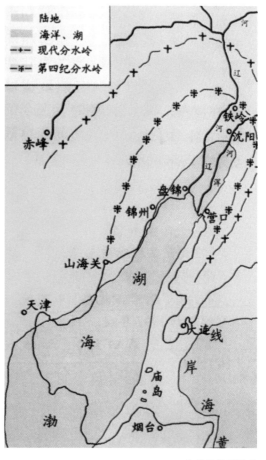

渤海湖地理图示

西扩展到今德州、济南一线。

从距今约 6000 年起，海面变动趋于平稳。由于黄海入海口南北摆荡，每年以巨量泥沙输入海中，使冲积平原逐年扩大，海岸线逐渐东移，渤海的面积随之缩小。但总的来看，这段时间里，黄海、渤海、渤海海峡以及辽东半岛与山东半岛海陆形势没有太大的变化。

渤海作为中国的内海，由山东半岛与辽东半岛环抱。东以大连旅顺老铁山西岬角与山东半岛蓬莱角连线与黄海分界；西濒河北省与天津市，呈东北—西南走向，南北长 550 千米，东西宽 330 千米，面积约 7.7 万平方千米。其海底原为渤海湖湖底，比较平坦，水深为 20 ～ 30 米，沿岸水深 10 米左右。渤海最深处约 70 米。沿岸分布辽东湾、渤海湾和莱州湾 3 个海湾。海岸除东部和北部有岩岸外，绝大部分为沙岸，岩礁很少。辽东半岛与山东半岛间的渤海海峡，宽约 90 千米，长山群岛南北纵列于海峡之上。当年渤海湖与黄海间地桥断裂时，由于这些山头地质结构坚固，没有沉入水下而屹立在茫茫洋面之上。由于这些岛屿的存在，才为古人类渡越海峡提供了可能性。

黄海为太平洋的边缘海。其海域划分北起鸭绿江口，南以长江口北角和朝鲜半岛济州岛连线与东海分界，西濒辽宁、山东、江苏三省海岸，东临朝鲜半岛。其南北长 970 千米，东西宽 670 千米，其中以山东半岛成山角与朝鲜半岛长山串之间为最窄，以此连线为界，分别称为黄海北部、中部和南部，总面积 38 万平方千米。辽宁省濒临黄海北部。黄海之名，因古代黄河、长江携带大量泥沙注入，致使近岸海水颜色泛黄，故名。平均水深 44 米，北部较浅。黄海是中国北方航海主要区域，主要海湾有胶州湾、海州湾和大连湾。

渤海海峡不仅是黄海与渤海的分界线，同时也是横亘在山东半岛与辽东半岛之间的一道天堑。但是，这道天堑从来也未能阻挡住古人跨越海峡、探求海洋的脚步。进入新石器时期，随着对火的运用与石斧技术的改进，古人开始制作独木舟，我们可以视其为最早的船舶，这比用植物蔓茎捆扎竹子和树干做成的筏子先进得多，其稳定性更好、速度更快。这是我们的祖先走向海洋的第一步。为了生存和繁衍，古人利用渤海海峡中的诸岛当成驿站式的跳板，在主动或被动、或非预期目标的漫长海洋探索岁月中，不断加深对海洋的认识，进而征服海洋，否则，他们就不会从大陆漂泊到海岛，并在海岛上建立聚落，学会搭建半地穴式房屋开始定居生活，以捕鱼、种植和采集维持生计。长海县广鹿岛小珠山下层文化，对上述现象进行了最好的诠释。

近代辽宁沿黄渤海地区出土的古人类文化遗址，都无一例外地印证了我们的祖先征服海洋的艰辛历程。

在以小珠山中层文化和旅顺老铁山郭家村下层文化为代表的新石器中期，辽东半岛与山东大汶口文化联系更加密切。山东半岛东部的龙山人已经突破沿岸漂航的局限，以长山群岛为依托，最终跨越渤海定居于辽东半岛南部。在大汶口文化和龙山文化的影响下，辽南地区社会发展加快，先民们的生活日趋丰富。他们磨制的石、玉、骨、角、蚌壳等器具和烧制的陶器已很精致，并学会了结网捕鱼、纺线制衣、营造房屋、种植稻谷和畜养家畜。食物的来源更加多元化，尤其是种植业的发展和家畜业的饲养，使先民们从单一的渔猎采集经济转入到种、养、采、狩的综合经济形态，社会生活前进了一大步，进入父系氏族制。为了防御猛兽的袭击和自然灾害，先民们划分粗放领地，选择背风近水之处结"村"而居，提高了生产力的发展水平，促进了社会经济的发展。随之，私有制的萌芽开始出现。富有家族同贫穷家族并存的社会状况在墓葬中得到证实。氏族公社制逐渐为私有制所代替，原始社会逐渐解体崩溃，历史大踏步地迈向文明时代。

上述历史时期经历了6000余年的发展过程，古人涉海活动的主要目的是解决食物以求生存和繁衍，尚谈不到航海。真正的航海起步期则始于夏、商、周时代。

进入夏、商、周奴隶社会后，随着青铜生产技术的出现与成熟，生产力进一步发展。辽东半岛与山东半岛之间的联系更加密切。辽东半岛沿海地区开始进入青铜时代。鸭绿江口至辽西葫芦岛一线青铜时代遗址广为分布。仅在大连地区，以大嘴子遗址为代表的青铜时代遗址多达七八十处。这一时期的重要特征是出现了木板船，人们已懂得在木板船上架设风帆，解决了航海的动力问题。从此，有计划、有目的且规模较大的航海事业开始起步，"以物资运输、人员迁徙、文化传播、外交往来为主要内容的航海行为与日俱增"。先商第

大连湾大嘴子遗址　　　　　　　　　　大连湾大嘴子遗址文物保护碑

三代王相士从今辽东一带移居河南商丘，因怀恋故土，常走海路往返于辽豫之间，开辟了今蓬莱至辽东半岛南部今大连一带沿海航线，使辽东与山东北部沿海地区的经济文化交流日趋频繁。其间，古人不仅在中国沿海区域或区域之间的航海活动活跃，古代中国与相邻的今日本列岛、朝鲜半岛的海上交往也已见诸史籍，甚至航行到更远的地方。至商帝辛(纣)时期，辽东南部地区社会已由地区性组织转化为方国。今大连营城子地区双坨子遗址出土的轮制陶器等文物证明，山东岳石文化已影响到辽东。商末周初，辽南地区建有众多"石棚"。石棚多数分布在河流附近的丘岗上，是目前我国发现最早的地面建筑物，专家认为是青铜时代墓葬。其石料的开采、磨制、运输及石棚的设计、修建等均具有物理学、建筑学、美学等科学研究价值，反映了青铜时代辽宁沿海地区社会形态和生产力发展水平，其文化类型与山东半岛有明显的相似之处，印证了当年辽东与山东间航海事业的活跃。《尚书·大传》载："武王胜殷，释箕子[1]之囚，箕子不忍周之释。武王闻之，以朝鲜封之，箕子既受周之封，不得无臣礼，故于十二祀来朝。"这是发生在公元前1044年的事情。箕子带领五千随从自蓬莱入海，乘船沿庙岛群岛驶抵旅顺，再傍黄海近岸航道一程一程地向朝鲜半岛航行并最终到达目的地。这是辽东半岛与山东半岛之间最早有文献记载的大规模航海活动。

春秋战国时期（公元前770年至前221年），中国社会由奴隶制向封建制转化，生产力与生产技术进一步提高，出现了生铁生产技术与铁制工具，这就为制造结构更复杂、吨位更大的木板船创造了条件。航海不仅被用于大规模的物资运输，还被用于海上作战和海洋探险。航海技术经过长期实践与积累，在天文定向、地标定位、海洋气象等方面初具雏形，海洋航行已具备了基本的物质技术条件。

公元前685年，齐桓公继位，定士、农、工、商四民之居，行国野之制，齐国国势日强，曾一度将势力扩大到辽南迤至辽河下游一带，并乘机向辽东地区移民。公元前567年，齐灵公灭莱国（胶东地区）。莱人战败后不堪齐国统治，渡海逃亡至辽东半岛定居。齐国对辽东的开发及其军事活动均是通过海路进行的。

大连湾大嘴子遗址出土陶网坠

---

1 箕子名胥余，是商朝王室成员，他在王畿内有自己的封国，史称箕国，封侯。商末率5000人避居辽西，之后在山戎威慑下迁辽东。西周时东迁朝鲜半岛。

普兰店石棚沟石棚　　　　　　　　　　　　庄河白店子石棚

　　战国时期，燕国利用渤海与黄海诸港的有利条件，大力发展海运事业。其时，燕都蓟（今北京市西南隅）向北可达碣石港（秦皇岛），沿辽东湾入大凌河、辽河，通达东北腹地；向东可达今大连诸港并可沿黄海近岸达朝鲜半岛和日本列岛；向南可沿渤海湾达齐、鲁，入河道达赵、魏、韩。由于大连地区港湾多、港口条件优越，从而成为燕国的航海枢纽港。大连沿海地区出土的大量战国时期齐、燕、赵、魏、韩各诸侯国货币，便是上述历史的佐证。

　　秦汉时期，随着中央集权的封建国家的形成和发展，社会生产力有了长足的进步，造船和航海技术不断提高，出现了控制航向的尾舵及棹㲒驶风技术，黄渤海航海进入了蓬勃发展时期。辽东半岛与山东半岛之间的交往和联系更为频繁和便捷，两半岛间航线成为连接南北交通的桥梁，联系中原文化与东北渔猎、草原文化的纽带和经济交往的港航载体。不仅中国沿海全线畅通，还可向东远航至日本，向南至马六甲海峡，达到印度半岛南端，并在此基础上形成了第一条"海上丝绸之路"。

　　始皇帝（嬴政）三十七年（公元前210年），精于航海的山东方士徐福征得3000名少男少女并五谷、百工、匠人和物资，以寻求长生不老药献秦始皇为名，从琅琊港入海，船队浩浩荡荡沿庙岛群岛驶抵沓津（今旅顺），经休整后沿黄海近岸、朝鲜西海岸东驶，最终到达日本列岛的新宫町熊野滩并留居日本。

　　汉代，雄才大略的汉武帝把恢复生产、稳定封建秩序作为要务，消灭边疆一带的残余敌对势力。其发展生产的重要举措是整顿海上交通，发展海运贸易。当时海运事业曾一度遭遇南方百越和北方卫氏朝鲜的阻碍。卫氏朝鲜是燕人卫满建立的政权。汉高祖十二年（公元前195年），燕王卢绾反汉，逃至匈奴，燕将卫满率千余人"东走出塞，渡坝水，居秦故

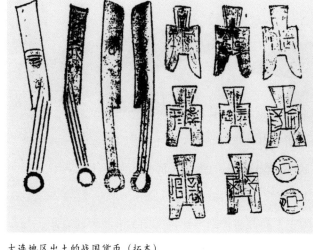

大连地区出土的战国货币（拓本）　　　　　　　　　　　大连地区出土的汉代隶书文字摹本

空地上下郡"[1]，自号"韩王"，建都王险城（今平壤），史称"卫氏朝鲜"。后来，卫氏朝鲜背盟断约叛汉，并攻杀汉朝辽东都尉涉何，致使渤海与黄海北部海上交通为之阻断。汉武帝元封二年（公元前109年），汉武帝派楼船将军杨仆、左将军荀彘分率两路大军分别从海路和陆路征战卫氏朝鲜右渠（卫满孙）。杨仆所率五万水军不仅将沓津、三山浦（今大连港一带）作为休整地，同时作为囤积粮秣的后方基地。经过一年的战争，杀右渠、平卫氏，间歇性被阻断60余年的山东半岛经沓津至朝鲜半岛的航线被打通。由于沓津特殊的地理位置和在战争中所发挥出的作用，沓津成为中国北方三大军港之首（另两港为威海和秦皇岛）。

　　海运事业的发展，推动了辽东沿海地区经济社会的发展。汉朝除向辽东沿海地区大量移民外，废除了分封的诸侯王制，彻底推行郡县制。辽东郡下设18个县、辽西郡下设14个县，其中沿黄渤海地区有16个县。其县城多是临海临港而设，如沓氏县、平郭县、海阳县等，县城与港口实为一体。这是辽东沿海地区设置的最早见于史籍的地方行政机构。此间，辽东与辽西两郡共有人口60.5万人，其中约有半数人口居住在沿黄渤海地区，使沿海地区经济快速发展。王符《潜夫论》说，汉时"天下百郡千县，市邑万数"。考古资料表明，两汉时期，包括汉武帝时期的麻绳穿联成贯的"五铢铜钱"及王莽"新朝"铸成的各种货币，在辽南地区都有大量出土。设在今大连地区的沓氏县城址东南海滩还出土两件汉代马蹄金。这都说明黄渤海地区与周边地区不仅存在广泛的经济联系，而且在商业贸易活动中具有一定的地位，其

----

1　《史记·朝鲜传》。

主要原因就在于便利的海陆交通条件，反映出航运事业对地区经济文化发展的影响力。

东汉末年，中原大地战乱迭起，山东的一些名儒纷纷过海来辽东避难，其中管宁、邴原、王烈最为有名。不少学者在辽东各地开馆授课，成为传播中原文化的使者。

三国、两晋及南北朝时期，辽东地区长时间处在政局动荡和军事纷争之中。东吴政权为了联络辽东的公孙氏政权，以牵制魏国对东吴的压力，频繁通过海路来辽东与公孙渊联络和贸易。而公孙氏为了自保，采取了明依曹魏而暗结东吴，以防被曹魏吞并之策。据《三国志·魏书·公孙度传》记载："比年以来，复远遣船，越渡大海，多持货物，诳诱边民。"东吴嘉和元年（232年）春，孙权遣将军贺达、张弥、许晏等率船队来辽东。东吴船队号称万人，乘船百艘，至东沓海口（今大连开发区长江澳青云河口）。贺达在东沓港驻守易货，张弥率400余人持礼品及部分货物到襄平（辽阳）宣召公孙渊。公孙渊惧魏征讨而杀吴使并派军驰行至东沓，佯装互市，诱吴军下船，突袭之，使吴军全军覆没。魏景初元年（237年），魏明帝命幽州刺史毋丘俭率兵联合乌桓、鲜卑与公孙渊军战于辽隧（海城四方台），魏军失利而返。翌年，魏帝派太尉司马懿率4万大军再战公孙渊。魏军分兵两路，陆路由朝阳、义县逼近襄平；海路则由登州渡海至马石津（旅顺），再沿辽东渤海岸至辽河口，上溯至三岔河口，入浑河转太子河径至襄平城下。时值雨季，辽河猛涨，平地水深数尺。魏军围襄平城30余日，城中粮尽人相食。襄平城溃不守，公孙渊父子在突围逃亡中被杀于太子河。这次战争是一次海上行军、港口屯兵、内河作战的典型战例。其规模大、战略目标明确、战术运用科学，对后世产生了深远影响。

此战进行时，公孙渊曾复称臣于东吴请求救援。东吴不计前嫌，派兵驰援。吴军登陆沓津行至平郭（盖州）一带时，得知魏军已破襄平，公孙渊父子被诛。吴军击溃追击的魏军后，将辽南青壮男丁和妇女劫持南下，剩余吏民也都陆续逃亡至山东。曹魏为了安置辽东吏民，于魏景初三年（239年）在齐郡故纵城（今淄博市淄川区）罗村置新沓县作为辽东东沓难民居住地；又于魏正始元年（240年）于齐郡的西安、临淄、昌国县内置新汶县、南丰县，安置辽东汶县、北丰县流民。

经过这次战乱，辽南沿海及至辽西渤海地区人口也大幅减少，海运事业随之进入萧条期。在之后两晋、南北朝的3个多世纪中，辽东沿海社会经济一蹶不振，直到隋唐时期方有起色。

隋唐时代，中国封建社会进入盛期。隋、唐二朝为了国家统一，多次对东北用兵，先后发动十余次北征，均以水陆并进，出兵数量多则上百万，少则数十万，其规模之大前所未有。当年所用战舰和楼船既扬帆又设桨，船体巨大，设施齐全、载兵众多，可长途航行，具有很强的战斗力。隋唐舰船航线均以山东蓬莱港为基地，越海至都里镇（旅顺）然后沿渤海和黄海近岸进兵，按战争的需要在诸港口泊岸并攻城拔坚。发生在辽南的著名战例有两次。隋大业十年（614年）二月，隋右翊卫大将军、黄县公来护儿率水师抵都里镇（旅顺）及大连湾口岸登陆，攻打高句丽在辽东半岛南端的中心城堡卑沙城（金州大黑山城），"高句丽举国来战，来护儿大破之，斩首千余级"。唐贞观十九年（642年）四月，唐太宗命刑部尚书张亮为平壤道行军大总管，统水兵五万兵马，乘战船500艘自登莱渡海于都里海口和大连湾登陆，攻卑沙城。《资治通鉴·唐纪十三》记载："张亮舟师自东莱渡海，袭卑沙城。其城四面悬绝，惟西门可上。程名振引兵夜至，副总管王大度先登，五月己巳拔之，获男女八千口。"这些战例都充分地表明了航海在战争中发挥的巨大作用。

唐代的科技与文化全面繁荣，唐王朝与周边部族的交往也十分频繁，推动了航海事业的发展。其时船舶工艺技术先进，结构坚固精良，无论在近海和远洋航海方面都居世界之先。在中国北方的黄渤海水域开辟了与中国地方部族渤海国及朝鲜半岛、日本列岛乃至西太平洋上的堪察加与库页岛航线和横越东海的中日南路快速航线。航政建设日益健全起来，设立了专门管理海外航运贸易的机构与官吏。在辽东半岛诸港均设置市泊司（主官称"市泊使"）管理航泊事务，对推动航运事业起到重要作用。

唐开元元年（713年），唐遣郎将崔忻摄鸿胪卿任敕节宣劳靺鞨使，从长安到登州渡海达都里镇（旅顺）靠泊，再傍黄海近岸至鸭绿江口溯河而上，到达唐的地方部族政权震国都城旧国，册封其首领大祚荣为左骁卫员外大将军、渤海郡王。从此，大祚荣去震国号，史称"渤海"。[1] 崔忻完成使命原路返回都里镇，在黄金山麓凿井两口作为册封活动的记验，并刻石题记"敕持节宣劳靺鞨使鸿胪卿崔忻井两口永为记验开元二年五月十八日"。崔忻出使渤海国具有重要的意义。期间，渤海国开辟有渤海道、营州道、日本道、新罗道、黑水道等多条对外交流通道，形成了东北亚地区陆上与海上丝绸之路，对东北亚历史文化发展与繁荣做出重要贡献。在地方部族政权渤海国存在的200多年里，朝贡130余次，惯行于渤海道。据《新唐书·地理志》记载，"渤海道"的航线是："登州东北海行，过大榭岛（庙岛列岛之长山岛）、龟歆岛（砣矶岛）、末岛（钦岛）、乌湖岛（隍城岛）三百里[2]。北渡乌湖

---

1　《旧唐书·渤海靺鞨传》。

2　1里=500米。

海（老铁山水道）至马石山东之都里镇（旅顺口）二百里。东傍海壖（今旅顺南路黄海），过青泥浦（今大连市区东部海湾）、桃花浦（庄河花园口）、石人汪（石城岛）、橐驼湾（丹东大洋河口）、乌骨江（今鸭绿江入海口）八百里……自江口舟行百余里，乃小舫沂流东北三十里至泊灼口（今浦石河口），得渤海之境。又溯流五百里，至丸都县城（集安旧城），故高句丽王都。又东北溯流二百里，至神州（洁林临江镇）。又陆行四百里，至显州。又正北如东六百里，至渤海王城（敦化敖东城）。"这条"渤海道"是海、河、陆三位一体组成的航线，对唐王朝与地方部族政权及周边国家的联络发挥了重要作用。唐王朝为了便于渤海使臣往来和商业贸易，在登州特别设立了渤海馆、新罗馆。大批渤海人参加唐王朝的科举考试。渤海国相乌炤度和他的儿子乌光赞均是唐朝科举进士。他们往返长安均经过都里镇。辽东黄渤海地区成为唐中兴时期重要经济区和文化区。当时输入物品有马匹、布匹、珠宝、犀象等奢侈品；输出的有丝绸、瓷器、茶叶、铜、铁器、纸及中原土特产。这些商品均经都里镇入海路转登州集散。

在五代十国时期，契丹人控制的东北地区，与吴及南唐政权有较大规模的海上贸易活动。辽东南部诸港与山东登莱成为南北贸易物资集散地和货物仓储地。

至宋辽金元时期，中国传统的航海事业很快恢复并进入长期活跃时期。上述历代王朝都力主积极的航海贸易政策，将航海事业与整个国民经济联系在一起。航海工具与航海技术取得了具有世界意义的重大突破，主要表现在三个方面：一是由于指南针的出现，采取罗盘导航；二是根据星辰日月运行进行天文定位；三是根据航线参照物进行航迹推算。这三项技术的运用，使中国的航海技术比西方领先了 2～3 个世纪进入"定量航海"阶段，其直接效果是航海活动范围较前期空前扩大，使中国远洋船队达到了"虽无际穷乏不毛之地，无不可通之理焉"[1]的境界。辽初，辽国与南方吴越国交往密切。据载，自公元 914 年至公元 943 年的 29 年中，双方聘使往来达 14 次之多。继吴越之后，南唐"常遣使泛海与契丹相结，欲与之共制中国(后晋、后汉、后周)，更相馈赠"。在利用水路与南唐的交聘过程中，双方互聘使团，同时又互派规模庞大的商队。如辽会同元年（938 年），"契丹主耶律德光及其弟（兄）东丹王各遣使以羊马入贡，别持羊三万口、马二百匹来鬻，以其价市罗、纨、茶、药"。足见其贸易规模之大。

北宋前期，辽东地区为辽国控制。辽国为断绝女真人与宋朝的联系，在金州地峡筑镇

---

1　苏继庼:《岛夷志略校释》。

东关长城，称"哈斯罕关"；在旅顺以北20余千米的土城子筑第二道关城；在长岛群岛最北部的隍城岛筑第三关，合称"三栅"，以此控制海上贸易，防止走私。由于宋辽的敌对政策，致使辽东与山东贸易一度走向低潮。尽管如此，辽朝立国的近200年里，黄渤海地区的海上贸易活动一直没有停止过。

北宋重和元年（1118年），宋朝派武义大夫马政以买马名义自登州来辽东都里镇，与已经控制辽南地区的金国（金于公元1117年占辽东）磋商联合攻辽之事。使者数度往返于都里镇与登州之间，宋金终于达成共识，订立盟约，史称"海上之盟"。这是辽金时期航海与政治活动结为一体的重大事件。

宋金联合于公元1125年灭辽后，金国又于公元1127年灭北宋，并以淮河为界与南宋对峙。为了加强对山东一带的统治，金国将辽南南部的女真人"尽驱以行"转戍山东，致使辽南地区地旷人稀，无奈之下，将所设的苏州（金州）降为化成县。这种做法的结果，使辽南南部地区与山东半岛东部实际上形成行政一体化。

自辽朝以来，辽东沿海地区成为女真人的重要聚居地域，临海多山的生态环境，为素有渔猎传统的女真族提供了得天独厚的渔猎条件。同时沿海盐业开始兴起，辽东沿海成为金朝海盐生产基地。设"辽东盐使司"进行管理，并在辰州（熊岳）设盐使司的分支机构，管理盐的产销。

金代的窖藏在辽东沿海地区出土百余处，且数量较大；还出土一批瓷器、铜器，表明金代沿海地区商品货币经济的盛行。

元代辽阳行省水上运输规模浩大，尤以海运漕粮为甚。元代大都"去江南极远，而百司庶府之繁，卫士编民之众，无不仰给于江南"。初时均依运河运输，但毕竟"河运弗便"，故从元至元十九年（1282年）起改由海道运送漕粮。其主要航路是：由平江刘家港（今江苏大仓浏河）入海，至崇明州三沙放洋，经万里长滩、黑水大洋、莱州大洋，然后"北抵直沽"，再陆运至京仓。辽阳行省南部与这条航线相连的主要是金州与锦州两港。据《元史》卷10《世祖纪》记载：至元十六年（1279年），元朝廷"罢金州守船军千人，量留监守，余皆遣还"。可见当年金州驻有属军事编制的船队。守船军虽撤，金州港仍为漕运港之一。漕运粮入金州仓后，再陆运至辽阳行省腹地。而锦州港接运漕粮始于至元二十四年（1287年），是联系辽西地区的重要港口。除此之外，当年的重要航线是辽东半岛至朝鲜半岛西海岸航线。这条航线开辟较早，据元代大航海家汪大渊所撰《岛夷志略》记载：中国远洋船队当时已与约120个亚洲、非洲国家与地区建立了海上贸易关系。福建的刺桐港（泉州港）

是当时世界上较大的国际贸易港之一。至元四年（1267 年），元朝"立辽东路水驿七"[1]。七处水驿即七个港口，均分布在辽东黄渤海沿岸。至元三十年（1293 年），元朝又"自耽罗至鸭绿江口沿海置水驿"共 11 处，命辽阳行省右丞洪君祥管理。这条航线由朝鲜半岛至辽东半岛渤海水驿，其终点港是盖州。至元九年（1272 年）和至元二十九年（1292 年）高丽发生饥馑，元辽阳行省先后发米 2 万担[2] 和 10 万担海运至高丽进行赈济。

元末爆发了声势浩大的红巾军起义。起义在安徽颍州燃起，迅速向全国蔓延，不久便波及东北一隅的辽阳行省。元至正十一年(1351 年)，淮安陈佑率领的红巾军"自登州渡海"，从今大连地区登陆，一度攻陷金州，后"复渡海，还山东"。之后，中路红巾军转战于辽阳行省南部地区。1359 年，红巾军攻占懿州，又南下攻打广宁，"围城垣数十里"，城破，杀广宁路总管郭嘉。红巾军在辽西失利后，进入辽东半岛南部金复地区。红巾军先后在辽东转战 5 年之久，最后虽然失败了，但对辽南地区产生了巨大影响。

明朝建立后，世界历史的发展格局进入从封建制度转向资本主义制度的前夜。明初，山东半岛是明军收复辽东的后方基地，而旅顺是明军进兵辽东的桥头堡。明洪武四年（1371 年），朱元璋任命马云、叶旺为辽东卫都指挥使，率 10 万大军于狮子口登陆，开始了收复辽东之役。因旅途顺利，遂改称狮子口为"旅顺口"。进入辽东的 10 万大军后来增至 20 万人，其给养均通过水路运输。从蓬莱港至旅顺口港，顺风时可朝发夕至。每年运送军粮在 10 万担以上。朝廷为此在旅顺、金州、复州建立官仓，以收储军粮转运东北各卫所。由于人口增多，朝廷还在辽东沿海地区设立儒学。初时学子赴山东参加科考，熊岳望儿山古迹，是此间学子跨海赶考的历史见证。由是，山东地区对辽东沿海的政治、经济和文化影响达到了前所未有的程度，辽东沿海地区的经济社会发展水平与山东达到同一个水平线。至明永乐年间，随着国力的强盛，在前代丰富的航海遗产和历史惯性推动下，明廷曾集中国家资财，派遣郑和率当时世界上最大的官方船队七下西洋，遍访亚洲、非洲各国，将中国古代航海事业推向顶峰，集中体现了古代中国人民在航海领域中取得的辉煌成就。

由于形势的变故，特别是为防倭寇之患，明朝曾采取"赍赐航海"政策，同时对民间私人航海贸易活动采取严厉的海禁政策。但是，总体看"通者什七，禁者什三"，即在明嘉靖初至明万历十三年（1585 年）约有 60 年海禁期，其他大部分时间辽东海运畅通。

---

1 《元史》卷 6《世祖纪》。

2 古时重量单位，1 担约为 50 千克。

明代从山东半岛至辽东半岛的海运，除登州至旅顺这条古老航线外，还开辟了登州至广宁线、登州至大凌河口的宁远线、登州至盖州套线、莱州至三猵牛线、莱州至北信口线以及津沽至辽东等新航线，但仍以登州至旅顺航线为主。明代的海上运输以官方直接管理并以运送军需为主，但民间海上往来一直十分活跃。史载：辽东与山东"虽隔绝海道，然金州、登莱南北两岸间鱼贩间往来，动以千艘"[1]，规模惊人。众多海商"利海道之便，私载货物，往来辽东"[2]，使辽东与山东之间得以互通有无，而商人也大获其利。在南北两岸商船之中，以山东方面为多，来者有的短期居留于金州、旅顺，有的甚至长期居留。沿海盐业也有很大发展，辽南的盖州卫、复州卫、金州卫、宁远卫、广宁前卫、山海卫均建有盐场，设盐军管理盐政。辽东都司共有盐军1174名。今瓦房店市复州湾金城子村遗有明代盐城遗址。辽东二十五卫"额盐三百七十七万四百七十斤[3]"。

明初至永乐年间，辽东沿海频繁遭受倭寇的扰袭，辽东海运受到严重威胁。永乐十二年（1414年），刘江受命任辽东镇总兵官。为了清除倭患，刘江督率军民在辽东沿海和腹地修建烽火墩台数百台，其中今大连地区即有烽火台（架）140余座。之后又陆续增建，到明嘉靖四十四年（1565年）纂修《全辽志》时，"辽东境内共有边台、腹里接火台、路台计一千九百余座，全镇沿边墩台障塞操守官九万五千三百六十九名"。可谓烽台林立，严

明代永安烽火台（圆柱形）

明代金州二十里堡烽火台（方形）

---

1 《明世宗实录》卷460。

2 《明世宗实录》卷528。

3 1斤=500克。

阵以待。明廷还在元代"战赤"的基础上恢复驿站与驿道建设，覆盖东北全境的驿站线路共有16条，驿站147处。其中以辽阳为中心向南、北、东辐射的驿站3条，南驿站由辽阳直抵金州旅顺。海州驿与自广宁经盘山、高平、沙岭、牛庄等驿站直抵三岔河口的广宁东南线驿路相连接。驿站的任务是负

明代金州石河烽火台

责"邮传迎送之事。凡舟车、夫马、廪糗、庖馔、禂账，视史客之品轶、仆夫之多寡而谨供应之"。实际上，驿邮人员正是文化的使者。驿路、驿站的发展极大地推动了南北文化的交流和经济的发展。

明永乐十七年（1419年）六月十三日，刘江在金州望海埚一举歼灭入侵的倭寇约1600余人，"斩首七百四十二，生擒八百五十七"，取得了名扬史册的望海埚抗倭大捷。此后百余年，倭寇不敢再犯辽东。望海埚大捷之后，辽东海运畅通，社会安定，辽东沿海地区的社会经济进入中国封建社会继汉代之后的又一个辉煌时期。特别是明初进入辽东的20万大军及陆续入辽的军人眷属，均按律定居辽东。这些军兵多来自苏州府和登州地区，他们的定居，将中原乃至江南的文化移植至辽东，对辽东特别是辽东沿海地区产生了深远的影响。形成了独具特色的驿邮文化、屯田文化、烽燧文化、航运妈祖文化、城堡市井文化、英雄崇拜文化、儒学书院文化等多种文化形态。

然而，随着西方资本主义的崛起，明代中叶以后的封建制度越来越暴露出封建主义内在的顽固性、落后性，严重地阻碍了生产力的发展和生产关系的革新。明代中叶以后至清代，对海外航运采取了闭关锁国的海禁政策，致使原本先进的航海事业非但无法走上资本主义发展道路，反而陷入进退两难的境地，特别是明朝"厚往薄来"的贸易政策，往往做的是"赔钱买卖"，最终导致中国航海事业的发展势头下滑，逐渐由盛转衰。而与此同期，欧洲随着封建主义的瓦解与资本原始积累的兴起，拉开了所谓"地理大发现"的序幕。以葡萄牙、西班牙、荷兰、英国为代表的西方殖民主义国家船队，对中国民间航海贸易进行了打压和倾轧，而中国民间远洋船队又得不到本国政府支持，被迫派生出以"海上走私"

为特色的畸形航海局面。尽管如此，中国的木帆船队仍具有相当的实力。明末，东江总兵毛文龙曾以黄渤海诸岛为基地抗击后金，牵制了后金军向关内进军的速度。明崇祯二年（1629 年）六月五日毛文龙被袁崇焕误杀后，明朝辽东海上防线崩溃。由于毛文龙在明末踞海岛坚持抵抗后金长达 8 年之久，且深得人心，在辽东沿海地区特别是大鹿岛、广鹿岛等大型海岛留下许多战争遗址和碑石文化遗存及传说，对后世产生深远影响。

明末清初的战乱，使辽东沿海尤其是辽南地区人口大批逃亡。辽南沃野千里竟成荒土。清朝定鼎北京后，采取了招民垦荒定居的政策，于清顺治十年（1651 年）颁行《辽东招民垦荒则例》。顺治、康熙、雍正、乾隆四代，大批山东及江浙、河北地区农民涌入辽东，辽南地区人口迅速增加。在移民大潮中，山东、江浙农民多是在登莱港乘船闯关东。辽东与山东间海路成为移民首选的捷径。据清乾隆三十六年（1781 年）统计，辽南的复州和宁海县（金州）人口由清初的数百人增至 11.7 万人。盖州迄至辽西渤海地区人口也都有大幅度增长。移民来自中原各地，定居环黄渤海地区后带来了中原地区的生产技术、文化传统与生活习惯。人是文化的载体，人到哪里，文化就会在哪里开花结果。因为辽东南部沿海港口是沟通南北的桥梁，移民不管是定居辽南还是经休整后继续北上，总是要在登陆地作些停留，因此由移民传播的文化张力就更为强烈。这条古老的航线再次成为文化交流的纽带和桥梁。

清代初期，辽东沿海盗匪猖獗，清廷曾为此颁发严苛的禁海令。清康熙五十二年（1713 年），清廷决定在旅顺设立水师营，以保护辽东水域水运交通、渔业和沿海安全。水师营的设立和有效的巡海活动，对维护辽海地区的安全发挥了积极的作用，对辽东地区后世的海防建设产生了深远影响。随着政局的稳定，清廷放宽海禁，辽东海运事业迅速发展起来。其间，东北地区农业经济全面振兴，而江南地区连年遭灾，朝廷便从东北调运漕粮南下赈灾，金州、旅顺诸港及大孤山、盖州、牛庄诸港成为粮食集散地。自康熙二十四年至乾隆二十八年（1685—1763 年），平均每年有 70 万担粮食运往京津和江浙地区。仅清雍正三年（1725 年）运往"天津仓"的粮谷就达 10 万担。其间，金州西海、大连湾、煤窑滩、貔子窝、青堆子、大孤山、盖州、牛庄等港均为运粮中转港，以金州西海为盛。海运旺季，港内帆樯林立，船只往来不绝，滩头车水马龙，一派繁荣景象。山东客商还在辽东一些港口城镇建立"会馆"。这是一种民间商会组织，对沟通商务信息、扩大经营规模、提高营运效率、理顺物流渠道等，发挥了重要作用。清乾隆四十五年（1780 年），经金州、旅顺港运出的大豆、豆饼即达 128 万担，之外还有芝麻、苏饼、山茧、山绸、松子、瓜子等物资若干。南方运抵今大连地区的物资有绸缎、丝绒、夏布、白糖、瓷器、琉璃、灯油等 70 余种。

海运事业的发展带动了南北经济运行的链条，推动了辽东地区运输业、服务业、商贸业和文化教育事业的发展，中原地区的音乐、戏曲、曲艺、武术等传播到辽东，而东北地区的牧猎渔农文化也为中原地区所熟知和接纳，南北文化的进一步融合，成为社会进步的潜在动力。安东、大孤山、青堆子、庄河、貔子窝、城子坦、金州、旅顺、复州城、盖州、没沟营（营口）、牛庄、兴城、锦州、宁远、广宁等沿海城镇商肆兴盛，运销两旺。

鸦片战争之前，辽东沿海地区渔业有长足发展，形成了几处比较大的渔场。黄海区渔场有安凤区（安东、凤城）、金山区（庄河、青泥洼、金州、旅顺）；渤海区渔场有盖复区（盖平、复州）、营盘区（营口、盘山）、锦宁区（锦县、宁远）。这些渔场资源丰富，鱼类、虾蟹类、贝类品种繁多，品质优良，除当地食用外还远销关内，其干品如海参、海米、牡蛎远销至闽粤等地。由于渔区广大，从业人员众多，在多年的生产实践中，形成了一整套辽东渔区海洋文化。妈祖崇拜和海龙王崇拜十分普遍，沿海地区出现众多的海神庙、妈祖庙、龙王庙，其祭祀活动后来演化成特色独具的海事节、渔民节，形成了丰富多彩的渔业民俗文化，这些民俗活动一直传承到当代，成为地方文化宝库中的一朵奇葩。

盐业生产亦有快速发展，自然晒盐已普遍推行，晒盐技术不断提高。辽东盐场西起山海关东至安东，绵延1000余千米。主要有兴绥盐场、凌海盐场、盘山盐场、营盖盐场、复州盐场、金州盐场、旅顺盐场、貔子窝盐场、庄河盐场。官府设盐捐局予以管理，盐税成为国家和地方财政的重要财源。

鸦片战争以后，由于清政府的屈膝投降，外敌入境，内政腐败，航权丧失，致使中国航海事业全面萧条，陷入落后挨打的悲惨境地。尽管清政府在1872年创办了轮船招商局，开始了中国近代航海事业的历史进程，但在帝国主义航运势力的挤压、垄断及国内官僚买办阶级的控制与束缚下，中国轮船航运事业举步维艰。这种衰落的趋势延续了百年之久。资本主义列强军舰频频入侵辽南沿海。1860年6月，英国和法国的180余艘军舰载兵上万人侵入大连湾口岸及渤海长兴岛海域，其目标直指天津、北京。帝国主义的大规模入侵活动，惊醒了清政府退让自保的幻想，认识到列强入侵黄渤海的最终目的是觊觎中国的心脏——北京。于是清政府在李鸿章的倡导和主持下投巨资建设旅顺、大连湾防务工程。经过10年建设，将旅顺建成北洋水师基地。在建港修坞过程中，旅顺工程处从上海、天津、山东等地大批招募技术工人，并起用洋人为技术顾问，建军事学校培养人才；采取机器生产，发展城市自来水和电力事业，设立电报局、发电厂、西医医院，使旅顺口成为中国东北地区近代产业工人的摇篮。旅顺成为洋务运动的重要实施地，旅顺船坞成为东北地区最

扩建中的旅顺船坞　　　　　　　　　　　　　清末旅顺船坞

早实施工薪制的企业。大规模的北洋工程建设及其近代科学技术的使用和文化知识的传播，带动了辽南沿海地区及周边地区社会经济的发展，纯农业经济时代封闭自给的格局被打破，商品经济成分加大，推动了民族工商业的发展，为沿海地区现代工业孕育了胚胎。

　　同期，清廷决定建设辽河东岸要隘炮台。清光绪八年（1882年），于营口西部约7.5千米的河口处建设防御炮台。1884年9月设立营口水雷营。光绪十四年（1888年），营口炮台建成并设马步练军营，使之成为守卫辽河口的重要设施。

　　洋务运动给当时的中国带来了一丝"自强""求富"的气息，这是一切帝国主义国家最不愿看到的。日本在其侵略扩张的"大陆政策"驱使下，经过10年战争准备，借朝鲜"东学党"起义之机，于1894年发动了侵略战争，史称"甲午战争"。1894年8月1日，中日正式宣战。战事由海战和陆战构成。中国北洋舰队与日本联合舰队于1894年9月17日在黄海大东沟至庄河一带海域进行激战。清军官兵英勇反击，双方互有伤亡，基本战成平局。然而此战之后，北洋舰队的决策者消极避战，致使北洋舰队在威海全军覆没。1894年10月24日，日军第一师团2.4万人在庄河花园口登陆，揭开了甲午金旅陆战的序幕。由于清军统帅战略上的失误和各部队配合失调，尽管有徐邦道等爱国将领的英勇抵抗，日军仍以优势兵力攻陷了耗巨资历经10年修建的旅顺要塞，并制造了震惊世界的旅顺大屠杀。凶残的日军残杀旅顺民众近2万人，一时间旅顺成为中外关注的焦点。同期，日军于10月24日攻破清军鸭绿江防线后，经过九连城之战（虎山之战）、凤凰城之战、岫岩城之战、草河口之战、析木城之战、感王寨之战、盖平之战、海城之战、太平山之战、牛庄之战、营口之战、田庄台之战，清军对进犯日军进行了英勇阻击。1895年3月，日本占领了辽东半岛和威海卫。战争的结果是，清廷在以慈禧为代表的投降议和派的主导下，向日本屈膝投降，于1895年4月17日与日本签订了丧权辱国的《马关条约》。其主要内容是割让辽东半岛、台湾岛、澎湖列岛、琉球群岛，赔偿日本军费2亿两（库平）白银。《马关条约》是日本帝国主义强加给中国的不平等条约，是继《南京条约》以来最丧权辱国的条约，加剧了帝国主义列强瓜分中国的民族危机，使中国半殖民地化的进程进一步加快。甲午战争改变了中国历史发展的进程，给战区人民带来深重的灾难，但同时也促进了人民群众前所未有的民族觉醒。

日本对旅大地区的侵占，妨害了俄国"远东政策"的侵略扩张目标。于是俄国于1895年4月联合德国和法国向日本施压，要求日本归还中国辽东半岛，史称"三国干涉还辽"。日本无力与三国抗衡，只得在向清政府榨取3000万两白银的"赎辽费"后，于1895年12月从大连湾撤走最后一批日军。清政府派宋庆等将领接收旅大防务。

接着，俄国以"还辽有功"为借口，打着帮助中国的幌子，自诩为中国的"恩人"，于1897年12月14日派军舰进入旅顺口，谎称"暂泊"，实为强占。1898年3月，俄国便向清政府提出租借旅大及修建东三省南满铁路到旅顺、大连的要求，其主要目的是在大连地区建设不冻港以作为控制东亚的基地。清政府迫于俄国的军事压力，被迫于1898年3月27日在北京与俄国签订了《中俄旅大租地条约》，同年5月7日再签《中俄续订旅大租地条约》，主要内容是中国将旅顺、大连湾及附近水面租给俄国，租期25年。租借地面积3200平方千米，隙地北界从盖州河口起，经岫岩城北至大洋河，沿河左岸到河口。这两个条约实际上将辽东半岛南部的大片陆地、海面及岛屿划入租借地，并有不允许中国驻军、不得与别国通商等条款，将中国主权完全剥夺。俄国强租旅大后，于1899年在旅大设"关东州"，将旅大地区从中国辽东沿海板块上强行剥离出去，使辽东环黄渤海地区格局被肢解，对黄渤海地区的近代史产生了巨大的影响。

俄国强租旅大后，于1899年在大连湾南岸的青泥洼建造达里尼港和达里尼（大连）市。从此，这座城市在帝国主义侵略的腥风血雨中诞生了。同年8月11日，俄国宣布达里尼港为自由港，并从山东、河北等地骗招大批工人来达里尼从事苦役，至1902年达里尼商港一期工程基本结束。而在旅顺有6万名工人日夜不停地为俄军修筑工事、港口和要塞，最盛时达12万余人。1903年，达里尼港货物吞吐量30.8万吨，港口与铁路对接，城市人口达到4万余人。至1904年，俄国除了修建了南满铁路外，还建起了船舶修理、木材加工、炼钢、制砖、酿造、榨油、制盐等工厂及发电所、邮电所、水源地等机构和设施，还有数十家洋行，垄断了大连地区的工商业，恣意进行经济掠夺。旅大租借地的设置，对南满铁路沿线地区和黄渤海地区社会经济产生了巨大的影响。进出大连港的主要是俄国、日本、英国、挪威、丹麦、奥地利、德国和美国船只，而中国的航运船舶数量少、吨位小。

"三国干涉还辽"后，日本利用从中国榨取的 2.3 亿两白银的巨额赔款进行扩军备战。经过 10 年战争准备，日本于 1904 年 2 月 8 日深夜重操甲午战争中不宣而战的伎俩，突袭旅顺口俄军舰队，日俄战争爆发。软弱的清政府宣布"局外中立"，划出辽南大片土地为日俄战区。这场两个帝国主义国家间的战争持续了一年半之久，给战区人民带来了深重灾难。

日俄战争经过了海战、鸭绿江之战，日军将俄军包围在旅顺要塞。于是，旅大地区成为日俄战争的主要战场。经过对旅顺要塞的四次争夺战，双方累计投入兵力达 18 万人，总计伤亡近 8 万人。最终俄国战败。1905 年 1 月 2 日下午，日俄双方在旅顺水师营签署《旅顺开城规约》十一款、《附录》十二款（即投降书）。战后，日本和俄国在美国总统西奥多·罗斯福的斡旋下，在美国北部缅因州基特里市附近的朴次茅斯海军基地签订了《日俄和平条约》和附加条款，统称《朴次茅斯条约》。这个条约竟背着中国政府将俄国旅大租借地及其特权转让给日本，长春以南至旅顺的铁路及其支线均划为日本的势力范围。同年 12 月 22 日，在日本的胁迫下，中日双方签订了《中国会议东三省事宜正约》及《附约》。中国政府不仅没有抵制和缩小《朴次茅斯条约》中侵犯中国权益的条约，反而同意在此基础上使日本取得的利益扩大化，给中国人民造成更大的灾难。日本不仅接管了中国辽东半岛南部的租借地，称为"关东州"，还把势力范围扩大到同日本本土面积几乎相等的东三省南部地区，作为其"北进战略"的基地。租借地面积在沙俄时期 3200 平方千米的基础上又扩展了 260 平方千米。

日本统治大连后，政治上推行殖民压迫，军事上实行全面占领，经济上进行野蛮掠夺，文化上强推奴化教育和帝国主义文化浸透，企图将旅大地区建成侵略东北和灭亡中华的基地。日本为了扩大经济掠夺，陆续进行了大连港的扩建，从 1906 年 9 月起将大连辟为自由港；并通过不等距等价运输的策略，排挤中国的航运业，控制了黄渤海地区的运输业，使营口、锦州等港经营萧条。至 1934 年，大连港吞吐量达到 1049 万吨，成为亚洲大港之一。直到太平洋战争爆发后开始衰退。

日本通过大连港从中国掠夺了巨大的财富。仅以 1928 年为例，日本通过大连港掠走大豆三品（脂、饼、秤）259.1 万吨；掠走生铁 62.1 万吨；掠走煤炭 283 万吨。1928 年东北

日本统治初期的大连港                              日本侵占时期，正在劳作的盐工

地区合计贸易额 72 347 万海关两[1]，大连港就达到 42 702 万海关两，占整个东北的 59%。通过这一年份的统计数字，我们不难推算出日本侵占旅大 40 年掠走了中国多少财富！

　　日本侵占旅大期间还通过"南满洲铁道株式会社"（简称"满铁"），控制铁路沿线的经济文化运行，大批倾销日货。日本还通过经济统治政策，排挤压迫中国的民族工业，黄渤海地区充斥洋货，中国民族工商业受到严重打击。为了达到永久侵占旅大的目的，日本还通过"开拓团"的形式大批向东北地区移民，至日本投降前夕，仅在旅大的日本人就达 25 万人。日本通过移民，妄图用"大和"文化取代中国的传统文化，进行丧心病狂的文化侵略。对此，中国人民进行了坚决抵制。同时，日本采用机动渔船和先进网具大肆掠夺黄渤海的水产资源，进而进行渔业垄断，给沿海渔民的生产和生活造成严重打击。这种状况直到日本投降方告结束。日本统治当局还在沿海强占民滩，辟建新盐田，90% 的盐田面积被日商侵占。从 1906 年至 1945 年，日本在大连地区就掠夺海盐 1047.8 万吨。

　　"九一八"事变后，面对日军的大举入侵，辽西沿海地区人民群众纷纷组织起来抗击日军。其中辽西义勇军是东北最早兴起的民众抗日武装，以辽西北宁路、大通路、营沟路为中心的义勇军活动区，是辽宁三大义勇军活动区域之一。当时，辽西抗日武装共有 50 多支，总数在 10 万人以上，同日军进行了百余次战斗。1942 年以后，中国共产党向辽西一带派出大批干部，开辟了凌青绥抗日游击根据地，对人民军队快速挺进东北起到重大作用。

　　东北光复后，旅大地区回到祖国的怀抱。1945 年 8 月 22 日，苏军依据《中苏友好同盟条约》进驻旅大并对旅大地区实行军事管制。在解放战争中，旅大地区成为特殊解放区。

---

1　即"关平银""关平两"，清朝中后期海关使用的一种记账货币单位。

吴运铎

根据中共中央东北局的指示，利用旅大优越的临海地理环境和工业基础较强的优势发展军工生产。华东、华北和东北解放区也纷纷派干部到大连筹集和生产军用物资，并在此基础上于 1947 年 7 月创建了由机械、铸造、化工、服装等十余个工厂组成的大连建新公司，成为在中国共产党领导下的东北第一个大型军工联合企业，涌现出诸如"中国的保尔"吴运铎（建新公司工程部副部长兼宏昌铁工厂厂长）、吴屏周（裕华铁工厂厂长）、"毛主席的好女儿"赵桂兰等英雄模范人物。他们的事迹在全国广为流传，曾经教育了几代人，至今仍是进行爱国主义教育的楷模。建新公司从 1947 年 7 月至 1950 年 12 月共研制生产各种炮弹 54.47 万发、引信 81 万个、雷管 24 万只、迫击炮 1400 多门、弹体钢 3000 多吨、无烟火药 450 余吨。建新公司利用海运的便利条件，在公司码头装运军工产品，直接运抵华东、华北。旅大地区实际上成为解放战争的物资供应基地、军工生产基地、兵员基地、军事转运站和可靠的后方根据地，为解放战争的最后胜利做出了历史性的贡献。

解放战争中，辽南沿海人民在中共地下党组织的发动和组织下开展多种形式的斗争。1948 年，在辽沈战役中，辽西人民舍生忘死与人民军队并肩战斗。在炮火纷飞的战场挖工事、送军粮、抬担架、救伤员，当向导、送情报，为解放事业做出了重大贡献。[1]

在苏军对旅大实行军管期间，中共大连市委采取不公开的斗争策略，以"工委"名义领导全市的党政工作。1945 年至 1950 年间，大连港由苏军代管。苏联接管了大连港后，设立了大连中苏自由港，港长及各部门要职均由苏籍人员担任。1950 年 2 月 14 日，根据中苏两国签署的《中苏关于中国长春铁路、旅顺及大连的协定》，1951 年 1 月 1 日中苏交接大连港，从此结束了大连港自开港以来半个世纪由外国人统治和管理的历史。

中华人民共和国成立后，黄渤海地区海运、渔业、盐业及各项社会文化事业以前所未有的速度发展。沿海城市发挥区位优势发展海洋产业，特别是改革开放以后，辽宁沿海形成了丹东、大连、鲅鱼圈、营口、盘锦、锦州、葫芦岛等港口群，实现了以港兴市的飞跃式发展，取得了历史性的突破。其中大连港是中国东北最大的商港和出海口，通过铁路、

---

1 《锦州市志·综合卷》"概述"。

公路、水路、航空连接东三省经济腹地和世界 160 多个国家和地区的 300 多个港口。

在振兴东北老工业基地和发展辽宁沿海经济带的国家战略中，各地港口不断完善集疏体系和服务功能建设，创新理念，抢抓机遇，与时俱进，加快实施港区一体化发展，推进区域化进程，构造物流成本"洼地"，拓展区域发展空间，增强国际化竞争能力。2003 年 10 月，国务院提出将大连建设成为东北亚重要的国际航运中心的战略决策，为大连港的发展创造了机遇。通过构建航运中心框架，有力地推动了大连及周边港口群的对外贸易、金融商务、临港临海制造及旅游业的发展，提升了城市的综合功能、经济实力和国际竞争力，为辽宁经济带建设奠定了坚实的基础，为东北的振兴起到了重要作用。

改革开放以来，辽宁沿海渔业生产立足实际，坚持科学发展，转变渔业发展方式，着力提高渔业现代化水平，推进渔业向现代化转变，使辽宁渔业生产走上了中国特色渔业现代化发展道路。基本实现从以捕捞为主到以养殖为主的转变，按市场需要组织生产，加强资源保护，建设"海上牧场"，使渔业生产进入崭新的发展时期。

经过数百年的文化积淀，辽宁沿海地区形成了独具特色的海洋文化。沿海民众从语言、词汇、饮食、服装、居住、礼仪、节俗、游艺及宗教信仰和人际交往等方面都形成了鲜明的特点，并留下了诸如望儿山、大孤山、老虎滩、旅顺口、长山岛、兴城、菊花岛等风物传说和民间故事，记录了辽东黄渤海地区的历史变迁和文化演进的脚步。

随着人们海洋国土意识的不断提高和强化，蓝色的海洋在政治、经济、军事、文化及广大人民群众生活中的影响越来越大，地位越来越高。早在五六千年前，古代先民就有勇气利用独木舟征服大海，探索海洋的秘密，利用海洋的资源。在科技高度发展的当代，我们有理由更深入地去研究海洋、征服海洋、爱护海洋、开发海洋。孙中山先生曾指出，"自世界大势变迁，国力之盛衰强弱，常在海而不在陆"[1]。"重陆轻海"，漠视海洋，闭关禁海的陈腐大陆观念，曾使中国人民吃尽了苦头，遭受巨大的灾难。近代，帝国主义列强对中国的入侵基本由海上而来。至今令国人仍有切肤之痛的八国联军，就是通过渤海水道进兵津沽侵入北京。

"走向海洋而繁荣，建立海权而强盛"已经在近代世界格局的博弈中得到了充分印证。随着伟大祖国的日益强盛，在 21 世纪这个"海洋世纪"里，我们一定会建成一个海洋强国，辽宁的沿黄渤海地区也一定会更加繁荣昌盛。

---

1　陆儒德：《当代海洋知识丛书》之《蓝色国土》。

中国海洋文化

沧海桑田造就独特的地理地貌
漫长的海岸线连接起黄海和渤海
海峡、水道形成天然的海上通道
群岛与列岛星罗棋布、群星璀璨
海湾——天然的码头与浴场
见证历史的航海灯塔
中国唯一的海岛边疆县——长海县

第一章

# 京津门户
# 辽东半岛

海浸疆裂，古陆变迁，冰川消融，沧海桑田。

历经亿万年的自然造化，形塑辽东半岛这块神奇古老的土地。辽东半岛，东濒黄海，西临渤海，南与山东半岛隔海相望，北依东北三江平原和内蒙古广大腹地，故是京津门户，渤海咽喉。

悠长曲折的海岸线，东起鸭绿江口，西至老铁山岬，西北及至山海关老龙头，连接起黄海、渤海，黄、渤海分界线如长龙摆尾，分隔了黄、渤两海，泾渭分明；众多海峡、水道形成天然的海上通道，历来为兵家必争之地、渔航必经之路；群岛与列岛星罗棋布，如群星璀璨，岸线回环，海产丰富，拱卫着海疆前哨；古老的灯塔分布在岛屿和沿海航道附近的陆地岬角处，静观岁月流转，见证历史变迁；我国唯一的海岛边疆县就位于半岛东侧，东望朝鲜半岛，西对庙岛群岛，海王九岛，巍巍险峰，粼粼碧水，一代文豪郭沫若曾在此留下"汪洋万顷青于靛，小屿珊瑚列画屏"的不朽诗句。

辽东半岛卫星图片（CFP供图）

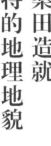

**沧海桑田造就独特的地理地貌**

辽东半岛及其黄渤海域经历了漫长的地质发展阶段，经过岩相建造、岩浆活动、变质活动与构造运动，在第四纪冰期及海浸后，形成今日的辽东湾轮廓。

## 1. 胶辽古陆

在太古代至早元古代阶段，辽东半岛与世界其他淹没地区一样，淹没在茫茫无垠的海洋下面。随着地壳运动演化，海底火山多次喷发，火山沉积岩浆堆积，形成了岛屿。在距今28亿年至25亿年前后，地球发生了一次强烈的地壳运动。这次构造运动，使辽宁省区域内各陆核相互连接起来，形成古老地壳，在建平至阜新构成内蒙地轴主体，在抚顺、清原和董家沟、城子坦地区构成太古代克拉通。至此太古代雏地台形成。

早元古代早期（距今25亿～20亿年前），鞍山运动塑成的太古代雏形地台在水平拉张作用下，营口—宽甸地区出现了雏地槽。辽北法库—开原地区和辽南长海地区也出现了雏地槽。

早元古代早期末（即盖县期末）发生了辽河运动，使雏地槽逐渐封闭，并遭受混合岩化。

早元古代晚期（距今20亿～19亿年前），辽河旋回运动后，法库至开原雏地槽、长海雏地槽隆起消亡，经早元古代末期的辽河二次旋回，进入准地台阶段。

中元古代至中三叠纪阶段，中朝准地台转入了相对稳定的盖层发展阶段。中三叠纪后期进入大陆边缘活动带发展阶段。在辽河运动后的第一个盖层沉积时期，发生了第二次海浸。在第二次海浸后的大红峪—高于庄期，医巫闾山与内蒙古分离成较小的古岛，海水沿古岛两侧越过盘山海峡向东抵达汎河地区，山海关古陆可能已与现今的辽东湾与辽东古陆相连。辽东古陆西北的海岸边缘大致位于今辽宁域内郯庐断裂（抚顺至营口）、辽中至大洼断裂一线。

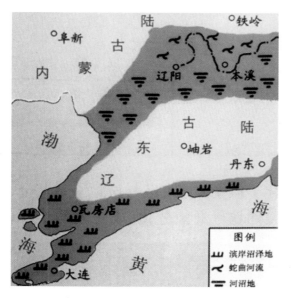
早二叠世大连地区岩相略图

高于庄期，海域略扩大，气候变暖，适宜藻类繁殖生长，沉积物以碳酸盐岩为主。

长城纪末，地壳一度抬升成陆，蓟县纪后，又继承长城纪晚期的沉陷开始海浸。洪水庄期，辽西海盆沉积中心位于凌源老庄户一带，此时海水较深，形成处于还原环境中的潟湖。青白口纪早期的下马岭期（辽东与之相当的为永宁期），辽西海盆继续萎缩，海浸的方向仍来自南西。

自青白口纪早期起，辽东古陆打破了自辽河运动以来长期隆起的局面，形成桓仁牛毛大山及永宁一步云山山间盆地，旅顺老铁山一带出现滨海三角洲相沉积。青白口晚期又开始了新的海浸，辽东古陆总体下沉，全部被海水淹没，古陆中部成为水下隆起，沉积中心位于太子河—浑江凹陷和复州凹陷地带，海浸方向主要来自东部。海浸向东起覆于锦西、绥中等地的前期地层之上，并经盘山海峡与汎河海湾相连。此时山海关古陆没入海底。青白口纪末，辽西海盆及汎河海湾全部抬升成陆，从而结束了长期沉降的历史。

震旦纪时，沉降中心全部移至辽东，抚顺至营口断裂以西则变为陆地，称内蒙—山海关古陆。五行山期，海域明显缩小。岫岩古群岛扩大，与内蒙—山海关古陆连成一体。太子河海域退缩至本溪附近，向南西与复州海域沟通，呈现一条向南西开口的狭长海湾。五行山期中晚期（南关岭、甘井子期），本溪海湾海水退出，成为陆地，至此海水只局限于瓦房店至庄河一线以南。五行山金县时期，地壳继续北升南降，复州海域退缩至复州城至大李家一线以南。经大林子期末的金州上升运动，今辽宁全境抬升成陆。

进入寒武纪后，古地理构造格局及生物均发生重大变化。辽西海盆经历了震旦纪长期隆起后重又凹陷接受沉积；太子河海盆继承震旦纪早期轮廓复再沉积；复州海盆的范围再次北扩并经营口一带与太子河海盆相通。辽东古陆缩小，岫岩古群岛联成一体，构成辽东地区东西向两凹夹一隆的古地理构造格局；太子河海盆夹持于内蒙古陆与辽东古陆之间，向东与广海相通。复州海盆位于辽东古陆之南，东与朝鲜海区相连，南与鲁西海区沟通。

晚元古代末震旦纪五行山时期大连地区古地理略图

中寒武世，海浸范围扩大，山海关古陆没入水下，辽西海盆变得开阔并与复州海盆相连。张夏期是海浸高峰期，辽西海盆靠近古陆边缘为潮坪环境。凌源、朝阳和南票地区为北东方向沉积中心。复州海盆沉积厚度自岫岩古群岛向南递增，沉积中心在金州。

奥陶纪，辽西海盆、太子河海盆、复州海盆继续接受沉积。岫岩古群岛抬升，恢复辽东古陆轮廓。内蒙古陆肢解，辽西海盆沿峡口与满蒙海相通，结束了辽西海盆长期处于半封闭的状态。复州海盆近辽东古陆边缘为潮坪环境，复州湾至金州一线以西为浅海。奥陶中世末，地台区海水退出，整体抬升成陆。

石炭纪晚石灰世，南部地台区在经受了长期隆起剥蚀之后，地势趋于准平原化，海陆交互，气候温暖湿润，植物茂盛，为重要成煤期。晚石灰世，复州地区仍处于海陆交互沉积环境。

经二叠纪末的华力西运动，北部地槽区上升成陆地，并与中朝准地台连接成为统一的整体。中三叠纪末发生了十分强烈的印支运动，致使中、上元古界，古生界，中、下三叠统一起形成一系列的断褶带和断褶束。大连至丹东一线发生了区域低温动力变质作用，辽东陆海进入中国大陆边缘活动带发展阶段。[1]

---

1 《辽宁省区域地质志》，地质专报（区域地质）第 14 号。

黄海滨海地层岩石（第四纪）

## 2. 第四纪冰期及渤海的出现

进入第四纪，下辽河地区继续整体下降，东西山地差异性抬升。

更新世中期，初始阶段复式山谷冰川覆盖山麓地带。之后复又变为温暖，冰川消融，辽西河流湖泊发育，辽东区河流奔腾于山涧沟谷之中，辽河平原呈堆积河流相、冲击相。海浸的结果使北黄海大陆架海面上升，长海诸峰成为岛屿，塑成现今辽东半岛海陆轮廓，渤海随之形成。

第四纪，渤海发生过四次海退、四次海浸。在距今约 6000 年至 5000 年前后，黄渤海海峡及渤海的地貌形态基本形成，沿海基岩海岸线上，到处可以看到高海面时的海蚀阶地，海湾处有滨岸堤和潟湖等堆积地貌，海底有水下阶地存在。

## 1. 黄海渤海海岸线

黄海海岸东起鸭绿江口江海分界线，西至旅顺老铁山黄渤海分界线。丹东市域内陆岸线长 125 千米、海岛岸线 32.5 千米；大连市域内陆岸线长 750 千米、海岛岸线 471 千米。辽宁省黄海陆岸线总长 875 千米、岛岸线总长 503.5 千米。

渤海岸线南起旅顺老铁山岬黄渤海分界线，北西至葫芦岛市与秦皇岛市山海关老龙头交界处，总长 1235 千米。其中大连市域内陆岸线 621 千米，岛岸线 148 千米。营口市域内陆岸线 122 千米、盘锦市陆岸线 107 千米、锦州市陆岸线 124 千米、葫芦岛市陆岸线 261 千米。

辽宁全省陆岸线总长 2110 千米，约占全国海岸线长度的 12%；岛屿岸线 628 千米，约占全国岛岸线长度的 5%；全省海岸线总长 2738 千米。

## 2. 黄渤海分界线

旅顺老铁山海岬与山东蓬莱角一线为黄渤海自然分界线。形成原因是黄海和渤海的浪潮，由铁山岬角两边涌来，在分界线处交汇。由于海底地沟的作用，又因黄海和渤海各自海水颜色不同（含泥沙量不同），黄海海水较蓝、渤海海水略黄，形成一道清晰的水线。有时呈直线，有时呈"S"形，天然地划分出两个海域。晴日观海，水色分明，若遇较大风浪和阴雾天气则不甚分明。铁山岬建有长达 150 余米的观海台及"黄渤海分界线"石碑。

老铁山黄渤海分界线（CFP供图）

**海峡、水道形成天然的海上通道**

## 1. 海峡

里长山海峡　位于里长山列岛与普兰店市域南部及庄河市域西部之间海域。海峡东西长约 17 海里，最窄处约 3.5 海里，最宽处约 4.7 海里。海峡西北两侧大陆沿岸水位较浅，一般在 10 米以内，东南侧岛屿附近水位较深。里长山海峡自古就是大连至丹东在黄海北部浅水域的航线之一，也是北岸大陆近海渔船、运输船只往来必经之地。由于西北部海上有河流注入，使水域成为适于浮游生物生息的低盐区，为鱼虾的洄游、栖息、索饵、繁殖提供了天然场所。近年，该海峡已成为重要的大虾捕捞区及人工养虾区。里长山海峡历来为兵家必争之地，具有重要战略地位。

中长山海峡　位于辽宁省长海县大长山岛与小长山岛、塞里岛、哈仙岛等岛屿之间。它是长山群岛最窄的海峡。海峡东西长约 20 海里，水域面积约 50 平方千米。西起格仙岛海域，东迄礁流岛海域。两侧海岸曲折多湾、澳，均为基岩海岸，沉积滩涂较广。西部直线最窄处 3.3 千米，水深 6.9 ～ 25 米。长年不冻，冬季有浮冰漂入。海峡由群岛环抱，中部较宽，是风平浪静的良好锚地。南有塞里水道，西有哈仙水道和格仙水道等 5 个通道口，素有"五大门"之称。地理位置重要，为大连至丹东的海上走廊，一般中小船只多经此航行。

外长山海峡　位于长海县南部，外长山岛与里长山列岛之间。是黄海北部船舶东西航行的海上交通要道。东西长约 37 海里，南北直线宽约 10 余海里。大型船舶可航宽度约 8 海里。水深 20 ～ 40 米，海峡两侧曲折多海湾。东西部有海洋岛港湾，南部有獐子岛渔港，北有小长山岛的大西港湾，均为锚泊良地。在浅水区有大面积人工养殖海带、贻贝和扇贝的养殖场。

## 2. 水道

老铁山水道　位于渤海海峡北部，老铁山至隍城岛之间。宽 22.8 海里，水深 42 ～ 78 米，东西流向。老铁山西角及北隍城岛各设有灯塔和灯桩，舰船可昼夜通航。这里为渤海咽喉，是去天津、秦皇岛、葫芦岛、营口等港主要航道。老铁山水道，古称"乌湖海"，[1] 是蓬莱至旅顺必经水路。

**石城水道**　介于石城岛与寿龙岛、三棱礁之间。东北—西南走向，全长约 8.1 千米，水道南部水深 7.4 米，北部水深 7 米，中部水深 13.2 米。涨潮东北流，落潮东南流。水道可航行 200 吨级以下船舶。

**獐子岛水道**　位于长海县，介于獐子岛东部与大耗子岛、褡裢岛西部之间。呈东南—西北向。全长约 15 千米。南濒大海，北汇外长山海峡北部。南部水深 40 米，北部水深 36 米，中部水深 33 米。涨潮北流，落潮南流。这里寒暖流交汇，盛产鱼类有牙鲆、石鲽、六线鱼等，还产海参、鲍鱼、栉江珧。一般大型船只均可航行。西岸的东獐子湾和三处锚地促进了水道的航运发展。

---

1　《大连海域地名志》。

群
岛
与
列
岛
星
罗
棋
布
、
群
星
璀
璨

位于辽东半岛南侧，黄海西北部海域，有一个由大长山岛、小长山岛、广鹿岛、獐子岛、海洋岛、石城岛、大王家岛等大小 122 个岛和 260 多个礁组成的长山群岛。它西、北与大连市区、金州新区、普兰店市和庄河市隔水相望，东与朝鲜半岛遥望，南濒黄海。该群岛为黄海最北部前哨，是大连到丹东乃至朝鲜半岛的海上要冲。其中距离大陆最远的岛屿——海洋岛距大陆 62.9 千米；石城岛距大陆最近，仅 7 千米。群岛以较大的岛屿——大长山岛得名。按其地理位置又划分了里长山列岛、外长山列岛和石城列岛三个列岛群，东西走向，排列在长达百余千米的海面上，跨海域面积约 4000 平方千米，陆地面积达 170 余平方千米。年平均气温为 9.8 ~ 10.8℃。岛上人口 7 万余人，通行北方胶辽官话。以渔业为主，耕地面积有限。水产品丰富，附近海洋岛渔场除产鲐鱼、鲅鱼、牙鲆、石鲽、小黄鱼、带鱼和大虾等 10 余种等经济鱼类外，还产海参、鲍鱼、扇贝等海珍品。时有鲸类出没。群岛海岸线回环曲折，有天然良港和众多的湾、澳，岸边海滩分布较广。各大岛有环岛公路，并建有客、货运多功能码头和水产码头，可供一般船只、渔轮停泊。大连至各大岛有班轮。群岛上有上马石、小珠山等古人类居住遗址。

## 1. 黄海水域主要岛屿

圆岛　在大连港口东南方约 39.8 千米，黄海海域，西南距遇岩约 46.2 千米，是辽东半岛沿海最南端的一个孤岛，为中国领海基线点之一。岛长 300 米，宽 140 米，面积 4.2 万平方米。岛上有灯桩、雾笛和无线电指向标设备，对船舶航行和测定位置有极大作用。

老偏岛　在大连港的西南方，距傅家庄沿海 9.26 千米，黄海海域。与西大连岛、二坨子岛自北向南排列，面积 0.0306 平方千米。岛上设有灯塔，是渔民近海养殖、捕捞的良好场所。

三山岛　位于大连湾口，由大山岛、二山岛和小山岛组成，故名。大山岛与二山岛两岛相距甚近，其中由一条低平狭窄的冲积鹅卵石沙岗连接，合称"大三山岛"，长 3.5 千米，宽 0.75 千米，面积约为 2.6 平方千米，海岸线长 11.8 千米，距大陆最近点 6.1 千米；小山岛又称"小三山岛"，在大三山岛北，长 950 米，宽 350 米，面积为 0.335 平方千米。三山岛距大陆最近距离 3 千米。三山岛为一道天然屏障，直接控制着进出大连港航道，对保证港区安全起着重要作用。该岛周围水域产海带、海参、贝类等，1987 年大连市人民政府将其周围水域辟为海珍品养殖区。唐代贞观年间收复辽东之战时，曾在岛上筑仓储小城，"仓储粮械于三山浦、乌湖岛"。

**棒槌岛**　在辽东半岛南端黄海海域的大连湾与老虎滩湾之间，距陆地 0.39 千米。岛长 410 米，宽 120 米，面积 0.049 平方千米。南部有一天然石洞。岛对岸原是渔村，1959 年始建东山宾馆，1977 年改名为"棒槌岛宾馆"。宾馆依山傍海，环境清幽，花木繁茂，有清澈的海湾浴场，风格各异的 11 栋别墅由石径连为一体，是闻名中外的避暑胜地。

**海茂岛**　在大连市甘井子区大连湾北部，距大陆最近点约 0.28 千米。早年多海鸥（俗称"海猫"）栖息，故名"海猫坨子岛"，后改为"海茂岛"。岛长 180 米，宽 60 米，面积 0.01 平方千米。海岸线长 0.93 千米。周围水深 2 ～ 4 米。岛上有大连海洋渔业公司船坞一座。

**黑岛**　在大连市金州镇东北 52 千米的里长山海峡西南部海域，距陆地杏树镇 3.44 千米。岛长 1.55 千米，宽 0.56 千米，面积约 0.87 平方千米。岛上居民以渔业为主，兼营农业。海产品有鱼、虾、蟹及贝类。东西两方各有一小岛（东坨子岛、西坨子岛）。南、北有海湾，为泊船地。每日有交通船往返大陆。

**石城岛**　在庄河市驻地南部黄海水域，距大陆最近点 3.92 海里，是靠北岸大陆最近的岛屿。据《庄河县志》载，此地为清初屯兵处。岛东西长 6.95 千米，南北最宽处 4.06 千米，最窄处 2.5 千米，海岸线长 33.16 千米，陆地面积 27.3 平方千米。为石城乡人民政府驻地。人口 8597 人，以渔业为主。除产各种鱼、虾外，还产蚬子、蟹、海螺，是贝类主要养殖区之一。大蛤蟆沟湾是该岛主要港湾，有码头一座，可停泊中、小型船只。有直达大长山岛镇的定期班轮，还有直达庄河县的小型交通船。岛上有"石城"古遗址。岛东北部有银窝礁林风景区。

**大鹿岛**　位于丹东东港市黄海水域，北与大孤山隔海相望，东与獐岛、西与元山岛毗邻，为东西走向。岛长 4 千米，宽 2 千米，面积 4.13 平方千米（含灯塔山 1.45 千米）。该岛有东口、西口、北口 3 个泊港，高潮水深 8 ～ 10 米，低潮水深 3 ～ 5 米。大鹿岛兀立海面，位置显赫，为中国东南沿海前哨，历为兵家所重。明末东江总兵毛文龙以此为根据地抗击后金，至今遗迹尚存。甲午海战中，北洋舰队"致远"舰沉没于大鹿岛东南部海域。

**獐岛（小鹿岛）**　位于丹东东港市黄海水域，东与双峰岛毗邻，西与大鹿岛相望，北与兴隆山隔海相望。距大陆 8 千米，东西走向，面积 0.9 平方千米。海岸线长 4.88 千米。岛的南北为港区，主峰海拔 71.1 米，前坡缓、后坡陡峭，为海防要地。

除此以外，散布于黄海水域的岛屿还有满植松柏，成为傅家庄公园海上景点之一的东大连岛、西大连岛和建有百吨冷冻库的平岛；人工海堤与陆地相连，交通便利的干岛；设有灯塔，为黄海北部重要航标的大王家岛；扼长山群岛东北部前哨，战略地位重要的小王家岛，以及以产海参、牡蛎、海螺、蚬子、蟹、虾类、杂鱼等著称的井坨子岛、长坨子岛、寿龙岛、三山坨岛和蛤蜊岛。

## 2．渤海水域岛屿

蛇岛　位于大连市旅顺口区西北渤海海域，距大陆最近点双岛湾镇西湖嘴 12.95 千米。岛长 1.5 千米，宽 0.7 千米，面积 0.63 平方千米。该岛形成于 1.5 万年前，北端有航标灯塔一座。

蛇岛原是陆地上的山峰，第四纪冰期后期，海平面升高，淹没了平川，山峰高出海面成为孤岛。因海蚀作用强烈，岩石破碎，多洞穴。属暖温带季风气候。年均气温 10.5℃，因温湿度适宜，有机质含量高，植物生长茂盛，覆盖率达 70% 以上，植物有 57 科、201 种。主要为乔木、灌木、草本植物，是蝮蛇隐蔽与繁衍的良好场所。据考察（2005 年），岛上有黑眉蝮蛇约 2 万条，当地群众亦称"蟒山""小龙山"，以"蝮蛇王国"闻名中外。

岛上鸟类较多，共有 70 余种，无椎动物昆虫类 58 科 118 种，为蝮蛇生存提供了食物来源。1980 年，国务院定蛇岛为国家重点自然保护区，并成立蛇岛、老铁山自然保护区管理处，现设管理局。

海猫岛　在旅顺口区双岛湾西海域，属江西镇。距江西镇董家村 6.9 千米，又名"鸟岛""海猫坨子"，因"海猫"（即海鸥）多得名。岛呈东西走向，长 1.7 千米，宽 1.34 千米，面积 0.23 平方千米。海拔 118.7 米。周围水深为 10 ～ 20 米。

交流岛　位于瓦房店市区西南 51 千米处的渤海海域，距大陆最近点 0.5 千米。属瓦房店市交流岛乡。岛上有野生花椒树，别名"花椒岛"。面积约 5 平方千米，周围滩涂 1 万余亩[1]，沿海产杂虾、杂鱼、蟹、蛤、海参等。年平均气温 10℃。岛上 1690 人，以农副业为主，

---

1　1 亩 ≈ 667 平方米。

有耕地 2370 亩，种植玉米、高粱等。有盐场、虾场、水产加工厂等地方企业。

**长兴岛**　位于辽东半岛西南，渤海南部海域，距大陆最近点 0.36 千米。属瓦房店市。面积 240 平方千米，为中国第五大岛。岛体东西走向，长 30 千米，最宽处 11 千米。岛上植被繁茂，树木葱郁，多柞、槐、杨树和灌木，植被覆盖率 50%。年平均气温 8.3 ～ 10.3℃。

1981 年建成的我国第一座斜张拉力大桥——长兴岛大桥，将长兴岛和辽东半岛连接在一起。省一级公路横贯全岛。西部水域辽阔，明、清时即为航行要道。岛上曾建三堂、横山两个乡，辖 31 个行政村，180 个自然村，人口 4 万余人。1996 年 8 月经辽宁省人民政府批准，两乡合并建立长兴岛镇。以渔、农业为主。盛产对虾、毛虾、带鱼、海蜇、海参等。养殖业发展迅速，对虾、海参的年收获量达 160 吨以上，是瓦房店市最重要的海产品基地。有耕地 87 581 亩，主产玉米、高粱以及辣根等。著名的山枣密酒和龙泉白酒被列为人民大会堂纪念商品，远销深圳、香港地区和新加坡、日本、美国等国家。2002 年 1 月，辽宁省政府批准长兴岛为省级开发区，2005 年建"长兴岛临港工业区"，成为辽宁省"五点一线"沿海经济带建设的一个重要支点。

此外，还有双岛，猪岛，东蚂蚁岛、西蚂蚁岛，鹿岛，青岛，兔岛，前大连岛、后大连岛、簸箕岛，凤鸣岛，西中岛等大大小小的海岛散布在渤海水域。

海湾——天然的码头与浴场

# 1. 黄海水域陆岸海湾

**塔河湾**　位于大连市旅顺港东部黄海海域。属龙塘镇。湾口朝南，东起松树嘴，西至夹帮嘴。湾口宽 7.4 千米，纵深 1.95 千米，20 米等深线从湾口通过，5 米等深线距岸 0.3～0.5 千米。海水清澈，为最佳海水浴场。交通方便，大连至旅顺南路经此。盛产海带及近海鱼类。

**小平岛湾**　位于大连市高新园区小平岛东部。面积 8 平方千米，纵横均为 3.7 千米。海岸线长 8 千米，水深 1～20 米。海湾由潮汐、海流和河流作用，使小平岛与陆地相连成陆连岛，形成东、西两个海湾。东海湾为渔港，地势自西向东倾斜，湾口向东，南嘴有四岛子，北嘴有豆腐岛。湾南有五个岛、四座礁石。湾北有南河河口，著名的七贤岭疗养区亦坐落湾北。

**老虎滩湾**　位于大连港南约 8 千米处。属大连市中山区。湾口东起南山嘴，西至半拉山西嘴，宽约 1.7 千米，南北纵深 2.2 千米。面积约 1.7 平方千米，弧长约 7 千米。水深 5～15 米。湾内产贻贝、鲍鱼、海参、海带等海珍品。湾内风景优美，沿岸有老虎滩渔港、旅游码头、修船厂、宾馆、疗养院，有闻名的老虎滩公园和秀月山庄公园。

**大连湾**　位于大连市东南黄海沿岸，为辽东半岛第一大海湾。湾口朝东南，东北起鲇鱼尾，西南至黄白嘴子，海岸线长 72 千米。水域面积约 346 平方千米，最深可达 35 米。在第三纪的构造运动中海水入侵，逐渐形成半封闭的海湾。湾内有青泥洼、臭水套、甜水套、红崖子、大孤山 5 个小海湾。湾口有三山岛(大山岛、二山岛、小山岛)屏列，形成南、北、中 3 条进港水道。湾内有多处锚地。

清光绪十三年（1887 年），北洋水师于大连湾北部和尚岛西侧柳树屯建陆海防炮台驻兵固守，早期所称"大连湾"实指此地。从此它同旅顺口并称，以北方良港之名为世所知。在光绪二十年（1894 年）甲午战争和光绪三十年（1904 年）日俄战争中遭破坏。光绪二十四年（1898 年），沙俄在湾内西南岸边东青泥洼建大连港，港湾重心遂西移。光绪三十一年（1905 年）至 1945 年被日本侵占长达 40 年。新中国成立后经过改造

小塔河湾浴场（CFP供图）

扩建，成中国北方第一大港，自然条件优越，港阔水深，终年不冻，曾为中国最大、现代化的国际贸易港口。海湾沿岸有黑嘴子、寺儿沟、香炉礁、甘井子、柳树屯作业区和大连渔港。沿岸一带建有旅游宾馆，是有名的风景区。海湾东岸马桥子辟为经济技术开发区；西北沿岸为工业基地，有炼油、化工、钢铁、造船及重型机械等企业。三山岛等地设有灯塔、灯桩多处。湾内盛产贻贝、牡蛎、鲍鱼、海参、蚶及海带等。

**大窑湾** 位于大连市金州区驻地以东 10 千米的黄海海域。以北岸煤窑得名，清代称"大窑口"。湾内有腰子半岛将其分成东西两部分，东部称"小窑湾"，西部称"大窑湾"。湾呈"U"形，南自新港镇鲇鱼湾、郭家屯嘴，北至湾里乡南大圈、小拳嘴子。海岸线约长 30 千米，面积 72 平方千米。水深自西北向东南递增为 0 ~ 10 米。

大窑湾冬暖夏凉，气候宜人。有高 3 米、宽 100 米的老砾石粗砂堤围满整个大窑湾。北部寨子河口处有大面积沙质滩涂，呈大弧形，有多处海带和贝类养殖区。湾西有 10 千米长的大孤山半岛，为大窑湾的屏障。湾内海水清澈见底，风平浪静。石棉矿渣浪蚀或小砾石及粗砂粒如白绿相间状的翡翠玛瑙，布满近岸水下，为天然浴场。大连新港居大孤山半岛东端北侧。经国务院批准，1987 年 8 月 24 日，大窑湾工程正式开工。经过 20 年开发建设，建成了大窑湾集装箱深水专业码头和汽车码头，开辟了环渤海外贸内支线集装箱班轮及国内不定期集装箱航线，年海铁联运量居全国第一。

**庄河湾** 位于庄河市庄河镇东南 3 千米。东起樱桃山，西至打拉腰港。湾口宽 14.75 千米，纵深 4.75 千米，面积 70 平方千米。海湾为半封闭的海湾。庄河、小寺河、寡妇河皆注入湾内。湾内有蛤蜊岛、庄二坨岛、将军石等岛礁。属暖温带季风气候，适于养殖贝类，养殖面积达 2.7 万亩，产文蛤、四角蛤蜊及牡蛎，年产量达 4000 吨。有新庄、老庄河港，打拉腰港湾内蛤蜊岛附近建一渔港。

## 2. 渤海水域陆岸海湾

**营城子湾** 位于大连市甘井子区营城子镇西北部。面积 16 平方千米，宽约 5.5 千米，纵约 6.85 千米，海岸线长 15 千米。水深 2 ~ 10 米，西北湾口处水深 10 余米。湾口向西北，东起猴儿石嘴，西至钩鱼台嘴，形成半封闭的小海湾。湾口处有汉岛子、大石岛等四岛一礁东西散列，成为天然屏障，是天然的渔场。湾北有营城子盐场，湾南望渔山下驻有辽宁拆船公司大黑石分公司。

金州湾岸畔

　　**牧城子湾**　位于大连市甘井子区营城子镇东北部。面积4平方千米，纵横约1.8千米。海岸线长6千米。水深2～4米。海底地势自南向北倾斜。湾口向北，东起双坨子岛，西至文家嘴，形成天然小渔场。文物保护单位有双坨子新石器遗址。

　　**金州湾**　位于大连市金州区驻地西2千米渤海海域。海域宽阔为椭圆形，南北长28千米，深约15千米。岸线北自金州区大魏家镇荞麦山、葫芦套一带，南至甘井子区黑龙尾嘴，长约74千米。它是大连地区渤海沿岸最大的海湾，面积约745.3平方千米。

　　金州湾在更新世末至中更新时期形成。海滩多细沙、淤泥和黏土，逐渐形成浩阔的盐田和大面积滩涂，盛产贝类。古时曾为金州与京津等地通泊良港。金州南山崛起于金州湾与大连湾之间，两湾相距5千米，称"金州地峡"，为交通咽喉。辽代建哈斯罕关，今仅存遗址。清代龙王庙建在临海峭崖小丘之上，典雅古朴，"龙岛归帆"即指此，属古金州八景之一。

　　**普兰店湾**　位于普兰店镇西2千米的渤海东北部海域。水域范围自金州区荞麦山至瓦房店市西中岛的南端为一线，以西中岛的北端经过交流岛的北端达到对岸为一线。海湾呈葫芦状，由西南向东深入大陆，有鞍子河注入。海岸线长210千米，水域面积约613平方千米。属淤泥质堆积海岸，形成大面积盐田和滩涂，是对虾养殖的天然良好场地。有凤鸣岛、兔岛、长岛、青岛子、簸箕岛、前大连岛、后大连岛等分布于湾内。海湾建成当时全国最长的跨海公路桥——普兰店湾大桥。清咸丰十年（1860年），英国舰队曾入湾测绘。清宣统二年（1910年），日本船只曾在湾内通航。日本统治时期（1905—1945年），曾在三道湾四筑港口辟航道，建有船坞及航标灯。航道内水深1～9米。新中国成立后，由于铁路和公路的发展，交通运输从海上转向陆地，港口遂废置。

**复州湾** 又名"复州澳"，北依东岗乡，东靠胜利乡、三台乡，南接长兴岛，属敞口型湾。面积149.85平方千米，平均水深10米。

**辽东湾** 泛指自山海关老龙头，东北经钓鱼台、大小凌河口、辽河口、复州湾、金州湾的渤海海域，即复州湾至老龙头一线以北的海域。其海岸类型复杂，为渤海北部半封闭海湾，是中国纬度最高的海湾，岛屿很少。北部河口附近浅水海域较广，底部平缓。冬季水温在−1℃以下，每年都有固体冰出现，是中国盐度最小、水温最低、冰情最重的海域。

见证历史的航海灯塔

从鸭绿江口至复州角沿海共设有灯塔12座，其中属大连航标区管理的11座，军用航标1座（老虎尾灯塔）。12座灯塔有5座分布在岛屿上，其余均分布在沿海航道附近的陆地岬角处。

## 1. 老铁山灯塔

老铁山灯塔建于1893年，由清朝海关设置，位于辽东半岛南端的旅顺老铁山岬。白色圆形铁塔，塔身高14.2米、灯高100米。配备当时最新式头等灯，八面牛眼式透镜，采用水银浮槽式旋转镜机，用重锤、铰链及减速齿轮箱装置带动透镜旋转、燃煤油白炽气灯，全套设备系清政府海关从法国购置。此灯塔为通过老铁山水道进出渤海海峡及其附近海域的船只助航。

在苏军管理期间，该灯塔安装2台10马力[1]柴油发电机组，并设置

1893年建的老铁山灯塔

老铁山灯塔今貌

---

1　马力：旧制功率单位，1马力=735.499瓦。

300 毫米乙炔气灯作为备用灯，闪白光，周期 4 秒，射程 10 海里。1957 年安装了由电动机拖动灯器的旋转机构，每 2 分钟透镜旋转 1 周。1959 年灯塔接入旅顺市电力供电网，并拆除 2 台 10 马力柴油发电机组，更换苏联产的 20 马力柴油发电机组和 6 马力汽油机各 1 台，作为备用发电机。1970 年将旧发电机组全部拆除，换装国产 2105 型柴油发电机组 2 台。

大连航标区接管灯塔以后，对灯塔进行了技术改造，其中：1990 年 1 月，更换 3 块破碎的牛眼式透镜；1991 年 10 月 7 日更新了灯塔旋转齿轮装置；1992 年 7 月 23 日投资 1.4 万元增设了 1 台全自动三相大功率补偿稳压器，容量为 20 千瓦。并进行全面维修保养工作，于 1993 年 9 月 20 日更新全部灯塔防风玻璃及灯塔装置无线电指向标设备，属"二合一"有人值守灯塔。

## 2. 圆岛灯塔

圆岛灯塔建于 1925 年 12 月 25 日。灯塔位于黄白咀灯塔南 29 海里处的圆岛顶部，为白色方形混凝土塔。高 16.2 米、灯高 66 米、照距 22 海里，灯质为连闪白光灯，周期 18 秒，隔 12 秒间 3 闪光。灯塔属远海灯塔，配置日本光机株式会社制造的四面盘形透镜，直径 350 毫米。1945 年日军撤退，灯塔建筑、发光设施遭受严重破坏，灯塔停止发光。苏军接管以后，于 1949 年对灯塔进行了全面大修，恢复发光。

1973 年，海军旅顺基地为灯塔安装 3 台 2105 型柴油发电机组；1984 年 5 月，大连航标区对其换装 1 台 2105A-1 型柴油发电机组。1988 年 1 月 27 日，驻岛旅顺基地所属雷达站撤离圆岛，将岛上的 1 台 4100 型和 1 台 2105 型柴油发电机组，以 2.1 万元有偿移交大连航标区。

经交通运输部批准，1991 年 4 月 22 日，正式开工重建圆岛灯塔，投资 213 万元（不包含进口设备）。大连市建筑构件工程公司中标承建，于 1991 年 12 月 31 日竣工并试发光，1992 年 8 月 19 日，通过部级验收。重建的圆岛灯塔，为白色圆柱形混凝土塔，塔身高 14 米、灯高 65.6 米、射程 20 海里，灯质为闪白光 15 秒 (1+14)。灯器是由英国法罗斯 (PHAROS) 公司引进的 PRB-21 型密封式光束旋转灯。灯塔还配置 ML-300 型备用灯 1 座，闪白光 5 秒、射程 10 海里。灯塔雾号于 1989 年 11 月拆除，重建灯塔未设雾号。圆岛灯塔配置有无线电指向标、雷达应答器、卫星导航数据收集平台设施，属"二合一"的有人值守灯塔。

## 3. 长兴岛灯塔

1932 年 4 月 22 日，日本关东海务局在瓦房店市长兴岛西部山上设置长兴岛灯塔，塔身为白色圆柱形混凝土塔，高 10 米，灯高 205 米，灯光射程 15 海里，闪白光 15 秒。灯器为两面牛眼式透镜，水银浮槽，并配有灯器机械旋转机构。光源采用煤油空气压缩成雾状，喷在纱罩上燃烧发光（煤油汽灯）。设 1 名日本人担当灯塔长，雇用 4 名中国人当灯塔工，1945 年日本战败撤离时将灯器炸毁。

1949 年，中国人民解放军公安部队进驻长兴岛，在灯塔驻扎一个观察哨班。1957 年，公安部队撤出长兴岛灯塔，房屋院落被当地生产队当羊圈使。1959 年，空军雷达团在灯塔处设置雷达站，1960 年雷达站撤出。

1960 年 8 月，由海军旅顺基地航保处派 5 名海军航标兵进驻灯塔，并对灯塔进行修复，安装 10 马力柴油发电机组 2 台，8 马力柴油发电机组 1 台，建 500 毫米透镜灯塔 1 座。1963 年 10 月工程竣工，至 1964 年 6 月正式发光，灯质为闪白光 6 秒。于 1970 年，在山下建房 250 平方米，将柴油发电机组移至山下，人员在山下生活值班。1980 年 4 月，灯塔与农业电力联网，8 月启用。1984 年，安装单边带通信机 1 部。1986 年，大连航标区对灯塔实行承包制。1987 年 12 月，更换 2105A-1A 型柴油发电机组 2 台，保留 1 台 10 马力柴油发电机组。

## 4. 大王家岛灯塔

1939 年 1 月 1 日，日本人在大王家岛南端设置了灯塔。塔身为白色混凝土，高 10.1 米，灯高 108 米，灯光射程 25 海里，灯质为闪白光 10 秒，灯器为两面牛眼式 500 毫米透镜，由日本光机株式会社于 1938 年 10 月制造，初始发光采用煤油汽灯。该灯塔为驶往丹东及庄河港船只提供助航。每年 11 月末至翌年 3 月末丹东港封冻期间，主灯停用，改用备用灯发光，燃煤油。

1945 年，日军投降后撤离，国民政府海关接管灯塔。1947 年 6 月 5 日，国民党军队撤离大王家岛，将灯塔约 20 千克的水银灯及煤气灯气管卸走，灯塔停用。1948 年，庄河县保安团将灯塔修理工具取走，门窗大多破损，此后灯塔由大连区港务局安东办事处代管，灯塔配有 3 名灯塔工。1959 年，灯塔大修后投入使用，并安装直流发电机做电源。

1961 年 5 月后灯塔交海军管理，并于 1972 年安装交流柴油发电机组 3 台。1973 年，将备用灯换装为 200 毫米透镜的电气灯，闪白光，周期 10 秒，射程 10 海里。

1958 年 5 月，将人工机械旋转透镜改为以电动机做动力拖动；1978 年 5 月，更新旋转齿轮装置；1988 年，换装 1105 型柴油发电机组 3 台；1991 年 1 月 6 日，接入旅顺市电力供电网，投资 9.5 万元。该灯塔属有人值守灯塔。

## 5. 大鹿岛灯塔

该灯塔建于 1925 年。位于黄海北部，丹东市大鹿岛东端。塔身为红白相间圆柱形钢质结构，高 7.6 米，灯高 80.6 米，上置四等白质煤油蒸气灯，每 10 秒联闪 2 次。该灯塔为航行于鸭绿江口附近的船舶助航。

日本投降后，该灯塔由国民党政府接管。1948 年国民党军队撤退时，灯塔透镜被炸。1987 年 7 月，扩建丹东港大东沟新港区时，由大东港建设指挥部投资，对灯塔进行改造，配置 DL2-DI 型灯笼、HD500-DI 型电闪灯、TJ500-MI 型形透镜各一套，照距 15 海里。1990 年 12 月 28 日，大东港区建设指挥部将其移交丹东航道处管理。1994 年 10 月 10 日，该灯塔移交大连航标区管理。1995 年 6 月，大连航标区投资 30 万元对该灯塔设施、设备等进行了技术改造。

# 中国唯一的海岛边疆县——长海县

长海县位于辽东半岛东侧的黄海北部海域。域内 122 个岛屿和 5 处群礁、51 个明礁呈东西排列达百余千米,统称"长山群岛"。长海县域东与朝鲜半岛相望,西南与山东省庙岛群岛相对,西部和北部海域毗邻大连市城区及普兰店市、庄河市。全县陆地面积 153.06 平方千米(高潮时),跨海域面积 8446.2 平方千米(高潮时),海岸线长 428.5 千米,居民 28 670 户,人口 8.88 万(2000 年末户籍人口数)。长海县是东北地区唯一的海岛县,全国唯一的海岛边境县。

长海县建县于 1949 年 11 月,始称"长山县",1953 年改称"长海县"。辖 4 乡 3 镇,即:大长山岛镇、小长山乡、广鹿乡、獐子镇、海洋乡、石城乡和王家镇。长海县人民政府驻大长山岛镇。2005 年,石城乡和王家镇划属庄河市。

长海县历史悠久。已发掘的 30 余处贝丘遗址和出土的大量石器、骨器、陶器等文物显示,早在 6500 年前的新石器时期,就有人类在岛上繁衍生息,渔猎耕耘。经过历代王朝兴衰更替,长山群岛均为中华疆域。1894 年中日甲午战争后,被日本侵占。1945 年 11 月,长山群岛获得解放,并建立了人民民主政权——长山区公所。从此,在中国共产党领导下,海岛人民当家做主人,长山群岛历史翻开了崭新一页。

长海县是边防要塞,京津门户,为历代兵家必争之地。1894 年中日甲午海战,就爆发在长山群岛东北海域。1904 年日俄战争中,日本海军联合舰队侵占长山群岛,并以此为临时根据地。1931 年"九一八"事变后,大批日军途经长山群岛入侵中国东北各地。解放战争时期,中国人民解放军利用长山列岛的地理优势,沉重打击了盘踞辽南一带的国民党军队。抗美援朝战争爆发后,大批支前船队在此集结,不断把军需物资运往朝鲜前线。

长海县气候宜人,风景独好。长海县县域处于亚欧大陆与太平洋之间的中纬度地带,属季风区,受海洋影响明显,具有四季分明、气候温和、昼夜温差较小、无霜期长、季风明显、雨热同季等特点。年平均气温 10℃ 左右,最冷的 1 月平均气温 −7.1 ～ −1.7℃;最热的 8 月平均气温 22.4 ～ 25.3℃。岛上风光秀美,县境之内随处可见大自然的鬼斧神工

大连市长海县广鹿岛（图左岛屿）和隔海相望的大连市金州新区登沙河街道段家村海域，美景如画。（CFP供图）

造就的千姿百态、栩栩如生的海蚀洞穴、海积地貌。有"海上小桂林"之称的银窝石林，矗立在石城岛境内；省级旅游风景名胜区海王九岛像九颗明珠镶嵌在县域东北部海面；浩渺烟波之中的黑石礁和白石礁（俗称"黑白石"），为举世无双的礁石组合；海岛上的高山深湖——老铁山风景区位于广鹿岛的大山深处，巍巍险峰，粼粼碧水，托出一方人间仙境；"双凤朝阳""海神观潮"、三元宫、四块石等人文景观与自然美景竞相辉映，分外妖娆。早在半个世纪前，一代文豪郭沫若曾在此留下"汪洋万顷青于靛，小屿珊瑚列画屏"的不朽诗句。1995年，这里被命名为"国家级海岛森林公园"。

长海县位于著名的海洋岛渔场之中，素有"天然鱼仓"之美誉。鱼、虾、蟹、贝、藻资源极其丰富，有优质刺参、皱纹盘鲍、大连紫海胆、中国对虾、魁蚶、海螺、虾夷扇贝等海珍品10余种，六线鱼、黑鳕、星鳗、鲆鲽等经济鱼类近百种，海带、裙带菜、紫菜、绿菜、龙须菜等藻类数十种。

长海县海域广阔，海岸绵长，还拥有许多优良的海湾、水道、滩涂。其中，有初级饵料丰富，适宜发展浮筏养殖的水面2.2万公顷；有适宜网箱养鱼的水面5.3万公顷；有底层营养盐丰富，适宜海参、鲍鱼、扇贝等海珍品和经济贝类放流增殖的潮下带面积10.6万公顷；有适宜投放人工鱼礁，营造海藻林带进行鱼类放流增殖的潮下带面积13.3万公顷；有适宜养殖各种贝类和对虾的潮间带面积1400公顷；有许多适合于坛网、架子网、挂网、江头网等定置网具生产的港汊、水道和海面。

长海县矿产资源分布较广，有大理石、硅石、花岗岩、沙、砾石、黏土、铁、铜、金、蓝晶石等。其中大理石、硅石蕴藏量较大，且有较高经济价值，已在广鹿岛开采。

1997年长海县县委、县政府提出实施"海洋牧场、外向牵动、科教兴县、旅游兴岛"四大战略，发展"捕捞、养殖、加工、旅游、海运"五大产业。岛内各项主要经济指标逐年增长，科普教育、文化卫生等各项工作不断改进，居民生活水平日益提高。

中国海洋文化

第二章

# 海洋文化
# 源远流长

辽东半岛，几经沧桑，历史更迭，源远流长。

从数十万年前的旧石器时代早期起，先民就在辽宁沿海留下了足迹，与黄河流域古代中原文化保持着大体同步的发展态势，保有阻隔不断的历史联系。先民留下的遗迹和遗物，范围遍布内陆和海岛，贝丘石棚，遗留着远古的记忆；石器陶皿，弥散着文明的气息。

夏、商、周三朝之后，至战国时期的燕国，拓疆扩土，北抗东胡；自秦朝一统，置郡设县，管理舟楫，煮盐货殖，海运兴起，徐福东渡，客民浮海；汉魏之时，开辟于辽河口至襄平的数百里的辽东内河航道，延续至明清；自山东沿海过长山群岛、辽东半岛东行，往朝鲜西海岸南下，渡过对马海峡到日本九州沿岸的这条海上交通线已经形成，此线即为"北方海上丝绸之路"；隋唐之际，远征高句丽，设置有效管理，结束了政权割据，促进了中原与辽东的经济和文化联系交往；经宋金易手，终归于蒙古，于此因兵屯田，行耕稼之利；元代海上运输与商贾贸易除依靠刘家港至金州、锦州等地的海运航线外，另一条重要海运线，是沿朝鲜半岛西侧至辽东半岛沿岸的海上航线，及至明朝，渔贩往来，动以千艘，规模惊人，众多海商"利海道之便，私载货物，往来辽东"，使辽东与山东之间得以互通有无，而商人也大获其利；清帝迁都北京后，八旗劲旅及眷属，结毂连骑，从龙入关，至顺治、康熙年间，朝廷颁布辽东招民垦荒令，开发辽东，冀鲁豫等民入闯关东，地广人稀的东北地区必然成为关内流民寻求生路的乐土。

近代以来，辽东半岛成多舛国运之写照，俄日争利，半岛境民，生灵涂炭，历经半个多世纪抗争，终获新生，焕发勃勃生机。

远
古
人
类
遗
址

# 1. 旧石器时代古人类遗址

辽宁地区人类活动的历史源远流长。考古发现表明，至少从数十万年前的旧石器时代早期起，辽宁地区就一直有人类活动，不仅保持着文化的连续性，而且在大部分时间内，与黄河流域古代中原文化保持着大体同步的发展态势。

## 金牛山人

距今约 28 万年前就有金牛山人生活在辽东半岛地区。

金牛山位于大石桥市永安乡西田村，在大石桥镇西南 8 千米处，遗址坐落在金牛山东南坡一个洞穴内。经过多次发掘，对出土的人骨化石进行了反复测量和深入研究，并与中国猿人的头骨对比后，专家们从体质人类学的角度分析，认为金牛山人是晚期猿人或者猿人向智人转变时期的"智猿人"。关于其年代，通过对人骨出土层位遗物的铀系法测定，认为金牛山人距今 28 万年。

金牛山遗址是古人类长期活动和居住的场所，这里包含了从旧石器早期一直到旧石器晚期的考古遗存。属于下层遗存的地层中共出土打制石器 37 件，石器的原料以脉石英为主，其次是石英和变质岩。器型主要是石片和石核，石片有刮削器、尖状器和雕刻器等。制作方法比较原始，主要使用锤击法和砸击法。石核均为宽体，以自然台面居多，人工修理的台面很罕见。总的特征是石器器型较少，类型简单，制作水平较低，显得粗笨。

在金牛山遗址下层还发现了灰堆、灰烬层和活动面，证明金牛山人已经掌握了人工用火和保存火种的技术和本领。

## 古龙山文化

古龙山文化遗址是在辽东半岛发现的旧石器晚期极为典型的遗址之

一，古龙山洞穴遗址位于大连地区北部瓦房店市郊区附近的古龙山东坡。古龙山是一座海拔约80米，略呈马鞍形的独丘，处在山间盆地之中，四周有老孤山等山岭环绕，南侧有潺潺流水的小溪，自然环境幽美。遗址属洞穴类型，洞口海拔标高74.8米，高出当地河水水面约15米。

1981年4月，瓦房店市龙山村居民在古龙山开采石灰岩时发现此洞穴，后经大连市有关部门于1981年秋季和1982年夏季先后两次发掘，发现当年保留的洞穴为一个上宽下窄的岔洞，其最宽处1.2米，最窄处仅为0.5米，总长度62米。由于此洞是岔洞，居住在主洞中的古人类将其当成丢弃骨碴的垃圾场，所以才会使这里遗存的骨骼多达上万件。

古龙山洞穴出土石器仅4件，分别为半边石片1件、石核1件、平端刃刮削器1件、复刃刮削器1件。这几件石器制品都是采用硬石块直接向背面加工修理而成，其中工具均是小型石器，其制作方法和器型与海城小孤山遗址的同类器物极为相似，说明二者在文化上有密切关系。

该遗址出土的动物化石共有77个种类，其中鱼类2种，爬行类1种，鸟类17种，哺乳类57种。研究者根据动物种群组合分析，认为古龙山洞穴是人类的一处季节性居所，春、夏、秋三季，古龙山人在此过着以狩猎为主的生活，在冬季来临之前就离开这里。除古龙山洞穴遗址之外，在辽东半岛及周围海域和其他地区也曾发现过远古人类活动的遗址。

## 2. 新石器时代古人类遗址

地处辽宁南部的辽东半岛及沿海地区，有许多新石器时代人类留下的遗迹和遗物，其范围遍布半岛内陆和长海县，尤以旅顺和长海县诸岛发现的遗址为多，证明当时这里已出现了人类长期定居的村落。大连新石器时代遗存已发现数百处，其中以小珠山遗址和郭家村遗址最为典型。

### 小珠山遗址

位于长海县广鹿岛中部，是黄海诸岛屿中最著名的一处新石器时代遗址。1978年，辽宁省和旅大市（今大连市）考古工作者在这里进行了深入发掘，首次发现了小珠山下、中、上三层文化相互叠压地层关系，分别命名为"小珠山一期文化""小珠山二期文化""小珠山三期文化"；其一期、二期文化属于新石器时代文化，三期文化属于铜石并用时代文化。

这是大连新石器时代文化和铜石并用时代文化的标志。

下层石器以打制的为主，有刮削器、盘状器、网坠、石球以及磨盘、磨棒。磨制石器仅石斧一种，发现有骨器。陶器以含滑石黑褐陶为主，均为手制，造型简单，主要是一种粗陶直口筒形罐，纹饰多竖"之"字形线纹，另有少量刻划纹。

旅顺郭家村遗址

兽骨的种类有鹿、獐、狗，以鹿为多。在中层和上层均发现了大量贝壳。在上层遗址中还发现了极少的鲸骨。

位于庄河市黑岛镇东侧的北吴屯遗址下层亦属于小珠山一期文化范畴；旅顺口区郭家村遗址下层，吴家村遗址和北吴屯遗址上层等属于小珠山二期文化范畴。

### 郭家村遗址

郭家村遗址位于旅顺口区老铁山郭家村北岭上，其遗址下层属于小珠山二期文化。上层属于铜石并用时代的小珠山三期文化。郭家村遗址下层房址为方形圆角半地穴式建筑，直径 4 米左右；屋内有柱洞，居住面经多次铺垫黄土并踩实形成坚硬的垫土层。石器绝大多数为磨制品，少部分为打制品。磨制石器有斧、锛、刀、杵、镞、磨盘、磨棒等。陶器以夹细沙褐陶为主，有的含有滑石和云母，有少量的泥质红陶和黑灰陶。纹饰以刻画纹与其他纹饰组成的复合纹为主，其次为附加堆纹、凹弦纹和压印纹。彩陶数量最少，分为红地黑彩、红地红彩和红地白彩与粉红彩、赭石彩组成的复合彩三种。器形以刻画纹筒形罐为最多。

## 3. 铜石并用时代人类文化

大连地区铜石并用时代可以分为早、晚两期。早期代表是三堂村一期文化，大约在公元前 3000 年至前 2500 年；晚期代表是小珠山三期文化，大约在公元前 2500 至前 2200 年。

### 三堂村一期文化

　　三堂村遗址位于瓦房店市长兴岛东部，面积约 10 000 平方米。考古发掘和研究表明，三堂村遗址分为两期，分别属于铜石并用时代的早、晚两期文化。遗址下层即三堂村一期文化遗存，房址均为半地穴式建筑，有圆形、方形圆角和椭圆形三种。灰坑内有大量贝壳和烧骨、陶片，并发现有两座小孩墓。石器有斧、刀、网坠、矛和玉牙璧等。陶器特点明显，有别于其他新石器文化，多数含有滑石和云母粉末、细砂、粗砂，少数为泥质陶。

　　三堂村一期文化遗存，是新确认的考古学文化，它与新民偏堡、东高台山和沈阳肇工街出土的同类陶器相同，年代在距今 5000 ～ 4500 年。三堂村二期文化遗存与小珠山三期文化、郭家村遗址上层出土器物相同，属于同一层次，距今约 4500 ～ 4200 年。

### 小珠山三期文化

　　小珠山三期文化除小珠山上层外，还包括长海县大长山岛上马石遗址中层、旅顺郭家村遗址上层等。

　　小珠山遗址上层出土的石器以磨制为主，打制较少。陶器以夹砂黑褐陶为主，其次为夹砂红褐陶，以及少量的夹砂红陶、夹砂黑陶和泥质红陶。纹饰主要为附加堆纹，多饰于器口沿部，其次是刻划纹以及弦纹等。

　　上马石遗址中层，其出土房址为圆形半地穴式建筑。石器绝大多数属磨制，有斧、锛、刀、网坠、镞等。陶器均为夹砂陶，以黑褐陶为主，红褐陶和黑皮陶较少。陶器纹饰主要

小珠山三期文化（小珠山、郭家村遗址）彩陶

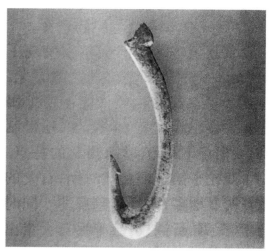

上马石遗址出土骨鱼钩

旅顺郭家村出土新石器时代大型石网坠

有刻划纹、弦纹和弦纹乳点。

郭家村遗址上层房址为半地穴式建筑，有圆角方形和圆形两种，直径为 5～6 米。1 号房址为圆角方形，南北长 3.9 米，东西宽 4.8 米。以保留的一段墙壁上有规则分布的柱洞考证，墙壁是用木栅搭成，里、外两面用草拌泥抹平，并有椭圆形灶坑。遗址共发现灰坑 48 个，大多是废弃的窖穴。

郭家村遗址上层石器以磨制为最多。在各种石器中尤以段锛和巨型网坠最富特征。陶器既具有本地特点，更兼具山东龙山文化的特点。这些陶器有两类：一类夹砂褐陶，另一类为泥质黑陶和蛋壳黑陶。

综述小珠山三期文化时期的社会发展状况。各遗址出土的房址非常密集，打破、叠压关系很多，反映了氏族聚落人烟稠密。这一时期，窖穴大为增多，如在郭家村遗址上层发现四座房址，而坑穴即有 48 个，据此判断，其中绝大多数为窖穴。这些坑穴多数属同一层位，数量超过以往各时期。窖穴一般呈圆形，直径多为 1～2 米，有的现存深度约 1 米。个别窖穴有立柱的柱坑，证明窖穴顶部设有比较牢固的遮盖物。反映出当时先民对建置窖穴的重视，说明窖内储藏物在人们生活中占有重要地位。

这个时期的农业、家畜饲养业、渔业捕捞等均呈现发展势头。其中，渔业仍占有重要地位，捕鱼方式有射鱼、叉鱼、钓鱼、网鱼。其中网鱼是高效率的捕捞方式，是渔业生产发展到较高阶段的产物。小珠山三期文化时期出现了形体硕大的巨型石网坠，重达 2 千克以上；形制多样，有环梁马镫形、锁形、舟形等，显然

长海县广鹿岛小珠山出土新石器时代滑石网坠

是用于较深水域捕捞的。

石器和陶器也达到较高水平。小珠山三期文化时期，打制石器很少见，仅见于网坠等。所有遗址出土的磨制石器占石器的大多数。郭家村上层的磨制石器接近石器总数90%，而超过生产工具总数的50%。其中用于收割的石刀较多，靠近顶部一侧钻孔的石斧和石铲亦有一定数量。磨制石锛的大量出现是以前未曾有的。

小珠山三期文化时期，制陶业也达到较高水平，日用陶器种类增多，其中新出现的陶甑，即是当时流行蒸食的例证。此间，磨光泥质黑陶占相当比重，尤其是一种陶壁厚度只有1～2毫米的“蛋壳陶”更是独具特色。这种磨光泥质黑陶里表全黑，据考证是采用渗碳技术烧成的，代表了当时制陶业的最高水平。总之，小珠山三期文化时期各种主要生产工具的发展均达到了一个崭新水平。

## 4. 辽东半岛与山东半岛沿海文化的互相影响

在距今约5000年左右，辽东半岛与山东半岛上的原始居民就开始了经济文化往来，且相互渗透与交汇的迹象日益明显。据小珠山遗址中层、吴家村遗迹，旅顺口区郭家村遗址下层等同期文化层所出土的陶器分析，虽仍以刻画纹直口筒形罐为主，但也发现了刻划彩陶、夹砂红陶和褐陶等制成的三足觚型器、罐型鼎、盆型鼎、实足鬶以及盉、盂、短足豆、带缺口陶刀等器物，这说明辽东半岛南部滨海地区已开始吸收山东大汶口的早期文化因素。同样，辽东半岛南部滨海地区的早期文化因素也日益进入山东半岛北部滨海地区，如烟台白石村遗址、蓬莱紫荆山遗址等，不仅出土了辽东半岛新石器文化的典型器物直口筒形罐，而且还发现了平行斜线纹、叶脉纹、网络纹以及印压纹等几何图形、压纹，而这些纹饰正是小珠山中层文化的主要特征。

及至距今约4000年，同属青州的大连滨海地区与山东北部沿海地区之间的经济文化交流进一步发展。在辽东半岛长海县小珠山上层、大长山上马石中层、旅顺郭家村上层、甘井子区营城子双坨子下层遗址等处，均出土了大量漆黑发亮、轮制磨光、质地坚硬而又薄如蛋壳的泥质黑陶以及精制而成的袋足鬶、扁凿足鼎、三足器、镂孔豆、环梁器盖等陶器和双孔石刀等出土工具，这说明典型的山东半岛龙山文化已明显渗透到辽东半岛滨海地区，并被广泛吸纳。

## 5. 舟船的出现及远古先民海上航运历史的开启

远古先民在沿海之间进行经济文化往来交流的基本条件就是要有海上运载工具。据考古出土的陶器来看，辽东半岛三期文化的郭家村、吴家村遗址中均有舟形陶器。郭家村遗址上层出土的陶舟形器，是一种模拟品。陶舟形器不是独木所刳，而是多木垒列。底部加工平整，可以加强在水中的稳定性。两舷上下向外凸出成弧形，以减少阻力。舟首上翘，向前突出，利于破浪。两舷等高，以保持平衡。中间较大的空疏形成通舱，可盛货物。下底长宽比例是 4:14.4，便于提高航速；上部长宽比例为 8:17.8，顶部大于底部，可以容纳更大的载重量。整舟比例协调。以上情况表明，郭家村遗址先民所使用的舟船可以适应较大风浪的冲击，已不是独木舟，而是结构更加科学，采用复合材料制成的木板船。

优越的地理环境为舟船航行提供了便捷条件。辽东半岛与山东半岛隔渤海海峡相望，而在海峡偏南部 2/3 的海面上，又连绵纵列着庙岛群岛，适为两个半岛之间建立海上航路之天然跳板。庙岛群岛，北对辽东半岛南端的旅顺老铁山，南望山东半岛北部突兀的烟台蓬莱头，由南、中、北三个岛群的 18 个大小岛屿及许多礁岩组成。它南起长山岛，向北约经北长山岛、庙岛、大黑山岛、砣矶岛、大钦岛、小钦岛、南隍城岛、北隍城岛等，将渤海分割成 12 条水道，其中绝大部分水道的宽度在 5 海里之内，一苇可航；即使最宽的老铁山水道，在蓝天晴日之下，其南北的山脚也彼此清晰可见。因此，具有一定航海经验的远古先民驾驶一叶舟筏漂航往返是完全可行的，它与行程旷日持久、坎坷艰险的环绕渤海海岸的陆路相比，无疑更为便捷。这说明，从距今约 5000 年左右起，横渡渤海海峡的原始航海活动已经畅通无阻。

**辽东半岛海运业在先秦时期兴起**

## 1. 燕拓疆扩土与在辽东设郡县

战国末期，燕国[1]开始向东拓疆扩土，将辽宁广大地区纳入其直接统治的版图，使辽东与中原地区的往来和关系更加密切，成为东北最早设立郡县地区，推动了沿海地区海运交通的发展。

在西周至战国的八百年间，燕国与当时的一些主要诸侯国相比，是一个相对弱小、封闭的国家，其南有强大的齐国压境，北有山戎、东胡不时袭扰，处于腹背受敌的困境。后来，在齐、晋等国的影响下，燕国在北方逐渐发展起来。战国时期，各诸侯国为了适应兼并战争的需要，纷纷进行改革，以达到富国强兵的目的。燕国正是在这样一种背景下开始了改革。但燕国在列国当中社会改革进行较晚，而且也不彻底。到燕王哙时，又进行禅让制，引起内乱，齐乘内乱之机攻燕，赵国对此进行了干预。后在楚、魏两国支持下，赵武灵王将在韩国作质子的燕公子职接回，派乐池率兵护送他返回燕国，立为燕国新君。他就是历史上有名的燕昭王。

燕昭王即位后，为了改变"燕小少力"的局面，奋发图强，进行了一系列的改革，收到了良好效果。他修明法令，"循法令，顺庶孽者，施及萌隶"。所谓"施及萌隶"意味着一切法令同样适用于奴隶，奴隶阶级中的部分人也可以获得人身的解放。他招贤纳士，"卑身厚币以招贤者"，广为延揽列国人才，并加以重用，于是"乐毅[2]自魏往，邹衍自齐往，剧辛自赵往"，一时间，"士争趋燕"。燕昭王重用乐毅进行军事、政治改革，实施"察能而授官""不以禄私其亲，功多者受之；不以官随其爱，能当者处之"，任人唯贤，按功奖赏。这样，燕国大治，国势渐强，"士卒乐佚轻战"，社会经济得到迅速发展，军事力量得到加强。在这一基础上，燕国开始向北、向东扩张势力。

---

1　西周地方行政制度实行"分土封侯"制。燕的首封者为召公奭，姬姓，初都在今北京市房山区董家林一带，后迁蓟（北京城西南）。这里临近戎狄，为周的东北边区。
2　乐毅为魏国人，其先祖乐羊，为魏文侯手下战将。

公元前 300 年，燕昭王命秦开为大将，率军大举北上，征讨东胡。燕军长驱直入，使东胡的势力向北退却了千余里。东胡原来活动的南界约在今朝阳以北和大凌河上游一带，被燕军击败后退却到了赤峰以北的西辽河上游地区。秦开拓疆东北，设立辽西、辽东、上谷、渔阳、右北平五郡。

战国时期在辽宁境内所设郡县，已知辽东郡的治所在襄平县，即今辽宁辽阳市。辽西郡治设在阳乐县，地址在今锦州之西小凌河上游一带。右北平郡的治所平刚县在今内蒙古宁城县的黑城古城，坐落在老哈河上游，位于今内蒙古和辽宁交界处。从整体上看，辽东、辽西郡所辖各县绝大多数都在今辽宁境内，右北平郡的部分县治亦应在今辽宁范围之内。

战国晚期，辽东、辽西普遍设立了郡县并建有城郭。大连地区隶属燕国辽东郡辖地，这是大连地区有明确记载的设治之始，并发现有多处战国城址，其中主要有牧羊城、黄家亮子城、张店城等。这些城都是始建于战国后期，西汉甚至东汉仍然沿用。

牧羊城位于大连市旅顺口区铁山镇牧羊城村刘家屯（刘家疃）东南丘陵上。此处是青铜时代的遗址。战国时期的城堡就建在青铜遗址之上。牧羊城始建于战国后期，西汉时期曾一度比较繁荣，东汉以后逐渐废弃。

黄家亮子古城位于普兰店市杨树房镇战家村黄家亮子屯后山上。城址现存部分呈长方形，东西长 100 米，宽 50 米，城墙以夯土筑成。从城内历年发现之遗物判断，该城始筑于战国后期，西汉时继续沿用。

张店城位于普兰店市花儿山乡张店村北。城址规模较大，南北长 340 米，东西宽 240 米，城墙为夯筑土墙。城内外发现的战国遗物有铜斧、铸铜斧范、残玉虎、安阳布等。城西陈莹出土一方"临濊丞印"封泥。封泥是官府之间传递公文信件的缄封印泥，说明这座古城很可能是某县治。从出土的遗物分析，张店古城应筑于战国晚期，为燕辽东郡所辖。因汉代沿袭燕、秦建置，故多数学者认为张店古城是燕辽东郡沓氏县治所。日本考古学者在朝鲜平壤发现大同江南岸的乐浪古城遗址，曾出土"沓丞之印"封泥。故知文献上所记的沓氏县又称"沓县"。

## 2. 燕在辽宁地区的经济发展与航海业勃兴

战国城址和遗址中普遍出土有铁制生产工具，反映了战国时期铁器在辽宁地区已普遍得到使用。铁器的普遍使用，无疑会大大促进农业和渔业、煮盐的发展。鱼和盐主要产于辽东郡的沿海地区，是燕国财政收入的重要来源之一。燕国从售盐中得到的经济利益可与楚国黄金、齐国海盐收入相比，说明辽东的煮盐业很发达，生产量很大。在此基础上，商业、手工业、金融业等也得到发展。据《史记·货殖列传》记载：是时燕国"……南通齐、赵，东北边胡。上谷至辽东……有鱼、盐、枣、栗之饶"。由于经济和商贸流通业的发展，燕国辽东郡发现的战国时期各诸侯国货币数量之多，流通范围之广，也表明辽东郡同齐、赵、韩、魏等国的商业贸易往来相当活跃。这一点，必然要求航运业的发展相匹配。此时又受到齐国等海运业大发展的影响，在原来航海业的基础上，利用渤海、黄海岛屿星罗棋布，船舶港口多等便利条件，燕国也不遗余力发展海运事业。是时，燕国海上交通西行可达碣石港（今秦皇岛）、燕都蓟（今北京城西南隅）；沿渤海湾入河水通赵、韩、魏；向北沿辽东湾入大凌河、辽河，通达东北腹地；向南越渤海海峡可通齐、鲁；向东沿黄海海岸可通达朝鲜半岛和日本列岛。大连地区由于地理位置优越，遂成为燕国海上交通之要津。

## 1. 秦统一六国与辽宁境内郡县之设置

海上交通与经济文化交流在秦汉时期繁荣

战国末期，地处关中的秦国经商鞅变法而国势日益强大，随之发动了兼并六国的统一战争。公元前230年，秦灭韩。公元前228年，秦破赵，虏赵王迁，赵公子嘉逃至代郡，自立为代王。公元前222年秦灭代。公元前225、前223年先后灭魏、楚。公元前222年，秦派王贲挥师辽东，对燕发起攻击，"虏燕王喜，卒灭燕"。辽东、辽西之地及燕国全境完全纳入了秦国的版图。翌年，秦又灭掉齐国，至此完成了统一全国大业，辽宁地区即处于大统一的秦王朝统治之下。

秦朝统一全国以后，把原来在关中的秦国地方行政制度推行到全国，在全国设36个郡。在原燕国境内的五郡皆沿用旧名，与辽宁有关的辽东、辽西、右北平三郡之郡治为：辽东郡设在襄平、辽西郡设在阳东（在今辽宁义县西部）、右北平郡设在无终（今天津市蓟县）。以上三郡之所辖之县，则缺乏确切的文献记载，至西汉时才有文献记载：据《汉书·地理志》记载，西汉的辽东郡共辖十八县。其中更以辽东郡治"襄平"为中心的南部设置"新昌""辽队"(隧)"安市""平郭""文""沓氏"六县。汉之辽东"沓""文"二县均位于大连地区。

"沓氏县"又称"沓县"，"文县"又作"汶县"，两县名称先后见诸《汉书·地理志》《后汉书·郡国志》《三国志》《资治通鉴》等史籍。许慎《说文解字》云："辽东有沓县。"应劭《汉书·地理志》注云："沓氏，水也"则指明沓氏县因水而名。其后的《三国志》所言三国时期沓县、汶县居民"渡海居齐郡界"以及有关"沓渚""沓津"的记载指明了两县所处地理位置和环境。沓、文两县不仅相邻，且同位于濒海的辽东半岛南端的大连地区，因而与隔海相望的山东半岛有着便利的海上交通自然条件。沓县县城附近及所属境内有所谓"沓渚""沓津"广为分布。《尔雅·释水》："水中可居者曰洲，小洲曰渚。"又津，渡口也。由此可见沓渚为海中岛屿，沓津为濒海之渡口。考古资料表明，沓津一般辟于适宜往来舟楫出航、停泊和登陆的天然海口港湾。从史籍记载来看，汉时沓氏县与周边郡县的海上交通，多以政治和军事活动为目的。因此，沓津、沓渚及附近地区，一般建筑具有管理舟楫往来用途的关城和具有军事防卫功能的城堡。位于旅顺口老铁山的牧羊城就是辽东半岛最南端的沓津城址之一。其地理位置十分重要，是渤海南下和山东半岛北上舟楫往来的重要口岸。在城址附近出土有汉代"河阳令印""武库中丞"封泥和"侯贺私印"铜印。出土遗物表明，隶属于沓氏县的牧羊城，是一座建筑于燕秦遗址之上的汉代重要沿海城堡，并同周边及中原地区有广泛的联系。

## 2. 徐福渡海东瀛途经辽东沿海

徐福东渡的传说，最早起源于中国，而关于此事最初记载，便是司马迁的《史记》。《史记·淮南衡山王列传》记载有："秦始皇大悦，遣振男女三千人，资之五谷种种百工而行。徐福得平原广泽，止王不来。"《汉书·伍被传》也有同样的记载，认为徐福一行到了海外一块成为"平原广泽"的地方去寻求生存与发展。

徐福一行几千人的大队伍，如何千里迢迢，远涉重洋？研究者认为，徐福所处的那个时代，航海交通工具也非常简陋，在很大程度上要依靠海上的自然洋流的漂移。船舶驶出山东沿海后，对行船最有利的洋流是左旋环流，推动船队自辽东半岛、朝鲜西海岸向偏南方向行驶。

至于徐福一行抵达何方，中国史籍中，范晔的《后汉书》是最早倾向于到日本的。唐代诗人白居易在《海漫漫》诗中有："海漫漫，风浩浩，眼穿不见蓬莱岛，不见蓬莱不敢归，童男童女舟中老。"胡曾《咏史》诗也有"东巡玉辇委泉台，徐福楼船尚未回；自是祖龙先下世，不关无路到蓬莱"。到了唐代后期，人们开始认定徐福到了日本，并指明所谓的蓬莱山即日本富士山。

徐福东渡后，会不时留下可供人们追寻的踪迹。由于人数众多，渡海工具简陋，远涉重洋，风大浪高，少数人在海上遇难或漂流到途经的岛屿上。辽东半岛南端大连的旅顺牧羊城（沓津）是徐福船队必经之地，又是其补充饮水和食物的地方，也不排除有少数因病或身体

大连营城子东汉壁画墓升天图

不适者而留居大连。这一点可以从大连营城子出土的壁画墓得到佐证。营城子壁画墓为东汉遗存，由前室、主室、套室、东侧室和后室组成。墓主人是一位相当有身份地位的人物。主室东、南、北三面有壁画，主要内容是墓主人生前、死后升天和生者对墓主人的祝福，其中引导祝福死者升天的祭奠司仪者为一头戴方巾、手持羽扇的"方士"。这些同徐福的身份和所宣扬的"灵魂不灭"的思想相吻合。这一点也同日本受徐福影响而开始追求"灵魂不灭""死后升天"的记载相一致。

## 3. 畅通的海上交通与客民"浮海而至"

秦汉时期，辽东及大连地区的经济基本处于持续发展的状态。这同辽东地区社会比较稳定，加之汉代统治者推行休养生息，减轻赋税，鼓励开垦土地等相关。同时，也与当地优越的自然地理环境因素有关。当时，这里基本处于地广人稀的状况，两汉时期，有关辽东及沓、文两县的人口状况，从《汉书·地理志》中可窥见一斑。据载，西汉平帝元始二年（公元 2 年），辽东郡所辖 18 县共有 55 972 户，272 539 人[1]。若依此平均计算，则每县约有 3110 户，15 141 人。如此，则大连地区的沓、文两县应约有 6200 余户，30 000 余人。这种人口状况表明，辽东及沓、文两县有广阔空间可供开发。不仅如此，这里有便捷的陆海交通，便于人员往来和经济文化交流。从史籍记载来看，秦汉时代东北地区交通地理的发展，集中反映在东北地区的南部，尤以辽东郡首府襄平和辽西郡、右北平郡等郡为中心，形成了纵横交错的陆路通道。汉魏时代以辽东郡治襄平为中心的陆路干线，形成了南通海渚至"沓津"的交通线。

就海上交通而言，秦汉之际自山东沿海过长山群岛、辽东半岛东行，往朝鲜西海岸南下，渡过对马海峡到日本九州沿岸的这一条海上交通线已经形成，此线也称为"北方海上丝绸之路"。[2] 这条航线是沿岸而行，凭借海上左旋回流的影响，对于航海工具较简陋的民间往来还是比较安全的。《后汉书·东夷列传》也有记载："倭人……初通中日，实自辽东而来"，即是沿朝鲜半岛西行至辽东半岛，向南经山东半岛进入中国内地。这无疑会促进山东与辽东及沓、文两县的经济、文化来往。

---

1　《汉书·地理志》"辽东郡"一节。

2　《古代山东与海外交往史》，第 59 页。

## 1. 海上丝绸之路

魏晋南北朝及隋唐时期的『北方海上丝绸之路』

公孙渊割据辽东期间，从政治方面考虑，企图借助东吴的力量以牵制曹魏，颇有"携吴自重"之意；从经济发展的角度考虑，辽东利用海上通道与东吴进行商品贸易，出卖马匹和土特产，换回江南的产品，互通有无，有利于辽东地方经济的发展。东吴孙权也想利用辽东地方势力，南北夹击曹魏。为此，孙权在魏明帝太和六年（232 年）遣将周贺、校尉裴潜驾舟百艘至辽东，以买马为名与公孙渊政权联系。但在周贺的船队返回东吴途中，于成山（今山东文登西北）附近中了魏将田豫埋伏，船只有的触礁沉没，有的搁浅，船上吴军被魏军所俘，周贺被杀。其后，孙权又特遣太常张弥，将军贺达领载有七八千人的庞大船队驶往辽东，驻扎在沓县海口，并由张弥向公孙渊宣读吴主册封的诏命，然而公孙渊又重新归服曹魏，使这次孙权与公孙渊联合反魏军事活动，以损兵折将而失败。[1] 但这两次孙吴利用海上通道来往辽东，表明当时南北海上交通是十分畅通的。

上述陆海交通的便利，使得沓、文两县周边地区及山东、河北等地居民常"浮海而至"。他们当中有许多是文人、名士或贵族后裔，如北海朱虚人管宁，"天下大乱，闻公孙度令行于海外，遂与（邴）原及平原王烈等至辽东"。与管宁同乡的邴原，迁居辽东后，"一年中往归原居者数百家"。据史料记载：管宁是齐桓公宰相管仲的后裔。还有一部分齐国的旧贵族，如公孙氏割据辽东时，辽阳的豪族田氏，即原战国时齐国的贵族后裔。又如北海都昌人逄萌，求学长安，通《春秋经》。西汉末年王莽篡逆，逄萌逃回故里，举家避乱，浮海"客于辽东"。当然，更多人是迫于生计逃避战乱的贫苦农民及其他行业的生产者。据史籍记载，秦汉以来，山东半岛的汉民越海北迁辽东者数量很多。这其中不乏客居辽东郡南部沓、文地区之汉民，故有"时避难者多居郡南"的记载。据《三国志·魏志·邴原传》记载，管宁在辽东期间，"因山为庐，凿坯为室，越海避难者，

---

《辽宁通史》第一卷，第 168—169 页。

皆来就之而居，旬月而成邑"。由此可见，当时"浮海而至"者规模之大，人数之众。这些来自不同社会阶层的汉民，无疑会带来中原地区先进生产技术和传统文化，推动辽东及南部地区社会经济文化的发展。

## 2."三燕"割据辽宁及与山东半岛海上往来

"三燕"中的前燕，系由慕容鲜卑的一支相对弱小的少数民族部落建立的割据政权。经慕容廆、慕容皝父子两代治理，至其孙慕容俊继燕王之后脱离晋朝，自立为帝，国号"大燕"、史称"前燕"。前燕在辽宁的割据仅维持不到 20 年（353—370 年）即被前秦所灭。继前秦之后，割据辽宁的政治势力为后燕和北燕。前燕、后燕和北燕，史学界习惯上将其合称"三燕"。

慕容鲜卑在慕容廆、慕容皝父子的统治下，在群雄角逐中迅速崛起。在慕容俊统治时期，国势达到了鼎盛，他曾派慕容垂、慕容虔率八万精兵讨伐塞北的丁零、敕勒，"俘斩十余万级，获马三十万匹"；又征服段部鲜卑余部段龛，降匈奴贺赖头单于部，西挫前秦、南败晋师，共有北方及中原 12 州，157 郡、1579 县之地，有户 2 458 969，人口 9 987 935。[1]

随着辽宁地区经济发展与人丁逐年增多，辽东地区与山东半岛海上交往日趋频繁，航路不断增加，其中辽东半岛通往山东之航路有三条之多。

其一，从山东登莱入海，经庙岛群岛北至大连旅顺老铁山一带"马石津"登陆北行或沿沓津海岸继续航行北上。

东晋咸和八年(333 年)五月，慕容廆故去。次年八月，晋成帝诏遣御史王齐祭辽东公廆，就是率船队自建康出大江（今长江）入海，循江苏、山东海岸北上，至登州大洋（今渤海莱州湾），经庙岛群岛，再北渡渤海海峡北部的老铁山、至马石津登岸的。由此可见，从东海长江口至黄渤海辽东半岛以及渤海辽东湾一线的海上航路，在东晋时期还是畅通无阻的。

其二，由山东齐郡或登莱海口入海，经东北航行沿大连地区黄海岸入鸭绿江口的"安平道"，转渡朝鲜海域。再由大同江（"列口"）或清川江（"浿水"）登陆北部朝鲜。东晋咸康年间，后赵石虎统兵攻打前燕时，也曾自山东登莱地区出发，沿这条航道航行袭击安平。由此表明东晋咸康年间，这条航线相当发达。

---

1 《辽宁通史》第一卷，第 196 页。

其三，自山东抵大连渤海辽东湾，北上溯大辽水（辽河）入大梁水（太子河）可至襄平(辽阳)。这也是一条由中原进入东北的海上通道。也可逆辽水经海城三岔河抵辽队(辽隧)，再抵襄平。自辽河口至襄平的数百里的辽东内河航道开辟于汉魏，延续至明清。[1] 表明这条航线生命力之强和影响力之大。

## 3. 隋唐收复辽东

隋文帝开皇九年（589 年）灭陈，结束了 400 年的分裂局面，实现了南北统一。开皇十八年（598 年）二月，因高句丽王骑寇辽西，隋文帝发兵 30 万，以水陆两路征讨高句丽[2]。水路由水军总管周罗睺统领，由山东半岛的登莱渡海直趋平壤。高句丽王高元自知难敌隋军，急遣使向隋军谢罪请和。隋军长途行军，水军又遭遇风浪，见高句丽请降便借此虚果罢兵。隋军退兵后，高句丽复叛。

隋炀帝于隋大业七年（611 年）下诏征高句丽，隋炀帝御驾亲征，其水军由总管来护儿统领，从东莱（今山东莱州市）渡海趋平壤。水师统帅来护儿在距平壤 60 里的地方，与高句丽的军队遭遇，纵兵进击，大破之。但在平壤战斗中，隋军孤军深入，中敌计谋。入城后高句丽伏兵四起、失去统一指挥的 4 万隋兵几乎全军覆没，生还者只有数千人而已。

隋大业九年（613 年）二月，隋炀帝再征天下之兵，第二次征讨高句丽以收复辽东。就在隋炀帝在辽东城与高句丽相持不下之际，受命在黎阳督运军粮的杨玄感发动叛乱，威胁东都洛阳。隋炀帝怕东都有失，丧却根本，不得不放弃即将攻陷的辽东城，班师回朝，平定叛乱。

平定了杨玄感的叛乱之后，隋炀帝于隋大业十年（614 年）复征天下之兵，第三次东讨高句丽。但此时隋朝境内已是"盗贼"蜂起，农民起义的烽火已成燎原之势，所征调的士兵大部分没能如期到达怀远镇，只有水军总管来护儿指挥的水军一举攻下辽东半岛南端的毕奢城(亦称"卑奢城""卑沙城"，旧址在今大连市金州区东大黑山山城)，然后挥师东进，又一次逼近平壤。高句丽王由于连年征战也疲惫不堪，遂遣使乞降。隋炀帝鉴于国内形势

---

1 《大连通史》古代卷，第 228 页。

2 高句丽为东北部族。三国魏东北玄菟郡下辖高句丽、高显、望平 3 县。公元 396 年慕容宝嗣后燕，封高句丽广开土王（又称"好太王"）为平州牧和辽东、带方之王。公元 404 年后，高句丽由于取得了对百济战争的胜利，不再臣附后燕，武力进入辽东。

的严峻，不得不答应乞和的请求，并遣使诏来护儿班师，隋炀帝也回銮东都洛阳，第三次东征之举也无功而返。此后隋朝局势更加恶化，再无力组织兵力收复辽东了。到了618年，隋炀帝被宇文化及弑于江都，隋朝也宣告灭亡。

唐初收复辽东的战争是继隋朝征讨高句丽收复辽东战争的延续，经过唐太宗、唐高宗两代人多次出兵，才最后收复被高句丽长期割据的辽东地区。

唐乾封二年（667年）九月，李世勣率唐军由新城道入，势如破竹。高句丽军无斗志，城内士卒缚其守将开城投降，李世勣率军连拔辽东16座城池。唐朝水军则由郭待封统率，乘船趋平壤。唐总章元年（668年）二月，薛仁贵率部北上，以精兵三千拔高句丽西北军事重镇扶余府（今吉林省农安县）。高句丽军在唐军强大的攻势下，闻风而逃。九月，各路唐军齐聚鸭绿江边，负隅顽抗的高句丽军被唐军——击败。随后，各路唐军发起总攻，围平壤城月余，城内不支，高丽王高臧命泉男产率首领90余人开城出降，泉男建被俘。至此，高句丽割据政权宣告结束，唐朝中央政权恢复了对辽东地区的统治，促进了中原与辽东的经济和文化联系交往。

## 4. 崔忻渡海北上册封与旅顺鸿胪井刻石

渤海国原称"震国"，是唐代中国以粟末靺鞨族为主体，联合部分高句丽贵族建立的地方民族政权。唐王朝以其地置忽汗州。震国首领大祚荣接受唐朝授予的渤海郡王、忽汗州都督封号，震国改国号"渤海"。大祚荣建立的政权，不同程度地实现了地区上的统一，进一步密切了与内地的政治、经济、文化联系，加快了靺鞨各部社会发展。渤海国开辟有朝贡道、营州道、契丹道、日本道、新罗道、黑水道等对外交流通道，形成东北亚地区陆上和海上的丝绸之路，为中国和东北亚历史文化发展与繁荣做出重要贡献。

唐太极元年（712年），唐睿宗遣郎将崔忻摄鸿胪卿，任敕节宣劳靺鞨使，从长安至登州（山东蓬莱）渡海，自都里镇（今旅顺口）登陆北上，溯鸭绿江而行，到达震国都城，册封大祚荣为"左骁卫员外大将军、渤海郡王，仍以其所统为忽汗州，加授忽汗州都督"。（《旧唐书·渤海靺鞨传》）。翌年，崔忻完成使命原路回归，途经都里镇（旅顺口），在黄金山麓凿井两口作为此次册封活动的记验，并在井之就近处选取自然形成的其大如驼的石块，刻石题记"敕持节宣劳靺鞨使鸿胪卿崔忻井两口永为记验开元二年五月十八日"。此井被后世称作"鸿胪井"。鸿胪井及其刻石是唐朝与东北地方部族交往并实施统治的重要佐证。

见证唐王朝地对东北行使有效统治的鸿胪井刻石文字

　　崔忻在旅顺所凿的二眼水井地址，其一位于黄金山西北麓距海边 50 米处；另一口井位于黄金山东麓。

　　崔忻出使渤海国表明，唐朝通过对渤海国的了解，坚定了与其通好的决心。因此，鸿胪井刻石是唐王朝经略东北，研究少数民族关系史、民族史、交通史等重要的史证。

## 1. 辽代的镇东海口长城与苏州的设立

契丹作为后起的中国内陆草原民族，在北魏、隋唐之际，一直处于周边大国强族的包围之中，故其早期社会历史发展不得不经历了一段极其曲折的历程：除了长期依附于中原王朝的北魏、隋、唐，还曾长期北向附属突厥、回鹘，东向寄处高句丽。唐朝末年，藩镇割据，边地失控，契丹获得了一个空前的发展机遇。在短短的几十年时间里，契丹以辽河流域为中心，东征西讨，四处攻伐，节节获胜，很快就发展成为北方长城地带可以与唐朝分庭抗礼的区域性政权。公元907年，契丹首领耶律阿保机在辽河中游南岸的龙化州正式称帝，建立辽朝。但刚自立为辽朝的政权，仍处在各地藩镇割据势力包围中，中原地区通往东北的所有陆地通道都被阻断。剩下的唯一通道只有山东半岛通往辽东半岛的水路，且这条水路不仅是官方之间通使互聘的通道，也是民间往来、民间自由贸易的唯一通道。在这种背景下，加强对这条重要通道的管理和治理，具有重要的军事和经济意义。于是，辽朝于正式建国的第二年（908年），便在大连地区"筑长城于镇东海口"。

据考古调查，这段长城目前尚有遗存，位于今甘井子区大连湾镇南起盐岛村，北至土城子村烟筒山一线，全长约6000米。西北距金州约9000米。长城选址在连接黄海水域的大连湾与渤海水域的金州湾之间的狭窄地段，大体呈南北走向，南控黄海，北锁渤海，地理位置十分险要。

据五代史料，辽朝初年所筑的镇东海口长城当时称"镇东关"，到了辽兴宗帝时，辽在大连地区设立了苏州，故址即今大连市金州。辽朝晚期，大连一带因此又称"苏州关"，元明时称"哈斯罕关"。大连一带地处中国东北的最南端，是辽朝最重要的东南门户。辽朝设在大连的镇东关或苏州关，既是关防要塞，同时也是辽朝最重要的通商口岸。

## 2. 宋金"海上之盟"与辽宋灭亡

辽天庆五年（1115年）正月初一，完颜阿骨打率女真贵族召开即位

辽上京遗址鸟瞰图

大会，接受众将劝进，正式称帝，定国号"大金"。这样，中国政局就形成了宋、辽、金三足鼎立的局势。金朝立国之后，金兵伐辽，势如破竹，迅速占领包括大连地区在内的辽东全境。北宋很快获得了辽金战局势力消长的情报，特别是了解到了大连所在的辽东半岛"海岸以北，自苏、复至兴、沈、同、咸等州，悉属女真"这一情报，于是北宋欲乘此良机实现联金灭辽的目的。

此后，为了联金伐辽，收复被契丹占领的燕云十六州，北宋几次通过山东半岛至辽东半岛海上通道遣使使金，探听虚实，复通前好，欲吊伐契丹，但均未达成结盟之约。直至宋宣和二年（1120年）二月，北宋"以计议依祖宗朝故事买马为名，因议约夹攻契丹取燕、蓟、云、朔等旧汉州复归于朝廷"，第四次派"中奉大夫右文殿修撰赵良嗣假朝奉大夫由登州泛海使女真"。3月26日，赵良嗣自登州泛海，途经小谢驼、基末岛、棋子滩、东城、会口，皮囤岛，于4月14日抵达今大连域内的苏州关下。当时"女真已出师，分三路趋上京。良嗣自咸州会于青牛山，谕令相随看攻上京城破，遂与阿骨打相见于龙冈，致议约之意"。经过反复磋商，最后达成盟约。至此，宋金"海上之盟"正式缔结。[1]

宋金虽然缔结了"海上之盟"，但并无实际意义。由于后来宋金政治、军事形势消长变化，金朝于1215年灭掉辽国，今山海关以北的整个东北地区尽为金国所占有，实力大增。北宋非但没有收回燕云十六州，而于公元1217年，北宋都城汴京（今河南开封）也被金兵所占领，自此北宋宣告灭亡。

## 3. 元代在辽东的"因兵屯田"

蒙古帝国时期已有"因兵屯田"之举，主要是为了适应战争的需要，所谓"国初用兵征讨，遇坚城大敌，则必屯以守之"。元朝统一全国以后，屯田便以较大规模广泛发展起

1 《大连通史》古代卷，第313页。

来，"内而各卫，外而各省，皆主屯田，以资军饷"。

为了鼓励农民开垦土地，解决军队粮饷问题，元朝政府曾在辽阳行省境内大力推广屯田，调拨军队或招募农民耕种荒地，主要分为军屯和民屯两种形式。军屯是由国家组织调拨军队及其家属耕种，土地、种子、牛具等均由政府提供，收获的粮食多数归国家，少数归耕种者。从事军屯的农户称"军户"。民屯也是租种国有土地，其种子、牛具等或自备，或由国家供给，但所缴纳的租税数量不同。

从元世祖忽必烈至元初年开始，就在今辽宁境内广泛屯田。南起金州、复州，北至咸平府路，东至鸭绿江边，西至今山海关，几乎处处有屯田。辽东半岛南端的金州、复州之地，素以"地甚肥沃，有耕稼之利"著称。

金州复州军屯数目，据《元史》记载：屯田军户 3641 户，屯田面积 2523 顷（每顷 100 亩），[1] 户均耕种面积为 69 亩。

与此同时，在这一地区还开垦了部分民屯。民屯以"户"计数，一家一户为基本的生产单位。民屯点一般由国家指定，籽种、牛具等生产资料统一调拨，经营品种多为国家急需的粮食及部分经济作物。元至元年间，调吉利吉思人（今柯尔克孜族）700 户，屯田哈思罕关东旷地。如果将上述军屯与民屯相加，则金州共有屯田约 4300 户，垦田面积约 3000 顷左右。这种运用国家的行政强制办法，迁进内地掌握有较先进生产技术的军民并组织起来开垦土地，国家给予一定帮助的屯田形式，是一种切实可行的办法。这些政策措施，在当时历史条件下，无疑会极大地推动农业生产的恢复与发展。

## 4. 元代海上运输与商贾贸易

在辽阳行省的水上运输中，规模较大的是海运，海运又以漕粮的运输为主。

元代，因大都"去江南极远，而百司庶府之繁，卫士编民之众，无不仰给于江南"，因此从元至元十二年(1275 年)起通过运河"始运江南粮"至大都。辽阳行省南部与这条漕运航线相接的主要是金州和锦州两港。至元十六年(1279 年)，元王朝"罢金州守船军千人，量留监守，余皆遣还"。可见金州有军队的船队。守船军虽撤，金州港仍为漕运港之一，一部分漕粮运抵此港后，陆运进入辽阳行省腹地。锦州港接运漕粮，始于至元二十四年(1287

---

1 《元史》卷 100《兵志》。

年），是联系辽阳行省西部地区的重要港口。

除刘家港至金州、锦州等地的海运航线外，另一条重要海运线是沿朝鲜半岛西侧至辽东半岛沿岸的海上航线。这条海上航线开辟较早，元至元四年（1267年）首先"立辽东路水驿七"。七个水驿估计均在辽东半岛沿岸，因此，当时"东宁府所管诸城及东京路沿海州县多有梢工水手"。至元三十年（1293年），元又"自耽罗至鸭绿江口"的"沿海置水驿"，共计11所，命辽阳行省右丞洪君祥管理。这样，就完成了从朝鲜半岛东端至辽东半岛的海上驿路建设。这条航线在辽东半岛的终点港是盖州。从高丽至辽东的航线，也以运送粮谷为主。至元九年（1272年）、至元二十九年（1292年）高丽发生饥馑，辽阳东京先后以米两万石[1]和十万石海运至高丽进行赈济。同样，高丽也海运粮谷接济遇灾的辽阳行省。

---

1　旧制容积单位，1市石=100公升。

## 1. 明军狮子口登陆平定辽东

明初，盘踞东北广大地区的元朝残余势力相当强大，且负隅顽抗。鉴于是时之形势，明廷采取征讨与招抚并施之策，并遣时任断事的黄俦等人持诏书至辽东，遍谕所有元朝残余势力，认清天下大局已定，元朝大势已去。辽东半岛金、复、海、盖等地不战而下，皆归明朝。明朝中央政府遂于明洪武四年（1371年）二月置辽东卫指挥使司于得利赢城（今瓦房店市得利寺镇西北龙潭山城），任命原元朝辽阳行省平章刘益为辽东卫指挥使司指挥同知[1]，辽东卫所则成为明朝中央政府在东北地方建立的第一个卫所。又因其位居辽东半岛，地理位置具有特别重要的战略意义。刘益归顺明朝和辽东卫的设立，无疑为明军自海上进入东北腹地打开了一座大门。

但在辽东，并不是所有元朝遗老遗少都对刘益归顺明朝的义举心悦诚服、积极支持。诸如投归得利赢城的洪保保就采取阳奉阴违的态度，暗中串联勾结，伺机发难。盘踞在辽阳东部山区的高家奴，则依然"固守"其山寨，辽北还有坚决抗明的也先不花、纳哈出等残余势力伺机而动。明洪武四年五月，洪保保一伙乱党终于举兵叛乱，刘益猝不及防，惨遭杀害。后经部下将士奋力反击，虽将其叛乱平息，但洪保保等叛乱和元臣纳哈出未归附等动乱因素依然存在，辽东仍有重被残余势力夺占之虞，亟须出兵辽东。于是，明太祖决计发大军自海上进攻东北，从而加速对东北各地残余元朝势力的征讨和完成东北的统一大业。为此，明廷设定辽都卫，任命叶旺、马云同为都指挥使前往平定辽东并镇守之。叶旺是安徽六安人，马云是安徽合肥人，二人曾随明太祖征战，"积功并授指挥佥事"。二人奉诏，于洪武四年七月统领十万大军，自山东登州蓬莱乘船，沿"登莱海道（蓬莱至今旅顺）"而进，一路顺风，直抵狮子口。为纪念明朝十万师旅安全抵达辽东半岛这个海上交通要冲，取"旅途平顺"之意，叶旺、马云遂将狮子口改称"旅顺口"。"旅顺"之名始此。据《明

---

1 "辽东卫指挥使司"简称"辽东卫"。指挥同知为正二品的高级军事长官。

实录》记载，时任巡按山东监察御史的李纯在《言辽东边卫利病四事》的奏章中，就有"禁辽东军士携家属潜从登州府运船及旅顺等口渡船越海逃回原籍"的记述。由此可见"旅顺口"这个名称已被普遍使用。

## 2. 建置设卫与筑城设防巩固辽东统治

随着辽南地区的渐次平定，明朝中央政府开始在条件初备的地方设置州县，治理民事。明洪武五年（1372年）六月，首先在辽东半岛建立金、复、盖、海四州。金州治所设于金州城，辖辽东半岛南端，包括今大连市金州、甘井子、沙河口、西岗、中山、旅顺口六区和长海县以及近陆海域。复州治所设于复州城（今瓦房店市西北复州镇），辖今瓦房店、普兰店两市及近路海域。盖州治所在今营口市，辖盖州市老城区。由于当时地广人稀，加之又处于战时状态，故金、复、盖州及海州等均未置属县。不仅如此，其存续时间也较短，至洪武二十八年（1395年）四月，金、复、盖、海四州同时罢废。

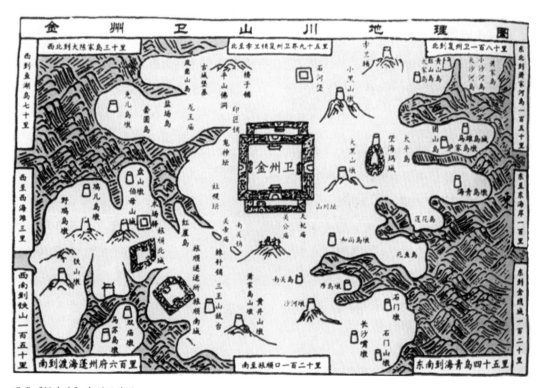

明代《辽东志》金州卫境图

在罢废州县前后，明朝又在辽东各地旷置卫所。各地卫所大体上是在明军占领该地区之后陆续设置的，随着明军入辽后的节节推进，卫所自南而北、自东而西渐次设立起来。

辽东卫。设于明洪武四年（1371 年）二月，卫治在得利赢城，以刘益为指挥同知。洪武八年（1375 年），辽东卫改为定辽后卫，移治所于辽阳。

定辽都卫。设于明洪武四年（1371 年）七月，当时卫治设在金州城，叶旺、马云同为都指挥使。洪武六年（1373 年），其治所迁至辽阳。洪武八年（1375 年），定辽都卫改称为"辽东都指挥使司"（简称"辽东都司"），治所仍在辽阳原址。其所辖为今辽宁大部地区。

金州卫。设于明洪武八年（1375 年）四月，卫治在金州城，以原袁州卫指挥同知韦富、赣州卫指挥佥事王胜率军驻守。其辖区大体为今大连市金州区以南各区、长海县及普兰店市南部。

复州卫。设于明洪武十四年（1381 年）九月，卫治在复州城（今瓦房店市西北复州城）。其辖区大体为今瓦房店市绝大部分及今普兰店市中、北部地区。

盖州卫。设于明洪武九年（1376 年）九月，卫治在盖州城（今营口市属盖州市城区），今瓦房店市北境和庄河市大部则属盖州卫。

上述辽东半岛南部各卫，特别是金州城和旅顺口在辽东陆防海防上的战略地位极其重要，同时又是东北地方与内地往来的南大门，故设重兵驻守。其性质亦有所不同，虽然辽东都司是军事机关，没有民政等方面的管理职能，但其下属的金州、复州、盖州等卫却是军政合一的地方基层政权机构，既是军事机关又理政务，同时接受辽东都司和山东布政使司、按察使司两系统的军事、民政领导。

## 3. 牛庄港的兴盛

牛庄是辽河口岸的重要城镇。明朝时，辽河漕运更为发达，"登、辽隔海甚近，风顺半日可达"。陈天资《海道奏》记载："粮米由海运经登州趋旅顺直抵开原，开原城西有老米湾，即其卸泊处也。"这说明由山东渡海的运粮船到辽东湾经旅顺西行进入辽河后可直达开原的老米湾，该地靠近辽河，为古码头。辽东湾海上的具体航线，据《海岛经》记载："自铁山西北行，经牧羊城、羊头洼、双岛、猪岛、中岛、北信岛至盖州套；然后，一路看盐场，西看宝塔台（今葫芦岛），便是梁房口（今营口），进入三叉河（今辽河），到牛庄码头抛泊。"由此可知，明朝时牛庄已成为辽河下游运粮船的重要码头。

## 4. 海路军需运输与民间海上贸易发展

明初辽东驻军超过 10 万，后增至 20 余万，兵丁食用及军马所耗之粮巨大，加之连年战争，地旷人稀，兵多民少，农业不兴，故大批军粮及布匹、棉花、军衣、兵器等均要由江南和山东海上运输而来。20 余年间海上输入辽东的各种军需物资数量之巨，是历史上绝无仅有的。这些物资绝大部分是由长江下游和山东登州等地海运至辽东，运输船只动辄"数千艘"[1]，专事海运辽饷的士兵常有七八万人之多。

在明代辽东海运业发展中，旅顺口港占有重要地位。从山东登莱渡海到旅顺口十分便捷。"自旅顺口以望登莱，烟火可即，泛舟而往，一日可至""右金州旅顺关口南达登州新河水关，岸经五百五十里水程"，南岸达北岸"两日内，风力顺可到，先一日辰时自登州新河发航至晚抵旅顺"。这是仅就山东与辽东海路而言。

再从长江下游各港至辽东各港来看，明初辽东军饷主要来自太湖流域，粮船多自长江口附近的刘家港等处北入渤海，分别在牛庄、明小凌河、旅顺停泊、卸船，供应辽东各卫。金州卫和复州卫的军粮等物资即就近由旅顺转运。明永乐末年以后，因其他港口或河道难停海船，海运船舶便主要集中于旅顺泊卸。为了适应海运业发展的实际需要，明代还开辟了登州至广宁线、登州至大凌河的宁远线、登州至盖州套线、莱州至三犋牛线、莱州至北信口线以及天津至辽东等新航线，但仍以登州至旅顺线的航运率为最高。

明代为保证"赡军赈民"的需要，"国家设仓储粟"。《明太祖实录》曾有这样记载："其三十一年海运粮米可于太仓、镇海、苏州三卫仓收贮。其沙岭粮储，发军护守，次第运至辽东城中海州卫仓储之。"在大连地区设有金州仓、复州仓，而旅顺仓更是辽东各仓之首。明代整个辽东的军需、饷银、布帛等，均先运存于旅顺口，然后再转运至辽东各地，因此在旅顺口曾建 34 间大库房以储军需。旅顺口有一个叫"元宝坊"的地方，就是由此得名，可见当时海运之发达，仓储之盛。

明代辽东沿海及大连地区的海上运输业，虽以官方直接管理并以运输军需物资和军队为主，但民间的海上往来一直十分活跃。辽东金州与山东登州、莱州之间，自古民间往来和商业贸易不绝，明代更有空前发展。史载，辽东与山东"虽隔绝海道，然金州、登莱南北两岸间渔贩往来，动以千艘"，规模惊人，众多海商"利海道之便，私载货物，往来辽

---

1 《全辽志》卷 6《外志》。

东"，使辽东与山东之间得以互通有无，而商人也大获其利。在南北两岸商船之中，以山东方面为多，来者有短期居留于金州、旅顺者，有的甚至长期居留。一般情况下，明朝政府并不禁止民间贸易，并且每当官粮或官船不能满足需要时，政府也往往借助民船保证辽东海运军饷，有时雇佣民船"相兼载运"，给予"载运脚价"，有时更鼓励"米商通贩，以济穷边"。同时，明政府对民间海上往来的输送粮米之船只实行奖励政策，诸如为补救辽东"急缺粮储"的状况，曾采取招商开中纳粮辽东的办法。"开中法"，是明政府鼓励商人输送米粮等至边塞而给予粮盐运销权的制度。明天顺六年（1462年），定辽东金州等卫仓纳米中盐例，"金州仓淮盐每引米八斗[1]，浙盐六斗，河东盐三斗"。开中之外又推行"纳粟补官"之法，凡能纳一定数量军粮于辽东者，即给冠带，或"授试百户"等。这些措施促进了辽东及大连地区海上贸易的兴旺发达。

## 5. 辽南驿路交通与海上驿路开辟

随着明军在东北地区自南向北推进，驿路交通也自南向北发展起来。至明洪武十八年（1385年），辽阳南至辽东半岛各驿站基本恢复起来。其中以辽东军事重镇辽阳为中心，向南、北、东辐射有三条驿路。而辽阳南线纵贯辽南地区，自辽阳所在城驿出发，中经鞍山、海州、耀州、盖州、熊岳、五十寨、复州、栾谷、石河、金州、木场、旅顺十二驿，直抵辽东半岛南端。辽阳南线不仅在海州驿与广宁东南线相接，而且是自海上入辽必经之路。明初倭患炽盛之时，于旅顺、望海埚等地专门设置了驿地守御官，明嘉靖七年（1528年）"倭患稍息"，后始撤。

在辽东地区，盖州以南辽东半岛十驿各置马10匹，耀州卫置驴10头。金、复、盖等驿当时视为"偏僻驿递"，畜力配置较少。驿站所需马驴，例由役夫备办，有倒毙亦由役夫赔补，役夫负担沉重，往往逃避不返。驿站供具也日渐减损，后来驿站不得不从邻近卫所抽调士兵充役，以维持往来驿传。

明天启元年（1621年），后金占领辽沈之后，东八线交通站（甜水站、连山关、新通远堡、青苔峪堡、斜烈站、凤凰城、汤站、九连城）被废弃。同年八月，明廷将中朝使臣往来改为海道，即"自海至登州，直抵京师"。具体路线是：从朝鲜出发，沿辽东半岛东侧

---

1　1 斗 =10 公升。

之鹿岛、石城岛、长山岛、三山岛行驶，然后西南行，直奔登州，再从陆路转往北京。明崇祯二年(1629年)，由袁崇焕等人建议，路线又改为沿辽东半岛西北行至复县外之北信口，然后横渡辽东湾，直奔觉华岛，在宁远登陆进京。

## 6. 后金军南下屠城及大批人口逃亡

在后金政权进入辽东广大地区后，推行其奴隶制的军事统治和民族高压政策，给辽东地区的社会生产带来了严重的破坏，给广大汉族人民带来深重的灾难。

为了控制、防止汉人反抗以及为进入辽东地区的女真人腾出土地和房屋，后金通令汉人大批迁徙，归并屯堡，致使大批汉人背井离乡，远迁逃亡。据记载，后金进入辽东地区后，至少逼迫汉民进行了三次大规模远途迁徙。第一次是后金天命六年（1621年）正月，在辽南的金、复、盖等地，"尽徙诸堡屯民出塞，以其部落分屯开铁辽沈"。当时"驱屯民男女二十万北行"。第二次是天命六年（1621年）十一月，强迫鸭绿江以西镇江、宽奠、叆河等地的汉人，全部迁往萨尔浒、碱厂、一堵墙，后又改为三岔、威宁营、奉集堡等地，锦州二卫迁往辽阳，锦县东南右卫迁往金州和复州，义州二卫迁往盖州和威宁营。

为了掠夺土地，后金迫使汉族农民迁往远方开垦荒地或贫瘠土地，而将原来所耕肥的熟田分给八旗将士。先前叛明投降后金的刘兴祚，赐名"爱塔"，驻防金州、复州。后金天命八年（1623年），副将刘爱塔决定反正归明，事机泄露，代善率二万大军"屠复州，空其城"，把复州、永宁监、盖州的民人通通北迁，仅复州一地被迁男丁即达1.8万多人。汉人遗下的房屋、田地分给了新迁来的女真人。这些被驱北去的民人，弃辽南金、复、盖州沃土400里，真可谓是"诸城军民尽窜，数百里无人迹"。

后金天聪七年（1633年），皇太极遣兵部贝勒岳托等率兵马万余人，于七月十四日攻占旅顺城。后金军与明军经半月之久的激烈战斗，双方伤亡甚大。在这场残酷的战争中，后金获取了大批金银玉帛。明军被俘者数千人，将士战死疆场或逃亡者亦不在少数；牛、马、骡、驴等牲畜也都成后金军的战利品。城内幸存者6000余人，被强迁北去为奴。顿时，旅顺也变成人烟罕迹的空城。这种凄凉景象笼罩辽南广大地区，旅顺只是一个缩影。

## 1. 顺治、康熙招民开发辽东与冀鲁豫等民人闯关东

明末清初以来，辽东地区由于明清之际的长期战乱，民人大批逃亡关内；加之清帝迁都北京后，数十万八旗劲旅及眷属，结毂连骑，从龙入关，留居东北及辽南的旗人甚少。一时野无农夫，路无商贾。以富庶著称的辽南地区，亦呈现"土旷人稀，生计凋敝"的凄凉景象。对此，一批有识之士大声疾呼，"欲消内忧，必当充实根本"，方是长治久安之良策。

清政府鉴于辽东地区土地荒芜的景象和有识之士的呼声，在加强盛京驻防八旗的同时，积极鼓励关内民人出关开垦土地。清顺治元年（1644年）谕令："州县卫所荒地，无主者分给流民及官兵屯种，有主者令原主开垦，无力者官给牛具籽种。"顺治六年（1649年）又谕令"以山海关外荒地甚多，民人愿出关垦地者，令山海关道造册报部，分地居住"。顺治十年（1653年），朝廷颁布了辽东招民垦荒令，即《辽东招民开垦则例》，其政策措施和奖励办法推动了奉天各地人丁回流与关内民人迁入，广袤土地得以开垦。这时已呈现出关内民人流向东北地区的大趋势。尤其是清康熙十年（1671年）以后，战事平息，人心安定，再加上全国许多省份遭灾，直隶、山东、河南等地汉民纷纷涌向关外各地。尤其是山东地区，因地力不丰，物产缺乏，拥向东北的汉人更多。仅山东沂州地区流民就占山东流民总数的47%。据记载："沂州地土广衍，一望硗薄，价值无几，小民多田多累，四村强半荒芜，土瘠民贫，自昔为然。"《荣诚县志》也载："地瘠民贫，百倍勤苦，所获不及。下农拙于营生，岁欠则轻去其乡，奔走京师、辽东、塞北。"类似情况其他省份也大致相同，因此，地广人稀的东北地区必然成为关内流民寻求生路的乐土。

清康熙年间以后，经过几十年的太平盛世，社会生产力迅速发展，人口骤增，关内土地更显不足，出现大量过剩人口，不待灾年就到关外谋生的汉民数以万计。康熙二十三年（1684年）九月，康熙帝上谕山东巡抚：今见山东人逃亡关外，"各处为生者甚多"。康熙五十一年（1712年）五月上谕：山东民人往关外垦地者"多至十万余"。而流入辽东地区的山东汉民大致经由陆海两路，其中鲁东地区汉民多泛海到辽东半岛而

清末，闯关东的难民在大连港刚下船

居。这样的人口流向必然为辽南大地经济发展和社会繁荣带来福音。

## 2. 乾隆朝的封禁与海禁

从清顺治、康熙帝招垦到乾隆初期的封禁，仅百年为何变化如此之大？这要以下列事实加以诠释。

从清乾隆五年（1740年）起，清政府颁布了针对盛京、吉林和黑龙江地区的一系列封禁令，并且封锁了从山海关、内蒙古及奉天沿海进入东北的陆海交通线，东北封禁始形成。

清政府的所谓封禁政策，主要是针对汉人在东北定居和垦荒，限制汉人在东北私自从事采参、捕貂等活动。这一政策是推行民族歧视、民族隔离，压制、阻碍经济发展、贸易往来、文化交流的政策。清朝统治者在东北地区推行封禁政策，主要目的在于：一是为了保护满族及蒙古族在东北的特殊经济利益；二是为了保存满族固有的习俗，防止受到汉族的影响，"不复有骑射本艺"；三是为了推行分区居住的民族隔离政策。

康熙朝中期，全国呈现相对稳定、和平的发展环境，经济发展速度有所加快，人口随之大幅增长；封建剥削加重，土地兼并日趋激化，大批农民相继失去土地。于是土地问题与人口问题作为严重的社会问题凸显出来。至清乾隆初年，全国人口突破一亿大关，耕地与人口问题已经相当尖锐。在这种形势下，清政府采取鼓励内地民人去新疆、云南、贵州、台湾这些人口较为稀少、闲旷土地较多的地区移民垦荒，而对人口同样稀少，闲旷土地十分广阔的东北地区实行封禁政策。为此，乾隆五年四月，为加强旗人在东北地区的独占与垄断地位，首先由乾隆皇帝面谕兵部左侍郎舒赫德，正式发出了封禁东北地区的信号。接着，舒赫德秉承乾隆皇帝的旨意，提出了全面封禁东北的八项措施。

与此同时，清政府于沿海沿岸亦采取了严厉的封禁措施。清乾隆十一年(1746年)奏准，"奉天南面均系海疆，宁海、复州、熊岳、盖平等处地方与山东登、莱二府对峙，商船不时来往，凡带有无照之人来奉天者，商货仍旧起运外，其照上无名之人查出递解回籍，船户治以夹带私人之罪"。清政府不仅严格限制山东民人从海上流入奉天地区，而且对从奉天返回山东、江浙的船只也不准装载或贩运粮米，甚至对其船员的口粮数量均有严格限制，一般"每人每日带粮食米一升""其米石杂粮一概严行禁止"。

对于商民领票、验票均有明文规定：商民领票该管各官盘诘明确，取具保结备查，紧要海口派员专司稽查。对于奉天洋面往来商船，令其先赴旅顺口水师营挂号，点验人数、姓名、年貌、箕斗相符，即于原票内粘贴某年月日验过印花，发交该船持往贸易海口投验。如到口商船验无水师营印花字样，不准入口卸货。[1]

这种封禁政策看似十分严厉，但因其违背社会经济发展规律与民人求生之欲，未几即被冲破。清廷无奈也不得不改弦更张，实行开禁政策。

## 3. 海运开禁与海上贸易的发展

乾隆朝的封禁政策因其违背社会历史和社会经济发展的客观规律，必然受到越来越大的冲击。关内民人流入盛京地区者越来越多，封禁不住，驱逐不了，奉天流民私垦地亩日有所增。清政府于乾隆四十六年（1781年）采取了增加地赋的办法，"以杜流民占地之弊"。但仍无济于事。到了乾隆朝后期，实际等于有封无禁，有禁无止了。乾隆五十六年（1791年），奉天沿海牛庄、盖州、金州、岫岩等处海口，有福建流民"在彼搭寮居住，渐成村落，多至万余户"[2]。

而与辽东半岛隔海相望的山东来辽东垦种者更是首屈一指，人数在关内各省中遥遥领先。清康熙四十六年(1707年)，康熙东巡时，亲眼看到"各处皆有山东人，或行商，或力田，至数十万人之多"。特别是辽东半岛，距胶东半岛最为近便，"故各属皆为山东人所据"。辽东半岛南端的金州、旅顺与山东登莱对岸"由是山东丁户，航海凫趋"。江浙、福建民人亦

1 《奉天通志·交通志》4，卷167，第3948页。

2 《清高宗实录》卷1376，乾隆五十六年四月辛亥。

有许多渡海来辽东，仅在牛庄、盖州及沿海各海口即一次性查出流寓闽人 1450 名。这说明海禁开放，海上往来便捷，加快了民人流向辽东大地，同时亦促进了海上贸易的发展。

海禁开放后，从事贸易的商船络绎不绝往来于辽东沿海。锦州的红崖口、海城的没沟营（营口）、金州的貔子窝（皮口）、岫岩的大孤山等海口成为山东、直隶、江苏、浙江、福建各省海船的主要停泊之所。这些商船一部分是官府雇佣，运送国家调运的大宗粮食。清雍正元年(1723 年)，清政府从盛京地区购买了 10 万石粮食，"雇觅民船装运"到京师粜卖。在辽沈至天津航线上，800 余只运输船只调运粮食，可见当时辽东沿海航运已经相当繁忙。

清代奉天粮米运往内地的数量究竟有多少，仅就海运一途而言，据《清实录》《奉天通志》等资料，对于记载的部分政府调运、采买、限运数目的统计即约达 3 685 875 石，而未被记载和弛禁时自由贩运以及经常性的走私偷运，其数量肯定远远超出见于文献的这一部分。因此，可以根据这两种情况大致估算一下，在雍正、乾隆时期，奉天米粮每年运往内地的平均数字大致为 20 万石，可相当内地一省所提供漕粮的中等水平。

此外，辽东沿海从事民间贸易的运输船只更多，一些大型商船主要从事粮食等大宗物品的贩运。当时即有所谓："商贩闻开海禁，争买米石待运。""盛京所属海口，商船云集，于民用有裨。"而贩运规模动辄数船一队，数十船一组，有时可多达八九百艘船或更多。独往独来的商船更是往来穿梭，络绎不绝。

一些小型商船在山东、辽东沿海间进行运输，除载客外，主要贩运布匹、线带、皮鞋、羊皮等货物来辽东，返程时装载柞棉、缫茧及大豆等物品。江南的一些远程大商船经常北上，停泊辽东沿海湾，贩运物品。清乾隆十四年（1749 年），江苏府常熟县船户陶寿及客商

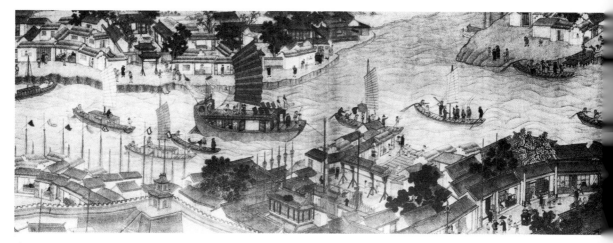

漕运图

蔡立三等 17 人，在江南装载生姜，到天津发卖，然后到辽东庄河买黄豆到山东发卖。[1] 由此观之，是时不仅海上航运业发展起来，南北商贸交流也活跃起来。

## 4. 英国在辽东沿海走私鸦片和军事侵扰

清政府从康熙年间开始禁止鸦片入口，清雍正七年（1729 年）颁布禁令，至清道光十四年（1834 年）共颁布过 15 次禁令。但英国侵略者在鸦片走私优厚利益的诱惑下，采取卑劣手段，如勾结中国奸商，贿赂官员等，使鸦片走私日益猖獗，从沿海到内地，从东南数省到北方的辽宁、吉林、黑龙江等地烟毒泛滥。辽宁是清政府封禁的"龙兴之地"，烟毒也泛滥成灾。

据查，英国人首次把鸦片输入辽宁是清道光十三年（1832 年），英船从东南海域沿海岸北上，直至辽宁之"盖州属连云岛海口""登岸入城"私销。道光十二年（1832 年），英国的大鸦片贩子在广州开设怡和洋行，成为在华武装贩卖烟土的组织集团后，其鸦片走私船便不断出现在广州至辽宁沿海的漫长海域。这年农历十月，英国走私船经朝鲜窜进辽东湾，直达旅顺海面。此后频频北上，多由广州达天津，再由山海关入辽宁，沿途至锦州、南锦、三目岛、牛庄等处，一边收买东北的黄豆一边贩卖鸦片。英国不法商人的犯罪活动，多次被中国政府查获，如在锦州的天桥、海城的没沟营、盖平的连云岛、金州的貔子窝、岫岩的大孤山等地皆曾被查获。

除英国大宗贩运鸦片外，美国也参与其中。清道光十一年（1831 年），美国的"法利"号走私船在朝鲜和中国台湾地区的台北、基隆等地建立"漂浮货站"；美国"西洛夫"号也多次到辽东湾贩卖烟土。辽宁的一些奸商伙同走私鸦片的洋人，在上述各处开烟馆，打着"药铺"的招牌，暗自收囤和招引吸食者，从中牟利。

在以鸦片敲开中国东北沿海大门的同时，英国侵略者又派舰队侵扰渤海各地，探听情报，寻找停泊港口，抢掠物资。清道光十一年（1831 年），一位名叫罔特斯拉夫的外国人乘船沿渤海北上，在锦州、盖平（今盖州市）、金州等地沿海进行港口勘探。第二年，一艘英国走私船又闯进盖平连云岛，并乘地方官不备偷运进城。清道光二十年（1840 年）6 月初，英国发动第一次鸦片战争后，辽东半岛沿海形势日趋紧张，清政府于 7 月 12 日"降旨令

---

1 《历代宝案》第二集卷 31，台湾大学影印本第 5 册，第 2589、2601 页。

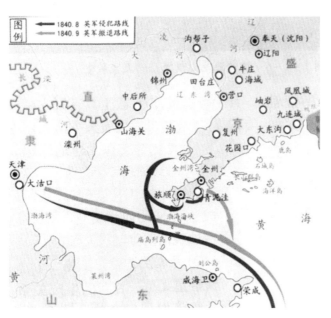

第一次鸦片战争时期英军北犯示意图

沿海将军督抚等先事豫筹巡察防堵"。其中特别指出："盛京为根本重地……惟旅顺口所属海洋内之城隍岛、铁山最关紧要。至海口内旅顺口虽向不停泊商船，而南来航海各船未有不由该口洋面之经过者。是该口为奉天洋面第一要隘。故设水师营官兵，以期防守。"尽管清政府加强了防堵，但英国侵略者仍然无所顾忌。

同年8月16日，英舰"布郎底"号、"摩士底"号、"衣那"号驶向辽东半岛西海岸。8月20日，英舰窜入复州（今瓦房店市）所属洋面之常兴岛塔山以南外洋抛锚。英国人企图获得泉水和鸡鸭等食物供应。"布郎底"号小船甚至以抢劫方式获取68头牛和鸡鸭等。9月17日，两艘英船又窜入旅顺老铁山海域，先后在小平岛、和尚岛、棒棰岛、青泥洼、三山岛等处或游弋或停泊，行踪无定，忽远忽近，并驾驶脚船，在各口内外用线系铅坠，试水浅深。后又潜往金州海口停泊，并以铅坠试水。9月18日，英船两只驶至小平岛停泊，五六名英军驾驶脚船傍岸，欲向岛内居民购买牛羊鸡鸭等食物。因岛内居民无牛羊，并将其围起来，英国人随之离去。[1]这些海上侵扰基本上属于试探性的，以此牵制清政府的兵力，向清廷施加压力，并探听军事情报，寻求海上停泊港口，抢掠食物，以供军需等。

## 5."三国干涉还辽"与俄国强租旅顺大连

中日甲午战争与《马关条约》的签订，使远东国际形势发生了巨大变化，清王朝统治下的庞大帝国，败给了弹丸之国日本，日本一跃而成为东方向外扩张侵略的强国。这样一来，帝国主义列强在争夺中国的问题上矛盾迅速加剧。由此引发俄国、德国、法国逼迫日

---

1 《筹办夷务始末》（一），道光朝卷15，文海出版社，第25、26页。

本退还辽东半岛事件。

在清政府同日本割让辽东半岛问题上，首先引起沙俄不满，俄日矛盾立即尖锐起来。1895年4月11日，还在《马关条约》尚未签订之际，沙皇尼古拉二世在彼得堡召开特别会议讨论对策。会议最后决定：劝告日本放弃占领辽东半岛，如果日本拒绝接受劝告，俄国保留"行动的自由"，即必要时将不惜使用武力，进攻日本的舰队和港湾。

首先支持沙俄主张的是德国。德国担心日本强大后，把中国变成其保护国，便很难在亚洲与日本争夺利益；同时把俄国的矛头引向东方，可以减轻德国东部边境的压力；通过干涉，还可以博得清政府的好感，实现夺取中国沿海一个海军基地的企图。德国支持俄国参加干涉，可谓一举数得。法国为了进一步扩大在中国南方的贸易特权，也不愿日本独占中国，又由于俄法缔结同盟不久，故也加入了联合反日的行动。这样由俄国唱主角的三国联合干涉日本的局面迅速形成。

随后，俄国、德国、法国三国驻东京公使于1895年4月23日一同赴日本外务省，向日本提出照会，劝告日本放弃辽东半岛。与此同时，三国军事行动频繁，俄国命令停泊在日本各个港口的所有舰艇在24小时内做好随时起锚出港的准备，停泊在中国烟台的军舰则进入战备状态。为了防止日本开战，俄国向远东边境派遣了一支约3万人的军队。德国8艘军舰、法国10余艘军舰均奉本国之命，开到黄海与俄国海军协同行动。

面对以武力为后盾的三国干涉，日本于1895年4月24日、5月4日先后召开御前会议和内阁会议，商讨对策。在会上，断然拒绝三国劝告的方案被否决；通过召开国际会议，由各国共同处理辽东半岛的企图也因没有得到有关国家的支持而破产；只有全然听从三国劝告，交还辽东半岛才是可行之途。日本内阁会议认为，应该迅速按"对三国干涉让步，对中国一步不让"的原则，在放弃辽东半岛的基础上迫使清政府批准《马关条约》。5月5日，日本政府向俄、德、法三国表示接受劝告，放弃辽东半岛。随后，日本内阁会议决定，作为永久放弃辽东半岛的补偿，要求清政府支付赎金1亿两白银。尔后，由于俄、德、法三国干预，日本将补偿赔款减至3000万两，并愿于赔款交清后3个月从辽东撤兵。

1895年11月8日，李鸿章与林董签订《交还奉天省南边地方中日条约》（简称《交收辽南条约》）。11月29日，双方在总理衙门完成了换约手续，《交收辽南条约》正式生效。据此，清政府于11月30日收回海城、凤凰城、岫岩，12月10日收回复州，12月21日收回旅顺，12月24日、25两日收回金州、大连湾。至此，日军所占领之辽南诸城皆先后收回，同时，该条约的生效也标志着三国干涉还辽事件的结束。

俄国占领时修建的旅顺火车站（改建过）

俄国统治时期，建设中的大连港泊位岸壁

　　三国干涉还辽事件，从表面上看似乎为中国争还了辽东，实际上是帝国主义列强瓜分中国的开始，获利最多的是俄国、德国、法国三国。三国以"还辽有功"为由，寻找各种机会向中国索取"报酬"。在此后 3 年左右的时间里，德国在"租借"名义下，强占了胶州湾，实现了在中国取得一块海军基地的愿望。法国强租了广州湾及其附近水面，扩大了势力范围。

　　索酬获利最大者是俄国，其先后通过签订《中俄四厘借款合同》《中俄密约》等条约，以期控制中国经济命脉，攫取在中国东北修筑铁路及以各种借口派兵进入中国东北和派军舰占领中国各口岸等许多特权。但欲壑难填，俄国并不以此为满足，千方百计寻找机会强占旅顺口和大连湾作为其海军基地。这个机会终于如愿降临了。1897 年 11 月 6 日，德国在与俄国达成互相支持对方在华权益的默契后，借口两名传教士在山东被杀事件，悍然命令德国舰队占领了胶州湾。德国舰队占领胶州湾，被俄国视为其占领旅大的机会，便立即占领旅顺口和大连湾，制造了俄军占领旅大的既成事实。其后，为了给其永久强占旅大披上"合法"外衣，俄国政府动用外交手段及各种欺骗办法，或以武力威胁，或以金钱收买等。在俄国的威逼利诱下，李鸿章、张荫桓甚至去说服慈禧太后和光绪皇帝同意签约。于是，1898 年 3 月 27 日，李鸿章、张荫桓代表清政府与巴甫洛夫在北京签订了《中俄旅大租地条约》，又称《中俄会订条约》。

　　此条约签订后，双方经过一番交涉，在 1898 年 5 月 7 日，签订了《中俄续订旅大租地条约》，使俄国进一步攫取了在中国辽南的一些权益。通过这一条约，俄国利用设立"隙地"，将它的租界地扩大到整个辽东半岛。修筑中东铁路支线权的获得，使俄国将中国东北的北部和南部用铁路连接起来后牢牢地掌握在自己手中；并将在辽东半岛修筑南满支线铁路与强占旅顺口和大连湾以约的形式正式确定下来。此后帝国主义纷纷效仿，掀起了瓜分中国的狂潮。

## 6. 日本统治时期的大连港与经济掠夺

1904年5月28日，日本军舰闯进大连港。接着，日军占领大连市区，随后便将大连港置于日本军方管制之下，为其支援战争服务。日俄战争结束后，由于战后形势变化，日本对大连港从战时军事侵略、军运为主转向以政治统治及经济掠夺为主，其港口政策也随之变化。为了适应大连港对外开放的需要，1907年4月1日，日本军方将日本陆军运输部大连出张所经营的大连港移交"南满洲铁道株式会社"（简称"满铁"）经营。这样，以大连港、南满铁路和安奉铁路为主要物质基础的交通运输业已成为"满铁"全部经营活动的基础和中心。"满铁"为经营大连港设置了大连栈桥事务所，后改称"大连码头事务所"，并加强统一管理，制定统一规章，诸如《大连码头船舶办理规定》《大连码头货物办理规定》等。这一措施改变了大连码头业务经营的混乱局面。在此基础上，"满铁"不断强化码头业务管理，促进了货物运输、旅客运输。

在国际压力下，也为适应竞争的需要，日本政府决定自1906年9月1日起开放大连港与各国通商，同时以该港为自由港，并决定对从"关东州"经过该港进出口的货物，不征收任何进出口税。另外，允许外国商船在大连至日本国内开放港口间航行和贸易。

大连实施自由港制度后，其明显的效益是扩大了大连进出口贸易。随着筑港工程和港口规模不断扩大，货物吞吐能力大大增强，大连的贸易经济地位开始稳步上升。与此同时，港口货物吞吐量急剧上升。1907年来大连贸易的船只进出合计为1322艘，载货量为1 048 901吨。而到了1910年，仅进口船只就有1963只，载货量增至1 646 701吨；出口船只共计1929只，载货量达1 644 144吨。

自由港制度的实施，不仅使大连港口贸易之门洞开，同时也进一步沟通了东北传统商品市场与国际商品市场的联系，促进了大连转口贸易的日益活跃。

大连港在日本垄断中国东北的贸易中起着重要作用。自大连港被辟为自由港以后，日本殖民当局倚仗经济和军事上的实力，

日俄战争时期，日军从金州东部黄海登陆

劳工在码头搬运日本人掠夺的豆饼　　日本人通过大连甘井子煤矿码头掠夺东北的煤炭资源

通过大连港逐渐夺取和控制了中国东北的对外贸易。据统计，1920 年，东北对外贸易总额 34 908 万海关两，其中南部港（大连、营口、安东）32 660 万海关两，占总额 93%，而大连港独占 67% 左右。由此可见，日本控制了大连港的对外贸易，也就基本控制了整个东北的对外贸易；垄断东北对外贸易就意味着垄断对外贸易的超额利润。日本将获取的超额利润作为其发动对外侵略战争的军费。

日本殖民者不仅从中国东北对外贸易中获取巨大利益，而且又通过大连港掠夺中国东北的资源。1907—1931 年间，东北大豆、豆饼、豆油、煤炭、生铁 5 种货物出口量占出口总量的 80%，其中仅煤炭一项就达 30%。出口的国家主要是日本，占 50% 左右。日本对中国东北资源的掠夺不仅数量巨大，且掠夺优质资源，如抚顺的优质煤尽被其掠夺。在1928 年大连港 760 万吨出口货物中，东北煤炭就占了 283 万吨，占出口货物总量的 40%。"九一八"事变后，日本侵占了整个东北，大连港遂成为全东北对外门户，其占东北对外贸易总额的比重从 1932 年的 44.3% 提高到 1936 年的 76.1%。可见，日本侵略者利用大连港获得了源源不断的物资支持。

日本侵略者对东北资源的大肆掠夺，大大增强了日本的国力，使其侵略全中国的野心更加膨胀，更加肆无忌惮地扩大对外侵略。但它也没能逃出"多行不义必自毙"的规律，终于被中国人民和世界人民所击败。日军于 1945 年 8 月放下武器，举手投降，日本统治大连港的历史亦宣告终结。

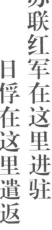

苏联红军在这里进驻
日俘在这里遣返

## 1.《雅尔塔协定》与苏军进驻旅大

1945 年 2 月 4 日至 11 日，苏联、美国、英国三国首脑斯大林、罗斯福和丘吉尔及各自的外长们齐聚苏联克里米亚半岛的雅尔塔举行会议。会议中心议题是讨论欧洲战后安排和对日战争问题。会上，罗斯福提出要苏联尽快地向日本开战，斯大林则提出了以损害中国主权为交换的出兵条件。2 月 8 日，罗斯福与斯大林又单独举行会议。在经过细致的沟通后，美、英两国毫不犹豫地同意了斯大林的要求。2 月 11 日，苏、美、英三国签署了《苏美英三国关于日本的协定》（简称《雅尔塔协定》）。

《雅尔塔协定》是一个极为秘密的协定，同时也是一个在事前没有征得中国国民政府同意，事后又没有经过中国国民政府代表签署，严重危害中国主权的一个协定，是苏、美、英为了各自的利益而达成的一种妥协。在这一时期，虽然世界反法西斯力量公认中国为世界"四强"之一，但实际上的状况远非如此。雅尔塔会议就表明，中国不仅无权过问世界上的一些重大事件，甚至连自己的领土都无法保护，主权都无法维护。

《雅尔塔协定》签订后，随着德国的投降和苏联对日本作战准备的进展，如何履行《雅尔塔协定》就成为重大政治和军事问题。1945 年 6 月 12 日，苏联驻华大使彼得洛夫在重庆与蒋介石会谈，公然提出以《雅尔塔协定》的主要内容作为苏联出兵对日作战、中苏谈判及签订友好同盟条约的基本条件。会谈中，双方对于苏联租借旅顺军港问题发生了争执，蒋介石希望中苏共同使用旅顺军港，彼得洛夫对蒋介石的意见根本不予理睬，并直言《雅尔塔协定》中所提出的条件，是斯大林与罗斯福、丘吉尔共同商定的结果。

在蒋介石对苏方已无计可施，而美国政府又一再敦促中国政府尽快派出代表与苏方进行谈判的情况下，蒋介石为了战后能取得美国、苏联对其政权的支持，决定让步，即以让步换取苏联迅速出兵对日作战，换取苏联对国民政府的支持。

1945 年 6 月 30 日，国民政府行政院长兼外交部长宋子文作为中国政府全权代表率代表团抵达莫斯科，与苏联领导人就缔结《中苏友好同盟条约》进行商谈。从 7 月 2 日起，中苏举行正式会谈，经多次反复争执、磋商、妥协让步，8 月 14 日，王世杰与莫洛托夫分别代表本国政府签署了《中苏友好同盟条约》及其附件。

雅尔塔会议结束后，苏联开始向远东地区集结军队。从 1945 年 2 月至 7 月间，苏联百万大军横跨欧亚大陆，迅速向远东地区开赴，集中兵力对日作战。8 月 9 日零时 10 分，苏联远东军第一方面军司令麦列茨科夫元帅下达了进军远东的命令，150 万大军以坦克开道，迅速沿中苏、中蒙边境向西和西北两个方向运动。顷刻间，千军万马突然向日本关东军发起全线进攻，并快速向中国东北腹地推进。

面对苏联红军锐利的"向心攻击"，昔日号称"皇军之花"的日本关东军，瞬间土崩瓦解。

在苏联红军强大攻势面前，加之日本广岛、长崎遭到美军两颗原子弹的连续轰炸，日本侵略者企图以中国东北地区作为其本土之决战后盾的诡计须臾之间化为泡影。1945 年 8 月 15 日，日本宣布无条件投降。苏联红军进驻旅顺和大连，迅速解除了日本守备部的武装，同时占领和接管电信局、电报局、火车站和海港码头部门。随后，苏军进驻旅大当局，陆续组建了旅顺的大连警备司令部，实行军事管制以加强社会治安管理。

## 2. 葫芦岛港日侨、日俘大遣返

葫芦岛百万日本侨俘大遣返，是近现代战争史上遣返的壮举，规模浩大，体现了中华民族的博大胸怀和中国人民以德报怨的人道主义精神。

1945 年 8 月 15 日，日本宣布战败投降，世界反法西斯战争取得最后胜利。根据《波茨坦公告》精神和国际惯例，中国政府必须在战争结束后的最短时间内，将战败国的军人及侨民遣返回国。当时滞留在中国东北的日本军人及侨民共约 137 万人，滞留在国民党军队控制的沈阳、长春及周边城市的共约 80 万人；滞留在中国共产党军队控制的哈尔滨、齐齐哈尔、牡丹江、佳木斯、吉林、延吉、安东等城市及广大农村的共约 30 万人；还有些滞留在苏联红军控制的大连地区，约有 27 万人。

面对如此庞大艰巨的遣返工作，国共双方以民族大义为重，统一部署，相互配合，协调行动，携手共同完成东北日本侨俘遣返工作。为此，1946 年 1 月 10 日，由中共代表周恩来、美国代表马歇尔、国民政府代表张群组成的军事三人会议商定，设立北平军事调处执行部

三人小组，负责东北日侨遣返的总体部署，由国民党东北行辕和东北民主联军共同组织实施具体遣返工作。军调处三人小组决定，由东北民主联军负责组织安东 7.5 万日侨从鸭绿江口登船遣送；由苏军负责遣送大连 27 万日侨；在东北的其余日侨，无论是在国民党控制区还是在共产党控制区，全部经葫芦岛遣返。

按照遣送顺序，1946 年 5 月 7 日开始遣送葫芦岛及其附近地区的日侨，5 月 15 日开始遣送沈阳及开原、铁岭、本溪的日侨，7 月 1 日开始遣送四平、公主岭的日侨，7 月 8 日开始遣送长春及其他国民党控制区大城市（如四平、本溪、开原、铁岭、公主岭、昌图等）的日侨。截至 1946 年 8 月 20 日，除了长春和沈阳这两处的遣送任务没有完成外（日侨人数分别超过 25 万人），国民党军队共遣返日侨、战俘 93 批，共 56 万余人。

共产党控制区日侨遣送工作于 1946 年 8 月 20 日正式开始。8 月 20 日，国共双方在陶赖昭正式交接第一批 2500 名日侨。至 9 月 27 日，东北民主联军共遣送 23.5 万余名日侨，主要是哈尔滨和松花江地区、齐齐哈尔地区、牡丹江地区和北安地区日侨。据不完全统计，自 1946 年 5 月 7 日至 12 月 31 日，葫芦岛港共遣返日侨、战俘 158 批，计 1 017 549 人（其中日俘 16 607 人）。1948 年 6 月 4 日至 9 月 20 日，东北形势紧张，铁路运输中断，共有 3871 名日侨在沈阳乘坐飞机抵达锦州，尔后由葫芦岛登船回国。至此，历经两年零四个月的葫芦岛"百万大遣返"全部结束，共遣返日本军人和侨民 1 051 047 人。

中国海洋文化

第三章

# 海洋大省
# 海上辽宁

耕海牧渔，扬帆远航，继往开来，蓝色华章。

辽宁的水产品声名远播，辽宁产的刺参，如龙出深海，品质如玉，为参中极品，有"辽参"美誉；皱纹盘鲍，是贝类中最名贵的一种，人称"海味之冠"。辽宁的航运事业扬帆远航，造船业历史悠久，在共和国造船史上创下数个"第一"：第一艘航空母舰试验平台"辽宁舰"在这里建成，劈波远航；大连船舶重工集团有限公司被誉为"中国造船业的旗舰"，是国内首家跻身世界造船十强的企业。辽宁地区海水制盐历史悠久，春秋前期煮盐技术就传入辽东燕地，《管子·海王篇》载："燕有辽东之煮。"采盐十分兴盛，杜甫曾有诗云："霜露晚凄凄，高天逐望低。远烟盐井上，斜景雪峰西。"辽南地区制盐业自春秋时期一直延续到辽代；盐化工生产从无到有、从小到大、从土到洋，辽宁一跃成为全国四大盐区之一，为国民经济建设做出了重大贡献。辽宁涉海高等院校及科研院所众多，是我国海洋事业人才的摇篮。海上辽宁，不断续写着壮美的蓝色篇章。

辽宁省大连市渔货市场（CFP供图）

## 1. 渔业资源概况

辽宁省海岸线东起鸭绿江口，西至山海关老龙头，全长 2110 千米。沿海水深较浅，多为 50 米以下的浅海。受大陆气候影响，水温年变化较大。陆上有众多河流注入海洋，水质肥沃，浮游生物量较大，是多种经济鱼虾繁殖、索饵的理想场所。辽宁近海渔场主要是辽东湾渔场和海洋岛渔场。辽东湾是渤海的一个内湾，面积约 35 370 平方千米，系半封闭海湾。水深较浅，底部平坦。北部因有辽河、双台子河、小凌河等河流注入，微生物含量丰富，是湾内主要渔场。海洋岛渔场，包括 13 个渔区，总面积 30 530 平方千米。东部有鸭绿江、大洋河、碧流河注入。长海县内岛屿散布其间，底质复杂，水深梯度比辽东湾大。河口区也是多种鱼虾类的繁殖场所，因此辽宁东部沿海是渔业资源的主要分布区。

辽宁沿海渔业资源种类较多。在辽宁海区产卵、索饵、生长的鱼类有 200 多种，其中能够形成较大渔汛、具有经济价值的鱼类有 50 多种，主要有小黄鱼、带鱼、鲅鱼、鲳鱼、鲐鱼、鲈鱼、鳕鱼、鳓鱼和马面鲀等。虾类有 20 多种，主要有对虾、毛虾、青虾等。蟹类有 10 多种，主要有梭子蟹和日本蟳等。有多种头足类和水母类，前者以日本枪乌贼、金乌贼为主，后者以海蜇最著名。沿海贝类资源丰富，其中资源量较多的有海螺、毛蚶、魁蚶、蛤仔、牡蛎等 10 余种。近年来，由于捕捞过度和污染等多种原因，海洋渔业资源变动剧烈。20 世纪 50 年代初，辽宁水产资源还比较丰富，渔民常见到带鱼、鲅鱼、小黄鱼等较大鱼群。20 世纪 50 年代中后期开始，捕捞产量几乎年年增长。由于只重视产量，忽视资源保护，渔业资源遭到破坏，辽宁近海资源明显减少，渤海湾和黄海北部的小黄鱼、带鱼、鲅鱼几乎绝迹。

海参

## 2. 辽宁特色的海产品

### 海参

辽宁产的海参为刺参，也称"仿刺参"，主要生长在中国的北部沿海。刺参是海参中的极品，口感好，品质最佳，价格也最高。刺参含有人体所需要的营养元素50多种，蛋白质含量很高，18种氨基酸种类齐全，在8种人体必需氨基酸中有7种含量最高。刺参含有多种矿物质和微量元素，其中锌、硒、锗、钒、锰等人体生命活动中具有重要作用的元素，刺参比其他动物体内含量都高。此外，刺参还含有丰富的胶原蛋白，含有多种生理活性物质，是滋补效果极高的传统补品。

辽宁海参养殖是1962年开始的，当时辽宁省海洋水产研究所、大连水产学院的科技人员与金县、长海县水产科学研究所的科技人员一道，同生产单位工作人员共同研究试养海参。1974年，金县大地水产养殖场建造了人工育苗室，在大连水产学院师生的指导下，当年育出规格仔参33万头。1979年，辽宁刺参育苗单位已发展到6个，育出刺参苗80万头。进入20世纪80年代后，辽宁海参育苗技术已成熟，并快速发展，海参养殖也逐渐铺开。

进入21世纪，海参在辽宁已成为海水养殖产业的"拳头产品"，增养殖面积大，产量高，质量好。辽宁产的海参有"辽参"之美誉。

### 鲍鱼

鲍鱼学名"鲍"，"鲍鱼"只是人们的通俗叫法。辽宁产的鲍鱼是皱纹盘鲍，这是贝类中极为名贵的一种，享有"海味之冠"之美誉。皱纹盘鲍主要分布在中国江苏以北的黄海沿岸，在岩礁海底生活，具有个大、肉味鲜美的特点。

鲍鱼在古书上叫"鳆鱼"，是高蛋白、低脂肪、营养丰富的食品，同时还含有人体必需的微量元素和特殊生理活性物质；不仅是名贵的营养滋补品，而且还具有食疗和保健功能，有滋阴壮阳、改善视力、消除眩晕等多种功效。近代药理学研究发现，鲍鱼的提取物"鲍灵素"具有抗病毒和抑制某些肿瘤细胞生长的作用。

辽宁省的鲍鱼人工养殖从1958年开始，辽宁省海洋水产研究所在海上用育苗箱进行人工受精、孵化和采苗工作，同时也进行了养殖，并且成活率很高。1974年，首先培育出皱纹盘鲍苗。1977年，曾做过皱纹盘鲍和杂色鲍杂交育苗试验。同年，旅大养殖场在石庙苗种场，对鲍鱼进行了人工育苗和筏式养殖。1983年，金县满家滩乡在海底岩礁投放鲍鱼苗2万头，约60亩，长势很好。

1983年，旅大水产养殖公司石庙苗种场育出29.1万枚鲍苗，并进行小规模人工养殖试验获得成功。1986年，大连碧龙海珍品有限公司、大连水产研究所、大连水产养殖公司、旅顺口区铁山乡、金州区大孤山乡、长海县獐子乡、海洋乡和甘井子区凌水镇8个单位采取筏式笼养方法养殖鲍鱼。由于当年冬季温度过低，加上技术力量不足、管理不善等原因，只有大连碧龙海珍品有限公司获得成功。1987年，在扩大鲍鱼底播增殖规模的同时，部分单位继续进行鲍鱼浮筏试养，采用育苗室越冬的方法，室内鲍鱼越冬成活率达到98%。1989年，大连市水产研究所陆地工厂化养鲍成功，这是全国第一座工厂化养鲍场。1990年后，全地区鲍鱼养殖由试验阶段转入生产阶段，鲍鱼的海底增殖、海上筏式养殖和陆地工厂化养殖生产均得到发展。由于鲍鱼主要在大连地区养殖，故皱纹盘鲍也成为大连特产海珍品。

## 海带

海带是最常见、最广泛被食用的藻类。由于原产地是白令海峡及日本北海道等海区，故海带是冷水性的藻类。自1927年被引进中国大连后，海带逐渐适应了中国北方海区的生长环境。我国也只有辽宁和山东两省沿海适于海带生长，所以海带也是辽宁的特色产品。

海带是很有营养价值的食品，虽然蛋白质含量不高，但矿物质和微量元素都非常丰富，另外还含有大量膳食纤维。海带中富含营养物质海藻多糖，占海带藻体的56.2%；含有多种生物活性物质，有很高的食用、药用价值；海带含有较高的β胡萝卜素，有免疫功能，能淬灭自由基，抑制癌细胞的增长；碘在海带中含量也很高，有促进人体生长发育的作用。

1927年，大连地区养殖海带失败。1932年，日本人又从北海道将海带移植到大连，在养殖方法上进行了多次改革，最初是下筐和投石养殖。1940年，日本人大槻洋四郎在大连海区小面积进行海带筏式养殖试验，1944年取得了较好的产量。日军战败投降后，1946年3月，大连市政府接管了"关东州浅海株式会社"，继续从事海带和裙带菜试验研究和养殖生产。1949年，由于遭受台风袭击，海带养殖基础设施几乎全部被毁，仅在菱角湾一带存有200～300株海带。这一年也开始了"日"字形筏子养殖附苗试验。1950年8月，新中国第一代科技人员开始着手在老虎滩沿海等处试验海带下绳养殖法。1952年，海带养殖区逐渐扩大到金县、旅顺、长海县等海域。1953 年，大连利用浮筏进行海带人工养殖，这一新技术获得成功，海带浮筏养殖成为世界海藻养殖史上的重大突破和创举，产量比原来海底养殖提高 5 ～ 6 倍。之后，由于育苗和养殖方法都取得成功，海带养殖在大连也就广泛发展起来了。

## 裙带菜

裙带菜是可食用的大型海藻类，营养很丰富，而且蛋白质含量比海带高。在裙带菜中含有墨角藻胆固醇（岩藻胆固醇），可防止人体血液凝固、形成血栓，防止脑梗死或心肌梗死危及生命。裙带菜还可预防吸烟引起的尼古丁危害，同样也具有防癌、抗癌、防治高血压的作用。

辽宁的裙带菜来源于朝鲜半岛。1928 年，"关东州水产试验场"首次从朝鲜半岛的釜山移来裙带菜进行试养，未获成功。1934 年，该水产试验场再次从朝鲜黄海道采集裙带菜投放到大连老虎滩、菱角湾一带海域试养，获得成功。第二年，养殖的裙带菜蔓延到周边海区，生长十分繁茂。之后，日本殖民当局每年春秋两季都雇佣朝鲜妇女收割裙带菜。

1952 年，在大连市区寺儿沟、老虎滩、马栏河、黑石礁一带养殖海区的基础上，开辟了金县大孤山、旅顺口区龙王塘、长海县海洋岛等沿海新养殖区，采用投石、下绳等方法养殖裙带菜。1959 年，大连裙带菜人工养殖进入高潮期。1961 年，国家提出要充分利用好可养殖裙带菜的水域，并在养殖方法上提出裙带菜与海带轮养、间养。

裙带菜

20 世纪 80 年代，大连引进日本三陆、鸣门产裙带菜种菜，并在生产方式上全部改用筏式养殖，提高产品的产量和质量，其盐渍裙带菜已达到出口标准，开始销往日本市场。"六五"期间，裙带菜人工育苗技术广泛推广。1997 年，大连水产养殖公司和大连水产学院合作开发了裙带菜全人工常温育苗生产，之后裙带菜养殖在辽宁大连地区海域广泛推广。

裙带菜和海带一样，也是喜低温的藻类，主要在辽宁、山东海域生长，而大连地区是裙带菜最好的生活海域。

### 虾夷扇贝

虾夷扇贝是扇贝类的一种，个体大，味鲜美，是 1982 年由日本引进的。由于虾夷扇贝是喜低温的种类，故目前国内主要集中在大连沿海生产。可以说在中国，虾夷扇贝是辽宁的特有海产。

扇贝也是高蛋白、低脂肪的水产品，并含有丰富的矿物质和微量元素。扇贝可以鲜食，也可以吃干品。鲜食肉味鲜嫩，干食主要是吃其"闭壳肌"，通常称其为"干贝"。干贝是中国传统"海八珍"之一，与海参、鲍鱼等齐名。用虾夷扇贝加工而成的干贝，肉柱较大，是干贝中的上品。

从 1983 年起，分别在大连市区黑石礁、长海县大长山、獐子岛、海洋岛等地沿海进行虾夷扇贝筏式养殖和底播增值试验，获得成功。1984 年，开始第二代亲贝育苗，获得成功，分别投放在金县大孤山、董家沟、大李家乡和长海县海洋乡、獐子乡、大长山乡、小长山乡、广鹿乡、王家乡等沿海养殖，其中长海县虾夷扇贝苗播于海底，进行增殖生产。之后，经过多年试验，确定长海县沿海是虾夷扇贝增养殖比较理想的海域。进入 20 世纪 90 年代，引进的虾夷扇贝已在长海县海域"扎根落户"，成为辽宁的一大特产。

### 文蛤

文蛤是中大型的食用双壳贝类。体大肉肥，肉味非常鲜美，享有"天下第一鲜"之美誉。文蛤容易保鲜保活，离水后在低温湿润环境中可以干露存放 2 ～ 3 天以上，适于运输和保存，是国内外市场上都非常受欢迎的海鲜。

虾夷扇贝　　　　　　　　　　　　　　　　　　　　　　　文蛤

文蛤喜欢在近河口的沙泥质环境中生活，主要分布在中国北方沿海。文蛤不仅肉味鲜美、营养丰富，而且富含不饱和脂肪酸中的二十碳五烯酸（EPA）和二十二碳六烯酸（DHA），可预防因血液凝聚而造成的微小血管堵塞和中风。文蛤中的牛磺酸含量也很丰富，对儿童和老年人的身体健康都很有促进作用。

辽宁沿海文蛤的分布面积很大，泥沙质海滩几乎都有分布，其中以盘锦的蛤蜊岗资源量最多，以盛产文蛤驰名。

## 菲律宾蛤仔

菲律宾蛤仔是小型的双壳贝类，分布面很广，主要分布于中国的北部和中部沿海，是辽宁沿海滩涂养殖的重要种类。

菲律宾蛤仔肉嫩味鲜，营养也非常丰富，具有保护肝脏、治疗因暴饮暴食而引起的消化不良等功效。常吃菲律宾蛤仔可以补锌，预防贫血，对伤病后的身体恢复也可以起到很好的食补与食疗作用。

菲律宾蛤仔在辽宁沿海滩涂分布很多，主要生活在潮间带和几米深的浅海，喜泥沙质、沙质海滩。

据历史资料查考，1925—1926年，日本统治当局的水产试验场，曾从外埠引进菲律宾蛤仔苗投放在旅顺港内进行试养，由于泥沙淤埋没有成功。之后又在老虎滩进行试养，获得良好效果。

辽宁的菲律宾蛤仔生产早年一直无人管理，酷捕滥采严重，直到1957年才开始实行划区、分片管理，确定管养使用权限。后由政府颁发证明，实行统一管养，有计划地采捕。1958年，庄河县石城岛、东沟县大鹿岛、金县大连湾及大连香炉礁移植菲律宾蛤仔。大连地区为扩大养殖面积，采集菲律宾蛤仔种苗180.5千克，在8月移植马栏河口外滩。"文化大革命"期间，管养机构解散，滩涂贝类资源又一次遭到破坏。1978年党的十一届三中全会后，恢复了滩涂贝类管养机构，逐步建立了有关规章制度和管养措施，滩涂贝类养殖再次得以发展。

20世纪80年末到90年代初，由于港养对虾迅速发展，损坏了一些菲律宾蛤仔养殖滩涂，对滩涂养殖有所冲击。20世纪90年代中期，研究成功菲律宾蛤仔土池育苗技术，解决了养殖苗种不足问题，进一步推动了菲律宾蛤仔的养殖生产。

## 对虾

辽宁沿海的对虾学名是"中国对虾"。中国对虾分布很广，中国沿海都有分布，也分布于朝鲜半岛和日本岛沿海。在中国，也有"大虾""肉虾""对虾""明虾"和"东方对虾"等名称。由于对虾雌体成熟后发青色，故也称"青虾"；成熟雄对虾身体发黄色，也称之为"黄虾"。

中国对虾在国内的主要分布区是黄海、渤海，辽宁、山东、河北省和天津市是中国对虾的主要产区。

"对虾"之名的由来，还有一点说道。由于对虾的个体大，过去在市场上出售时不是论斤卖，而是论个卖。煮熟的两只对虾首尾相对插在一起出售，故称其为"对虾"。

辽宁省的对虾养殖起源于 19 世纪纳潮养殖。之后在 20 世纪初的 1912 年，营口钱慕韩等商人与奉天省渔业总局合股集资，试办奉天水产养殖有限公司，在德胜门外西炮台附近经过修港、挖沟、筑堤、修筑闸门，春季纳潮后，进行自然放养，秋季放水捕捞。

1973 年，丹东市水产试验站和东沟水产管理站在北井子镇用亲虾在网箱、土池子育出虾苗，开始人工养殖。同年，营口市水产研究所和营口市郊区拦海养殖场，先后用 4 对亲虾进行人工繁殖试验。虽然当时没有成功，但丹东市和营口市对虾人工育苗试验，拉开了辽宁省人工养虾的序幕。至 1985 年，辽宁人工养殖对虾已遍布沿海 6 市 18 个县（区），养虾面积发展到 25.9 万亩，产量达 12 034 吨。

1993—1994 年，我国沿海普遍爆发了对虾流行性病害。辽宁省也受害严重，兴旺一时的养虾生产遭受重创，辽宁省的港养对虾只得另辟新径。

## 多宝鱼

多宝鱼学名为"大菱鲆"，原产于欧洲北部海域，具有生长快、肉质肥美的特点，深受国际市场欢迎。辽宁沿海养殖的多宝鱼都是从外地引进的。大连地区于 1997 年从丹麦引进 700 尾大菱鲆（多宝鱼）鱼苗，1999 年又从蓬莱购进 5.9 万尾鱼苗。葫芦岛市的引进主要是 1999 年从山东购进的鱼苗。2000 年，辽宁解决了大菱鲆的人工育苗问题，大菱鲆工厂化养殖在辽宁发展起来，主要养殖区域在葫芦岛、大连等地，通过海边打盐水井进行工厂化养殖。2001 年初，葫芦岛市提出在葫芦岛兴城市曹庄镇建立葫芦岛市盐水工厂化水产养殖科技园区项目，2002 年经辽宁省人民政府批准，成为辽宁省首批 39 个现代农业园区中唯一的渔业园区，并由此带动了葫芦岛市绥中、龙港多宝鱼养殖业的发展，其生产的多宝鱼远销深圳、广州、上海、北京、天津、沈阳、哈尔滨、郑州、长沙等地，并经广州转销到香港，产品供不应求。到 2005 年底，入园养殖的业户已达 112 户，养殖面积达 19 万平方米，带动葫芦岛市海水工厂化养殖面积达到 32 万平方米。到 2009 年，葫芦岛市多宝鱼工厂化养殖发展到 11 个乡镇，养殖面积 80 万平方米，总投入 6.76 亿元，年产商品鱼 16 200 吨，占辽宁全省 90% 以上；我国内约有 1/3 的产量来自葫芦岛市。葫芦岛市的多宝鱼养殖也成为辽宁的一大亮点。

## 3. 海洋捕捞的发展

辽宁海洋渔业历史悠久，可追溯到公元前 3000 至前 2500 年以前。大连市瓦房店长兴岛东部的三堂村遗址出土文物中发现的网坠，为我们提供了佐证。这说明，我们的祖先在那时起就开始了向海求渔的生产活动。

在漫长的封建社会发展时期，由于受到生产力发展水平的制约，渔业发展缓慢。但据考证，清代辽宁地区已出现了人工养殖海水鱼、虾的养殖生产，并且先后在奉天（沈阳）成立了渔业局和建立了水产学校。那一时期裆网、推虾网、小拉网、单钩钓等渔具相继出现，又有了樯张网、亮网、单船风网及挂网等捕鱼工具。当时风网是网具中最先进的，多时一网捕捞 50 余吨，有"一网千金"之说。

1948 年，辽宁地区进行了土地改革，废除了船网主和封建"把头"制度，渔民分得渔船、网具，渔民由自愿互助开展捕捞生产，发展成为渔业互助合作生产，机械化捕鱼能力有所提高，网具革新也有很大进展。但到了 1966—1975 年，由于渔业管理失控，出现了盲目造船、增网的状况。1975 年，辽宁省海洋捕捞机动船达到 2961 艘、总功率 117 306 千瓦。虽然总产量增加，但单产下降，经济类鱼、虾占总产量比例下降。改革开放后，渔业生产也开始调整和改革，政府加强了对水产资源的保护，增加围网，减少拖网，取缔损害幼鱼的网具等。1984 年，辽宁大部分渔户实行了不同形式的联产承包责任制。到 1985 年，辽宁省从事海洋捕捞的机动渔船有 8742 艘，非机动船 3200 艘，年捕捞量 38.51 万吨，比 1975 年增加 1.66 万吨。

从 1985 年到 1995 年，辽宁省年捕捞产量从 38.51 万吨猛增到 91.1 万吨，10 年间增量达到 52.59 万吨，平均每年增加速度为 26.7%。到 1998 年达到最高值 160.6 万吨，是 1985 年的 4 倍多。因此这段时期内海洋捕捞业发展过快，整个捕捞业的发展存在失控的趋势，对渔业资源的破坏明显。虽然产量逐年增加，但大部分是以捕捞鱼类向低龄化、低级的食物链鱼类转变为代价，对渔业的再生能力造成了很大的破坏。

进入21世纪以后，可持续发展、科学发展成为全社会各个领域在加快发展的同时共同追求的目标。这一期间，辽宁省海洋捕捞产量（不计远洋捕捞）一直维持在130万吨左右，2012年下降至100万吨左右。

### 远洋捕捞

起步于1985年的中国远洋渔业，保持着持续快速发展。2010年，全国远洋捕捞水产品总产量达到111.61万吨，辽宁省为16.2万吨。鱿鱼、金枪鱼等品种成为国内消费市场上的重要补充。

发展远洋渔业是争取海洋渔业权益、参与国际渔业资源分配的需要，也是优化辽宁省渔业结构，减轻国内近海捕捞强度，带动加工、贸易、运输、渔需物资等相关产业发展，加速现代渔业进程的必然选择。截至2010年，辽宁省全省获得国家批准远洋渔业资格企业19家，执行20个远洋渔业项目，派出远洋渔船187艘，捕捞区域涉及西非六国、印度尼西亚、阿曼、斐济、乌拉圭、阿根廷等南太平洋、北太平洋、印度洋及西南大西洋16个国家和地区的海域。辽宁省将进一步加快远洋渔业产业化步伐，促进渔业经济持续稳定发展。

### "辽渔集团"远洋公司

"辽渔集团"是辽宁省大连海洋渔业集团公司的简称，涉及海洋捕捞、港口运输、鱼品加工、物资供应、水产品交易、冷冻冷藏、国际贸易、船舶修造等产业领域，号称"中国渔城"。其中远洋公司是其下属三个捕捞公司之一。到2012年，远洋公司固定资产原值为4222万元、净值271万元；船舶2艘，租用大型拖网船1艘，计10 635总吨、3217净吨，主机功率9118千瓦。另有在境外与摩洛哥合资经营的8154型和8174型渔轮8艘。全年捕捞总量25 316吨，加工产品25 316吨，实现产值8989万元。值得一提的是，"辽渔集团"是辽宁省第一个走出国门、开展远洋捕捞作业的企业。

### 长海县的远洋渔业

"十一五"期间，长海县在压缩沿岸捕捞生产规模的同时，不断发展壮大远洋渔业，远洋渔船达到 94 艘，远洋渔业企业两家、渔业项目三个，在国外建立了远洋渔业生产基地，提高了全县远洋渔业整体实力，在全国县级中名列首位。到 2010 年末，长海县全县海洋捕捞产量完成 21.1 万吨，海洋捕捞实现产值 15.1 亿元，分别是"十五"末期的 1.2 倍和 1.5 倍。

**丹东的远洋渔业**

2011 年 5 月 19 日上午 10 时，东港市大平渔港码头一派热闹景象，8 艘远洋捕捞渔船有序地驶离码头，奔赴新开辟的西非科特迪瓦海域。这是丹东市落实辽宁省海洋与渔业工作会议精神，实施渔业"走出去"战略，调整捕捞结构，发展远洋渔业的新举措。

东港市大平渔业集团有限公司的这 8 艘远洋捕捞渔船，经国家农业部渔业局批准执行远洋作业，每艘船功率 600 千瓦，载重量 260 吨；船上配有比较先进的水产品加工、包装和冷藏设备。

## 4. 辽宁渔港

辽宁省为中国主要的渔业大省，共有各类渔港 218 个，分布于丹东、大连、营口、盘锦、锦州、葫芦岛 6 个沿海城市，其中国家级渔业基地 2 个，国家中心渔港 6 个，国家一级渔港 18 个。

**大连湾渔港（国家级渔业基地）**

大连湾渔港为辽宁省大连海洋渔业集团公司渔业基地，坐落在大连市甘井子区大连湾街道，始建于 1960 年，先后由农业部总投资 1.3 亿元人民币。现建成水域面积 120 万平方米，陆域面积 600 万平方米。每年进出港各类船舶数量 80 000 艘左右，港内可停泊渔船600 艘，渔港年吞吐量达 2000 万吨。港内供水、供油、加冰、修造船厂等配套设施齐全。大连湾渔港 1990 年经农业部确权公布为国家级渔业基地。

**大连杏树渔港**

杏树渔港为大连市新建的中心渔港，坐落在大连市金州区杏树街道，始建于 2005 年，由农业部、大连市政府、金州区政府、大连杏树港务集团有限公司共同出资 2.6 亿元人民币开发建设。规划建成水域面积 170 万平方米，陆域面积 170 万平方米。港区规划建设渔

停泊在大连湾渔港的渔船（CFP供图）

业码头、客货码头、成品油码头、水产品加工仓储物流、水产品交易、修造船、油品仓储、综合服务八个功能区。2007 年 6 月经农业部批准为国家级中心渔港。

## 董砣子渔港

　　董砣子渔港坐落在大连市旅顺口区董家村，始建于 1987 年，扩建于 1997 和 2004 年，由农业部、大连市政府、地方企业总投资 5093 万元人民币。现建成水域面积 78 万平方米，陆域面积 23 万平方米。每年进出渔港船舶数量 3000 艘左右，港内可供停泊渔船 2000 艘，渔港年吞吐量达 8 万吨。港内供水、供油、修造船厂等配套设施齐全。董砣子渔港 2004 年被农业部确定为国家级中心渔港。

### 将军石渔港

将军石渔港为国家级中心渔港，坐落在大连瓦房店市西杨乡。1962年，地方政府投资20万元修建。2005年10月，国家投资2900万元、地方配套3009万元进行一级渔港项目建设，2007年10月竣工。2009年又投资5927万元，对渔港进行扩建改造，升级为国家中心渔港，工程于2011年完工。

### 营口渔港（国家级渔业基地）

营口渔港位于营口市西市区，地处渤海湾东端，是国家级渔业基地。1956年，国家投入15万元始建；2001年，国家投资140万元，地方投资950.6万元扩建。目前港区水域面积2.2万平方米，其中内港池0.8万平方米，外港池1.2万平方米；陆域面积4088万平方米，其中卸鱼场0.61万平方米。港池抗风能力10级，可停泊50吨以下渔船130余艘，50吨以上渔船40余艘。现有码头长度317米，岸线长度550米。

### 锦州中心渔港

锦州中心渔港为辽宁省中心渔港，坐落在锦州经济技术开发区小笔架山，始建于2003年，由农业部、锦州市海洋与渔业局总投资5100万元人民币建设。现建成水域面积22万平方米，陆域面积10万平方米。每年进出渔港船舶数量3000艘左右，港内可停泊渔船200艘，渔港年吞吐量达30万吨。港内供水、供油、修造船厂等配套设施齐全。

## 5. 水产养殖与海洋牧场

辽宁省濒临黄海和渤海，海岸线长2110千米，占全国海岸线长度的12%，近岸海域面积约1亿亩。2011年，辽宁省农林牧渔总产值为1196.5亿元，其中养殖业（海水）总产值达到505亿元；养殖产量243.5万吨，年均增长9%；养殖面积75.1万公顷。由2013年公布的统计数据可知，全年水产品产量（不含远洋捕捞）486万吨，比上年增长5.6%。其中，淡水产品产量93.9万吨，增长5.1%；海水养殖284.1万吨，增长7.8%。扇贝、海参、海蜇、裙带菜养殖面积为全国最大；鲍鱼、海胆、牡蛎等品种养殖居全国前列。

## 精品养殖

进入 21 世纪以后，辽宁省坚持多手段、多途径、多方式，不断创新养殖品种和养殖模式，推进精品渔业迅速发展。养殖品种主要包括海参、鲍鱼、海蜇、对虾、杂色蛤等。其中发展最快的是海参养殖，已经推广至全省 6 个沿海市，养殖方式主要有传统底播养殖、池塘养殖及工厂化养殖，显现出周期短、投资少、经济效益高的优势。

## 工厂化养殖

设施渔业作为渔业养殖新的生产方式，在辽宁省得到全面推广，渔业工厂化养殖面积和产值不断提高。

辽宁省各地大力发展工厂化大棚养殖，推进传统渔业向现代渔业转变。2011 年辽宁省工厂化养殖已达 277 万立方水体，产量达到 4 万吨。大连市继续走在全省前列，新增工厂化养殖面积 15 万平方米，总规模达 55 万平方米；瓦房店市工厂化面积近 20 万平方米，较上年翻一番多；葫芦岛市工厂化养殖达 20 万平方米，比上年增长 1.6 倍。

## 海洋牧场

按照《辽宁省现代海洋牧场建设规划（2011—2020）》，辽宁省于 2011 年启动 "1586" 工程，即围绕现代海洋牧场建设这一目标，力争实现资源修复、耕海牧渔、种质保护、环境改善、科技先导五大功能；建设 8 个核心区；实施苗种基础设施建设、海洋牧场关键技术研究、水生生物增殖放流、人工鱼礁建设、近海生态立体增养殖、近岸综合养殖开发六大项目；优先建设 14 处现代海洋牧场先导示范区。将辽宁省近海建设成为经济品种资源量达到历史较高水平，海洋环境得到极大改善，海洋水域得到综合利用，特色品种成为各地主要支撑，建设技术位于亚洲前列，海洋渔业相关行业兴旺繁荣，渔村和谐稳定，领先全国、示范同行的现代海洋牧场。

"1586" 工程分两个时间段实施。2011 年至 2015 年，建设苗种基础设施 246.1 万立方米，增殖放流经济品种 262.8 亿个（只、尾），投石 1049.5 万立方米，投放水泥框架预制件礁体 27.38 万个，底播海珍品 116.6 万亩，标准化港养池塘 48.9 万亩，贝类滩涂养殖 47.3 万亩，浅海浮筏养殖 23.3 万台，海水网箱 1.2 万个。2016 年至 2020 年建设苗种基础设施 118.3 万立方米，增殖放流经济品种 270 亿个（只、尾），投石 40 万立方米，投放水泥框架预制件礁体 5.3 万个，新增底播海珍品 23.3 万亩，新增标准化港养池塘 5 万亩，新增贝类滩涂养殖 8.5 万亩。

## 6. 休闲渔业的兴起

休闲渔业是全球旅游业中非常受欢迎的一种休闲旅游方式，在发达国家有非常广阔的市场。具体包括休闲度假、自然和渔业观光等内容。近年来，随着生活水平的不断提高，休闲渔业这一新兴产业开始走进中国人的生活。辽宁有着漫长的海岸线和得天独厚的海岸自然景观，为休闲渔业的开展提供了便利条件。各地方政府为改善渔业生产环境和传统的生产方式，拉动地方经济的发展，对休闲渔业项目的建设给予了大力支持。东起丹东市，西至葫芦岛市，渔家风情村、民俗文化村和"海上人家"水上餐厅等特色旅游产品逐渐形成了一定规模。

### 长海县国际钓鱼节

辽宁省大连市长海县利用其地理优势，提出了"钓鱼搭台，经贸唱戏"，连续多年举办钓鱼节活动，形式丰富多彩，吸引了众多国内外宾客来海岛参加钓鱼比赛，进行旅游观光、经贸洽谈，品尝"海味美食一条街"的各种风味，带动了经济发展。为确保休闲渔业项目顺利实施，保证游客的生命财产安全，长海县政府将休闲渔业船舶纳入渔业安全管理序列，鼓励渔民转产转业，发展旅游行业，制定下发了《长海县渔业休闲船舶管理办法》。全县已有百余艘渔船办理了休闲渔业船舶证书，为休闲渔业旅游项目顺利实施提供了船只和安全上的保障。

### 旅顺渔人节

每年的农历正月十三是旅顺口区沿海渔民传统的祭海节日。为了弘扬渔民崇尚大海，祈福平安的民俗传统，旅顺口区在北海街道北海村举办以"发展海洋经济，繁荣海洋文化，保护海洋生态，促进海洋文明"为主题的渔人节。大海岸边鞭炮齐鸣，渔民们载歌载舞，用古老传统的方式祭典大海，祈求风调雨顺，鱼虾满仓。

活动包括三项内容：一是向北海海域、铁山海域投放了体长 6 公分以上的褐牙鲆鱼苗60 万尾，丰富旅顺海域的生物资源；二是在铁山街道举办"海上看旅顺"摄影展活动，展出全区摄影爱好者的摄影作品近百张；三是在主会场北海村举办文艺晚会。

# 7. 水产品加工与交易

## 水产品加工业的发展

2011年，辽宁省水产加工企业876个，其中具有一定规模的加工企业360家。全省年水产加工能力249万吨，拥有冷库828座，日冻结能力6.9万吨，冷藏能力65.6万吨／次，日制冰能力1.9万吨。全省水产加工品总量达到197万吨，实现产值250.3亿元。

辽宁省水产品加工业发展的显著特点是"海多淡少"，即海水加工品所占比重很大，占水产加工品总量的98%以上，而淡水加工品不足2%。其中大连市的加工品产量约占全省的70%，丹东市约占全省的16%。

辽宁省于2008年制定了全省推进渔业加快发展三年规划，全省水产加工业得到了空前发展：

生产规模迅速扩大，精深加工能力进一步提高。速冻食品、仿生合成食品、休闲方便食品、风味调味食品、营养功能食品等新兴水产品精深加工产品开发力度增强，海参、藻类、贝类等地方优势产品的精深加工和综合开发，带动了产品结构的调整和渔业品牌战略的实施，品牌效益日益显现，产品竞争能力进一步提升。新增龙头企业150家，新增年产值超亿元企业10家，新增出口及通过各类认证企业60家，新增国家各类名牌产品13个，产品质量国际化程度不断提高。高品质、高效益、高知名度的名牌产品在国际市场深受欢迎，产品的市场竞争力大幅提升。全省水产品出口创汇连续三年保持在16亿美元，占全省农业出口创汇的50%以上。

## 水产品的出口贸易

辽宁省水产品贸易近年来呈快速增长态势。2011年，全省全年水产品实现对外贸易总量155.06万吨、38.49亿美元。其中：出口水产品67.86万吨、23.75亿美元。水产品出口额占全省大农业出口总额一半以上，居大宗农产品出口首位；水产品进口87.2万吨、14.74亿美元。

## 水产品出口主要市场

辽宁省水产品出口主要市场为日本、美国、韩国、欧盟等国家及地区。2011年，辽宁省对日本出口水产品15.24万吨、6.44亿美元；对美国出口11.79万吨、5.07亿美元；对欧盟出口 10.87 万吨、3.94 亿美元；对韩国出口 12.38 万吨、3.11 亿美元；对巴西出口 6.36 万吨、1.7 亿美元。其中对日本、美国出口较平稳，而对韩国和巴西出口量及金额有较大幅度的增长。

## 水产品出口主要品种

冻鱼、藻类、冻鱼片及鱼肉、干盐制品、加工制品、软体及水生无脊椎动物出口呈现不同幅度增长。根据 2011 年统计数据：冻鱼出口 8.04 万吨、9358 万美元；藻类出口 1.16 万吨、6076 万美元；冻鱼片及鱼肉出口 31.14 万吨、11.12 亿美元；干盐制品出口 3.98 万吨、1.69 亿美元；加工制品出口 8.81 万吨、4.8 亿美元；软体及水生无脊椎动物出口 13.27 万吨、3.79 亿美元。

## 水产品出口主要地区

辽宁省水产品出口主要集中大连、丹东两市。2011 年，大连出口 52.93 万吨、19.67 亿美元；丹东出口 13.82 万吨、3.64 亿美元。两市出口总量、金额分别占全省出口总量、金额的 98.4% 和 98.1%。

得天独厚
航运事业扬帆远航

## 1. 星罗棋布的港口

在辽宁众多的海岸和海湾中，分布着许多优良的港址资源，这些港址和海岸线资源为辽宁海洋交通运输业的发展提供了优越的资源条件。目前，辽宁海岸带地区已经形成以大连为中心，东起丹东、庄河，西到营口、锦州的5个较大港口群体，辽宁沿海约2110千米的海岸线上分布大小人工港18处，自然港44处。主要港口有大连港、营口港、鲅鱼圈港、丹东港、大东港、葫芦岛港、盘锦港等。未来大连港将成为具有核心竞争力的国际主枢纽港和东北亚重要的国际航运中心；营口港将建成国家级沿海主枢纽港；锦州港、丹东港将建成区域性重要港口；葫芦岛港、盘锦港将建成地方性重要港口。

### 大连港

大连港地处辽东半岛南端的大连湾内，位居西北太平洋的中枢，是正在兴起的东北亚经济圈的中心，也是该区域进入太平洋，面向世界的海上门户。港口港阔水深，不淤不冻，自然条件非常优越，是转运远东、南亚、北美、欧洲货物最便捷的港口。港口自由水域346平方千米，陆地面积10余平方千米；现有港内铁路专用线150余千米，仓库30余万平方米，货物堆场180万平方米；拥有集装箱、原油、成品油、粮食、煤炭、散矿、化工产品、客货滚装等80多个现代化专业泊位，其中万吨级以上泊位50多个。

2003年，党中央、国务院实施了东北地区等老工业基地振兴战略，提出把大连建设成为东北亚重要的国际航运中心。大连港作为国际航运中心的核心和旗舰，开始了新一轮港口基础设施的建设。目前，在大连从大窑湾至老虎滩近百千米的海岸线上，平均每4千米就有一座港口，共有生产性泊位196个，其中万吨级以上泊位78个，专业化泊位78个，港口通过能力达到2.4亿吨，初步形成了布局合理、层次分明、分工明确的现代化、专业化、集约化港口集群。大连的沿海也因此成为中国港口密度最高的"黄金海岸"。

航拍大连港大窑湾港区（CFP供图）

　　大连港拥有目前全国最大、最先进的 30 万吨级原油码头和 30 万吨级矿石码头。原油码头现有原油储罐 38 座，共 275 万立方米；成品油储罐 39 座，储存能力 36.8 万立方米；液体化工品储罐 24 座，6.64 万立方米；总储存能力达到 318.4 万立方米。

　　大连港杂货码头拥有遍布大连市区的大连湾、大港、香炉礁、黑嘴子四个作业区。共有陆域面积 4 平方千米，生产泊位 37 个。其中 5 万吨以上泊位 8 个，煤炭专用泊位 1 个，滚装泊位 3 个。码头拥有仓库、堆场面积 195 万平方米。滚装泊位承运大连至烟台、大连至蓬莱的客运滚装服务。大连港杂货码头已和世界上 40 多个国家和地区的 120 多个港口建立了经贸航运往来关系。

　　大连港是中国东北最重要的集装箱枢纽港，拥有国际国内集装箱航线 74 条，航班密度为 300 多班／月，东北三省 90% 以上的外贸集装箱均在大连港转运。2012 年，大连港以 806 万标准箱的吞吐量，位居全球前二十大集装箱港口排行榜中第 17 位，以 25.9% 的增速遥遥领先全球各大港口。

　　大连港也是中国最大的海上客运港，现有客货滚装专业泊位 14 个，开辟了大连至烟台、威海、天津及长海县诸岛 4 条国内客运航线和大连至韩国仁川的国际航线，每天进出港航班 25 ～ 28 个，年旅客接送量 600 多万人次，滚装车辆 50 多万辆。先后接待过"斯特丹姆"号、"寰球"号、"蓝宝石公主"号、"七海水手"号等国际豪华邮轮，每年平均接送国际游客 2.5 万余人次。

## 营口港

营口港是东北沿海最早形成的现代港口，是辽宁沿海经济带上的重要港口，位于环渤海经济圈与东北经济区的交界点，是距东北三省及内蒙古东四盟腹地最近的出海口，其陆路运输成本较周边港口相对较低，具有非常明显的区位优势。营口港是中国东北地区最便捷的出海口之一，也是中国所有沿海地区 20 个主要港口之一，现辖营口、鲅鱼圈和仙人岛三个港区，陆域面积 20 多平方千米，共有包括集装箱、滚装汽车、煤炭、粮食、矿石、大件设备、成品油及液体化工品和原油 8 个专用码头在内的 61 个生产泊位，最大泊位为 20 万吨级矿石码头和 30 万吨级原油码头，集装箱码头可停靠第五代集装箱船。2007 年，营口港成为中国沿海第 10 个亿吨港口，2011 年吞吐能力突破 2.6 亿吨。

营口港的集装箱航线已覆盖沿海主要港口，并开通了赴日本、韩国和东南亚等国家和地区的十几条国际班轮航线和多条可中转世界各地的内支线。2011 年，营口港的集装箱吞吐量已超过 400 万标准箱。

营口港已同 50 多个国家和地区的 140 多个港口建立了航运业务关系。装卸的主要货种有：集装箱、汽车、粮食、钢材、矿石、煤炭、原油、成品油、液体化工品、化肥、木材、机械设备、水果、蔬菜等。每周两班往返于营口港和韩国仁川港之间的豪华邮轮"紫丁香"号，开辟了营口港第一条国际客运航线。

营口港交通便捷，沈大高速、哈大公路沿港区而行，长大铁路直通码头前沿。现已开通营口港至哈尔滨、大庆、长春、德惠、公主岭、四平、松原、佳木斯、牡丹江、绥芬河等二十多条集装箱班列专线和经满洲里直达欧洲、经二连浩特直达蒙古国的国际集装箱专列。

## 丹东港

丹东港现辖大东（海港）和浪头（河港）两个港区，共有生产性泊位 19 个，年吞吐能力 4000 万吨，拥有堆场面积 500 万平方米，航道水深 9 米。目前已与日本、朝鲜、韩国、俄罗斯等 50 多个国家开通了散杂货、集装箱和客运航线。

### 葫芦岛港

葫芦岛港位于辽东湾西北部葫芦岛半岛上，西南距秦皇岛港 90 海里，东距营口港 60 海里。全港以防波堤为界，分为内外两港。港区面积 2 平方千米，水深 7～9 米，港阔水深，夏避风浪，冬微结薄冰，为中国北方理想的不冻良港。

葫芦岛港背靠沈山铁路及葫芦岛支线，并有锦葫公路与沈山公路相连，交通便利，是东北与华北的海上咽喉。葫芦岛港始建于 1918 年，该港开发历史悠久，战略地位重要。现有生产泊位 4 个，其中万吨级泊位 2 个，5000 吨级泊位 2 个，年综合吞吐能力达百万吨以上，是一个以运送石油化工产品、粮食和建材为主的杂货港。这里的货物营运业务延伸至上海、广东、福建等地的国内主要港口。

### 锦州港

锦州港位于锦州湾内大笔架山西侧，主要出口成品油、玉米、高粱、豆粕和木材等货物。目前有一个杂货码头，长 217 米。在码头东南方有一防波堤，从防波堤向西北 250 米内为有效水深。进出口航道宽 8 米，水深 8.2 米。锦州港有两个锚地，第一锚地水深 9 米，为货轮锚地，距港口约 7 海里；第二锚地水深 11 米，为油轮锚地，距港口 24 海里。

## 2. 历史悠久的造船业

辽宁省的船舶制造业主要布局于大连市，辽宁省船舶制造业的发展从某种程度上也可以说是大连船舶制造业的发展。另外，葫芦岛、营口也云集了一些中小型造船企业。

### 大连市船舶工业的地位

大连地区是中国重要的船舶工业基地之一，党中央、国务院对发展大连船舶工业十分重视。2003 年 5 月，温家宝总理视察辽宁期间，就加快辽宁老工业基地调整和振兴问题指示："使东北特别是辽宁成为国家乃至世界装备制造业和重要原材料供应的基地，船舶工业是装备制造业的一个重要行业。"国家拟将环渤海湾地区、长江口、珠江口规划成为中国三大造船基地，搞好大连市船舶工业是实现我国争创世界第一造船大国战略目标的需要。

## 大连市船舶工业发展现状

大连是中国北方重要的造船基地，素有我国造船业"半壁江山"之称，是国内 10 万吨级以上大型船舶和海洋工程的制造基地。目前，拥有比较有规模的造船总装厂 4 个，修船厂 13 个，造船配套企业 20 余个。大连新船重工有限公司和大连船舶重工集团有限公司共有 30 万吨级船坞 2 座，10 万吨级船台 1 座，6 万吨级和 3 万吨级船台各 1 座，主要以建造原油轮、成品油轮、化学品油轮、散货船、多用途船、大型集装箱船、滚装船、海洋工程船等为主，现有造船能力约为 270 万载重吨，造船产量占全国北方造船总量的 80% 以上，占全国造船总量的 21.4%。大连建造的船舶已出口到包括希腊、挪威、丹麦、美国、英国等在内的 30 多个国家和地区，出口吨位 600 多万载重吨，创汇 30 多亿美元。

## 大连在共和国造船史上创下的数个"第一"

大连船舶重工集团有限公司是国内最早建造 10 万吨级以上船舶和出口船舶的企业，是国内唯一拥有从千吨级、万吨级、3 万～ 10 万吨级直至 30 万吨级各级船舶专用建造设施的船厂，可以满足从驳船、拖船、渔船、军用船到货船、集装箱船、化学品船、滚装船等各类别船舶，以及 FPSO[1]、自升式钻井平台、半潜式钻井平台等各类海洋工程装备的全系列建造需求。从 20 世纪 50 年代中国第一艘万吨轮、60 年代第一艘两万吨油船、70 年代第一艘导弹驱逐舰、80 年代第一艘出口船、90 年代第一艘超大型油轮，直到 21 世纪第一座深水半潜式钻井平台、第一首航空母舰试验平台，该企业在创造中国造船 60 多个"第一"产品并带来无数荣耀的同时，也给快速发展的世界造船业带来惊喜，被誉为"中国造船业的旗舰"，是国内首家跻身世界造船十强的企业。

## 辽宁省其他地区的船舶工业

辽宁省境内的其他造船厂，应首推葫芦岛的渤海船舶重工有限责任公司（原辽宁渤海造船厂）。中国第一艘核潜艇就诞生在这里，同时也可建造油船和集装箱船。该厂的 30 万吨级船坞 2007 年正式投入使用，并成功建造了首艘 29.7 万吨级超大型油轮，这是该厂为南京长江油运公司建造的四艘大型油船中的第一艘。另外，在丹东、营口等地也分布着一些中小型造船企业，如宽甸满族自治县鸭绿江船舶修造厂、丹东煜阳玻璃钢游船厂、东港市的丹东大宇船厂、营口的辽宁船舶工业园（原营口渔轮厂、营口造船厂的基础上扩建而成），等等。

---

1　即浮式生产储油卸油装置。

## 1. 盐业发展历程

辽宁黄渤海地区是中国北方著名的盐区，尤以大连营口地区为盛。其地理环境优越，海岸滩涂广阔，滩性土质优良，同时少雨、多晴，气温较高，又靠近工业城市与经济开发地带，水陆交通便利，海盐生产条件得天独厚。

辽宁地区海水制盐历史悠久，早在公元前646年的春秋前期（东周襄王三年），夙沙氏开创煮盐法后，煮盐技术就传入辽东燕地，《管子·海王篇》载："燕有辽东之煮。"这种煮盐之法就是用铁皿盛海水，用柴薪烧皿煎熬制盐。而在内地，则采取"开井取咸泉"，蒸煮成盐之法。据《华阳国志·蜀志》记载：秦孝王时期的蜀郡守李冰在四川广都成功开凿出中国第一口盐井，汉武帝时，广都已有盐井20余口。唐代采盐十分兴盛，杜甫曾有诗云："霜露晚凄凄，高天逐望低。远烟盐井上，斜景雪峰西。"《博物志》中记载诸葛亮任蜀相时，曾用天然气制盐。辽南地区制盐业自春秋时期一直延续到辽代，其制盐之法历经1600多年几乎没有太大变化，只是其规模有所扩大。当时的辽东京道、中京道为著名盐区，设盐司管理盐务。据史载，辽代时辽东盐民即发明了海水滩晒再煮的新法。到明代，辽东地区海水晒滩煮盐生产已十分盛行并初具规模。据《辽东志》记载，明代辽东海盐生产晒制与煎制两种方法均有，晒制之法得到大面积推广。金州卫、复州卫、盖州卫规模最大，辽西的宁远卫、广宁前卫、山海卫亦有盐场。当时的盐业生产全部由官府经营，设"盐军"管理。所谓"盐军"，实则是负责盐税征收、缉私等盐政管理人员，其下设若干盐户从事海盐生产，他们多为经国家核定的世袭盐户。《辽东志》载：金州卫盐场百户设在金州城东北130里处，复州卫盐场百户设在城西42里处，盖州卫百户设在盖州城西44里处。《全辽志》载：辽东都司二十五卫有盐军1174名，其中金州卫有盐军66名，复州卫有盐军62名，盖州卫有盐军71名。金、复、盖三卫盐军数额在辽东各卫中均名列前茅。今瓦房店市复州湾镇金城子村遗有明代盐城遗址1座，为石筑，面积4.5万平方米；设南门，上有"盐城"石额，足见明代盐业之盛。

据《辽东志》记载：明正统八年（1443 年）时，辽东二十五卫"额盐三百七十七万四百七十斤"。其中金州卫额盐 104 915 千克、复州卫 98 557 千克、盖州卫 112 963 千克。金、复、盖三卫额盐占辽东都司总盐额约 17%。明代的海盐生产方法与前朝基本相似，只是工艺精细了一些，即先将海水提储到盐池中蒸晒，使盐度增高，再用巨型铸铁锅加热蒸煮结晶成盐。明嘉靖年间（1522—1566 年），金州卫有世袭盐户 1174 家，复州卫有 1000 余家，盐区主要分布在黄海海域的红嘴堡（貔子窝）、盐大奥（登沙河口）、庄河花园口、大孤山；渤海双岛湾（旅顺）、金州西海、石河驿西海、复州湾地区。

清康熙三十年（1691 年），全国推行晒盐法。康熙三十八年（1709 年），貔子窝东老滩开辟了辽东半岛南部地区最早的盐田，之后天日晒盐法逐渐向周边地区推广。到清末，制盐生产技术已发生重大变革。民国初年，实行盐税与生产分管的新政，黄渤两海盐区生产发展很快。到 1930 年，仅复州湾与庄河地区民营盐田已发展到 5582 公顷，比 1905 年增加了 1.5 倍。

日本侵占旅大地区后，将海盐作为其重要的掠夺资源，先后通过日本盐业株式会社、满洲曹达株式会社、日本同和盐业、东洋拓殖株式会社，霸占盐田 8279 公顷（尚不含旅顺），并在盐区设警察官吏派出所，对盐的产、运、销进行严格控制。在日本侵占期间，共掠夺旅大地区海盐 1048 万吨，全部运往日本和朝鲜等地。

新中国成立后，辽宁盐区生产发生了由科技进步推动的重大变革，从单纯海盐生产发展到多种生产经营，从季节性生产发展到常年性生产，盐业工人从笨重的体力劳动发展到半机械化、机械化操作。盐化工生产也发生了从无到有、从小到大、从土到洋的变化，辽宁一跃成为全国四大盐区之一，为国民经济建设做出了重大贡献。

## 2. 新中国成立后的盐田建设

新中国成立初期，大连地区有国营盐田 24 048 公顷，其中接收日伪盐田 17 932 公顷，此外通过改革生产关系，有 5976 公顷民营盐田划归公营盐田。国家投资新建盐田 8455 公顷，原有盐田有 1858 公顷裁废或改作稻田、养虾之用。至 1990 年，大连盐区共有盐田面积 35 145 公顷，其中国营盐场 30 645 公顷，地方国营盐场 109 公顷，乡村集体盐场 4391 公顷。为了使盐田有持久的生产能力，多年来各盐场对盐田进行过多次规模改造，治理结晶池，池堰护坡，改造储卤设备，并推行塑料薄膜覆盖的抗雨结晶新技术，促进了海盐稳产、高产、优质。

## 3. 盐业生产技术

自春秋时期至清初的2000余年里，辽东制盐技术发展十分缓慢。清康熙三十年（1691年）推广制盐新法后，海盐生产技术才进入新的历史时期。通过建滩，将海水经盐田日照逐级蒸晒，提高盐分浓度，最后结晶成盐，不仅扩大了生产规模，还极大地降低了成本，节约了能源，提高了产量。

俄日侵占旅大地区后，出于掠夺的需要，采用当时比较先进的生产技术，改进海盐生产工艺，海盐产量有大幅度增长。殖民统治当局为获取更大的利润，盐田所有建设项目全部驱使中国盐工手工完成，以尽可能降低生产成本。中国盐工劳动强度之大、劳动环境之苦令人发指，被称作"盐驴子"。

新中国成立后，盐田回到人民手中，盐工获得新生。各盐场通过技术改造，不断改进运输工具和耙盐工具，极大地降低了劳动强度。生产技术也不断更新，主要体现在九个方面，分别是：冰结制卤、兑卤洗涤法生产氧化钾、热水洗涤法生产无水硝、结晶技术、二次精馏法生产溴、蒸发罐生产氯化镁、高低温盐利用、塑料薄膜苫盖结晶和越冬结晶。

## 1. 我国海洋药物发展现状

根据《尔雅》《黄帝内经》的记载可以推断，早在公元前 1027 年至公元前 300 年，海洋药物就已经应用于医疗实践。《神农本草经》《海药本草》《本草纲目》和《本草纲目拾遗》都有海洋药物的记载，《中药大辞典》(1997) 收录海洋药物 144 种。

海洋天然产物的来源比较广泛，包括藻类、腔肠动物、软体动物、棘皮动物、微生物和浮游生物等。所发现的海洋天然产物以抗癌活性方面的最多，其次是抗菌、抗病毒活性方面的；另外，抗心血管病、抗氧化、神经生长与功能调节活性等方面的也较多。目前，我国以海洋生物制成的单方药物有 22 种，以海洋生物配伍其他药物制成的复方中成药达 152 种。

## 2. 辽宁海洋生物医药集群化发展

体现辽宁海洋生物医药发展状况最有代表性的地区是大连开放先导区。经过近几年的发展，崛起于大连开放先导区的生物医药产业，以技

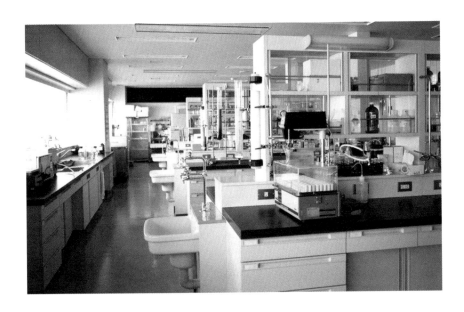

术研发和成果转化为发展支撑，以创新创业为主要功能，以建设国家级生物医药特色产业基地为方向，努力建设国内一流的医药技术与医药产业集群，逐步形成了完善的产品研发、技术转化、生产制造等设施齐全的医药产业链，逐步成为中国北方生物技术与医药产业的技术中心与创新中心。

海洋生物制药是医药产业中独具特色的领域，也是大连开放先导区特色产业之一。近几年，先导区逐渐形成了以鸿宇集团、美罗集团等为中坚，以双D港生物医药产业园为代表的海洋生物医药产业带，通过搭建产、学、研合作平台，鼓励和引导企业开展自主研发，培育核心技术，积极推进了区域内海洋生物制药产业的特色化、集群化发展。截至目前，先导区拥有海洋生物制药相关企业数十家，年产值每年都在以惊人的速度增长，产业集聚效应日益凸显；一个海洋生物制药产业集群正在迅速成型，涉及海洋药物、海洋生物材料、海洋生物制品等海洋生物产业高端领域。各种创新技术通过产业园这个大的发展平台逐渐转化为市场成果。

## 对海洋环境的治理

2006年7月4日，辽宁省人民政府公布《辽宁省海洋环境保护办法》，自2006年8月1日起施行。该法以《中华人民共和国海洋环境保护法》为依据，结合辽宁省的实际，对执法主体、执法内容、如何执法等作了规定，共37条。

该法第3条明确规定：沿海县以上环境保护行政主管部门（以下简称"环保部门"）对本行政区域内海洋环境保护管理工作实施指导、协调和监督，并负责本行政区域内防治陆源污染物和海岸工程建设项目对海洋污染损害的环境保护工作。

沿海县以上海洋与渔业行政主管部门（以下简称"海洋与渔业部门"）对本行政区域内海洋环境实施监督管理，组织海洋环境调查、监测、监视、评价和科学研究，负责防治海洋工程建设项目和海洋倾倒废弃物对海洋污染损害的环境保护工作和所管辖渔港水域内非军事船舶和渔港水域外渔业船舶污染海洋环境的监督管理，保护渔业水域生态环境工作，并按照职责调查处理渔业污染事故。

海事行政主管部门（以下简称"海事部门"）负责所辖港区水域内非军事船舶和港区水域外非渔业、非军事船舶污染海洋环境的监督管理和

"中国海监1002"船是目前辽宁省吨位较大、综合性能较先进的海监执法船

污染事故的调查处理；对在所管辖海域航行、停泊和作业的外国籍船舶造成的污染事故登轮检查处理。

海洋环境是一个海陆相连的有机整体，污染物的来源复杂，形式多样。它们有的来自海上，如倾倒废弃物、渔业、海上石油开采、船舶等；有的来自海岸，如港口、涉海工程、沿海开发区建设等；也有的来自陆地，如工业污染源、生活污染源、农业污染源和陆上养殖污染源等。污染物质通过工业直排口、城市生活污水地下管线、河流、海上油（气）田、船舶、海洋倾倒、养殖等途径排入海中。

近几年来，辽宁省认真实施有关海洋环境保护的法律、法规，为保护海洋生态环境，实现海洋经济与环境保护互相促进、协调发展进行了不懈的探索与努力。

为适应海洋环境保护过程中不断出现的新情况和新变化，国务院和辽宁省政府还相继制定并出台了《防治海洋工程建设项目污染损害海洋环境管理条例》《中华人民共和国海洋倾废管理条例》等，为保护海洋环境提供了法律法规依据。

# 1. 涉海高等院校

**大连理工大学**

　　大连理工大学始建于 1949 年 4 月，时为大连大学工学院；1950 年 7 月大连大学建制撤销，大连大学工学院独立为大连工学院；1960 年被确定为教育部直属全国重点大学；1986 年设研究生院；1988 年更名为"大连理工大学"；1996 年启动实施"211 工程"建设，教育部、辽宁省、大连市共建大连理工大学；2001 年启动实施"985 工程"建设，教育部、辽宁省、大连市重点共建大连理工大学。

　　学校以人才培养为根本任务，本科生教育与研究生教育并重，已形成以理工为主，理、工、经、管、文、法、哲等协调发展的多学科体系。

　　学校科研工作具有较强实力，有 3 个国家重点实验室（海岸及近海工程国家重点实验室、精细化工国家重点实验室、工业装备结构分析国家重点实验室），2 个国家工程研究中心（船舶制造国家工程研究中心、电子政务模拟仿真国家地方联合工程研究中心），4 个教育部重点实验室（精密与特种加工教育部重点实验室、工业生态与环境工程教育部重点实验室、海洋能源利用与节能教育部重点实验室、三束材料改性教育部重点实验室）等众多的科研平台。

　　学校涉海的本科专业有港口航道与海岸工程、海洋资源开发技术及船舶与海洋工程；具有博士、硕士学位授予权的涉海学科有一级学科船舶与海洋工程，二级学科船舶与海洋结构物设计制造、轮机工程、水声工程、水生生物学和港口、海岸及近海工程。

**大连海事大学**

　　大连海事大学（原大连海运学院）是交通运输部所属的全国重点大学，是中国著名的高等航海学府，是被国际海事组织认定的世界上少数几所"享有国际盛誉"的海事院校之一。

　　大连海事大学历史悠久，其前身可追溯到 1909 年晚清邮传部上海高等实业学堂（南洋公学）船政科。1911 年，以船政科为基础创办邮传部上海高等商船学堂。1912 年，改名为"吴淞商船学校"。1929 年，经停办后正式复校，定名为"交通部吴淞商船专科学校"。1950 年，中央人民政府交通部决定将交通部吴淞商船专科学校与上海交通大学航业管理系正式合并，成立上海航务学院。1953 年，由上海航务学院、东北航海学院（前身为国立辽海商船专科学校，系由 1927 年东北航警处创办的东北商船学校演变而来）、福建航海专科学校（成立于 1952 年，与爱国华侨陈嘉庚先生创办的集美学校有着较深的历史渊源）合并成立大连海运学院，时为中国唯一的高等航海学府。1960 年，大连海运学院被确定为全国重点大学；1983 年，联合国开发计划署（UNDP）和国际海事组织（IMO）在学校设立了亚洲太平洋地区国际海事培训中心；1985 年，世界海事大学在学校设立分校；1994 年，经国家教委批准，学校更名为"大连海事大学"；1997 年，被国家批准进行"211 工程"重点建设；1998 年，学校的质量管理体系通过国家港务监督局和挪威船级社（DNV）的认证，成为中国第一所获得 ISO 9001 质量管理体系认证证书和 DNV 三个认证规则证书的大学；2004 年，学校顺利通过了教育部专家组对学校本科教学工作水平的评估检查，并获得优秀；2006 年，交通运输部、教育部、辽宁省、大连市就支持加快大连海事大学的建设和发展，进一步提升学校的综合实力和办学水平达成了共建协议。

大连海事大学位于中国北方海滨名城大连市西南部。学校占地面积 137 万平方米，校舍建筑面积 77.3 万平方米。学校拥有设施和功能齐全的航海类专业教学实验楼群、航海训练与研究中心、水上求生训练馆、教学港池、图书馆、游泳馆、天象馆等；拥有航海模拟实验室、轮机模拟实验室等 90 余个教学科研实验室，拥有 1 艘远洋教学实习船。

大连海事大学设有航海学院、轮机工程学院、信息科学技术学院、交通运输管理学院、环境科学与工程学院、交通运输装备与海洋工程学院、法学院、外国语学院、人文与社会科学学院、马克思主义学院、数学系、物理系、体育工作部、交通运输高级研修学院、专业学位教育学院、继续教育学院、航海训练与研究中心、船舶导航系统国家工程研究中心、航运发展研究院（航海教育研究所）共 19 个教学科研机构，设有 50 个本科专业，现有在校生 25 000 余人，同时招收攻读学士、硕士、博士学位的外国留学生。并校 60 余年来，学校为国家培养了各类高级专业技术人才 6 万余名，其中大多数已成为中国航运事业的骨干力量。

## 大连海洋大学

大连海洋大学是中国北方地区唯一一所以海洋和水产学科为特色，农、工、理、管、文、法、经等学科协调发展的多学科性高等院校。学校创建于 1952 年，前身为东北水产技术学校；1958 年升格为大连水产专科学校；1978 年升格为大连水产学院；2000 年由农业部划转辽宁省管理；2008 年以"优秀"成绩通过教育部本科教学工作水平评估；2010 年经教育部批准更名为"大连海洋大学"。

学校坐落于美丽的海滨城市大连。有黄海、渤海和瓦房店 3 个校区，占地面积 80 万平方米，管辖使用海域面积 67 万平方米，总建筑面积 40 万平方米。学校现设有 17 个学院、2 个教学部（中心）、1 个分教学区。有省部级重点学科 4 个，其中水产一级学科被确定为辽宁省高水平重点学科，水生生物学、动物遗传育种与繁殖 2 个二级学科被确定为辽宁省优势特色学科，有辽宁省哲学社会科学重点建设学科 1 个。有一级学科硕士学位授权点 11 个、二级学科硕士学位授权点 30 个，有 2 个硕士专业学位类别、5 个培养领域。

2005 年以来，学校共承担各类科研项目 815 项，其中国家级 97 项、省部级 288 项，有 33 项科研成果获市级及以上奖励，其中国家级 3 项，省部级 22 项。"主要海水养殖动物多倍体育种育苗和性控技术"于 2005 年获得国家技术发明二等奖（学校为主要完成单位，第三获奖单位）；"凡纳滨对虾引种、育苗、养殖技术研究与应用"于 2008 年获得国家科技进步二等奖（学校为主要完成单位，第五获奖单位）；"菲律宾蛤仔现代养殖产业技术体系的构建与应用"于 2009 年获得国家科技进步二等奖（学校为主要完成单位，第二获奖单位）。学校主持完成的"扇贝育种及苗种规模化生产技术""海带综合利用系列产品加工关键技术"项目分别于 2005 年、2008 年获得辽宁省科技进步一等奖。

学校先后与美国、澳大利亚、日本、挪威、韩国、俄罗斯等国家和地区的 30 余所高校和科研机构建立了交流与合作关系，学校的对外影响和国际声誉不断提升。

学校在长期的建设和发展过程中，形成了"传承水的精神，矢志江河湖海，培养敬业、专业、乐业、创业人才"的鲜明办学特色。


## 海军大连舰艇学院

海军大连舰艇学院是在国内外享有盛誉的全军重点建设院校，是培养海军舰艇技术指挥军官、海军政治指挥军官和海洋测绘工程技术军官的高等院校。它坐落在风光秀丽的大连市老虎滩畔，依山傍海，风景秀丽，具有良好的学习、生活环境。学院是中华人民共和国成立后设立的第一所正规海军高等学府。萧劲光、刘华清、张学思、邓兆祥等著名将领都曾担任过学院领导。

学院拥有中国海军唯一一支训练舰部队，包括"郑和"号和"世昌"号等多艘训练舰船，保障学员进行远航综合实习；学员曾随舰出访过美国、印度、澳大利亚、新西兰、俄罗斯等 10 余个国家和地区。

学院舰艇指挥、军事海洋学专业均被列为全军"2110 工程"重点建设学科专业领域；2002 年，学院成为全军唯一取得国际海道测量师 A 级培训资格院校；2004 年，学院又成为全军唯一具有国际海图师 A 级培训认证资格的单位，是人民海军唯一一所学科专业与国际接轨的院校。

学院是中国对外开放较早的军事院校之一。作为中国人民海军对外开放、进行军事学术交流的重要窗口，学院与世界各国军队交往密切。据有关资料显示，学院先后接待了 70 多个国家 200 多批代表团的参观访问，近百名外军专家、学者来院讲学，并与土耳其、英国等国海军院校建立了校际关系。学院先后派出 100 余人次出国讲学、参加学术交流、进修和留学。学院上千名教员、学员也相继随"郑和"号、"世昌"号远洋航海训练舰出访多个国家，展开各项交流。

## 2. 涉海科研院所

**国家海洋环境监测中心（国家海洋局海洋环境保护研究所）**

位于大连市沙河口区凌河街 42 号，原为中国科学院辽宁分院海洋研究所，后几经更名，于 1979 年改为现名，隶属于国家海洋局。该所是中国唯一的海洋环境保护专业研究机构，有科技人员 302 人。设有海洋生物、海洋化学、海洋水文物理、海洋地质、海水、综合评价技术、情报资料 7 个研究室和渤海环境监测中心站，配备有先进的仪器设备和较完善的实验室，主要从事海洋环境调查、监测与研究。其成果"渤海海底质量金属环境背影值及污染历史研究""海洋石油风化过程的研究"分别获部级三等奖，"辽宁省海岸带地貌地质调查"获辽宁省三等奖，"大连港大窑湾疏浚物倾倒区选划"获大连市二等奖。

近年来，随着业务领域的不断拓展，监测中心以发展监测与评价技术为基础，以监测业务化为核心，以满足国家海洋环境管理需求为导向，形成了海洋生态—海域使用—环境综合监测的能力。监测中心编制的各类监测产品为国家或区域海洋经济发展规划、海洋功能区划、重点海域环境保护规划的制定，为海洋环境灾害减轻对策的提出以及应对全球气候变化行动的决策等均提供了有力的技术支撑。目前，监测中心正逐步发展成为监测人员岗位化、监测工作业务化、监测组织系统化、监测服务社会化的国家级专业化权威性社会化机构。

## 辽宁省海洋水产科学研究院

辽宁省海洋水产科学研究院坐落在风景秀丽的大连市黑石礁海滨,隶属于辽宁省海洋与渔业厅,是省级重点科研机构,始建于1950年。由所改院之前,主要以渔业科技研究为主。2004年,更名为"辽宁省海洋水产科学研究院",增加了海洋科技研究职责职能。2007年,又加挂了"辽宁省海洋环境监测总站"牌子,形成了渔业科技研究、海洋科技研究和海洋环境监测三重职责职能的格局。其职责为:负责辽宁全省海洋发展战略、海洋经济发展规划、海洋资源保护与管理和可持续利用、海域使用论证、海洋环境监测及保护等方面的研究;负责开展与水产科学有关的海洋渔业资源、海水增养殖海域生态环境、海水增养殖技术、海水养殖生物育种及病害防治、水产品加工技术等方面的研究;负责辽宁省近岸海域生态环境监测、海洋污染事故的调查鉴定;承担海洋和海岸工程建设项目对海洋环境影响的评估等工作。研究院通过了中国国家认证认可监督管理委员会的计量认证,具有海域使用论证、海洋测绘、渔业污染调查鉴定、特有工种职业技能鉴定等资质。

研究院现有高级职称科技人员上百人,享有国务院特殊津贴专家16人。现设有海水养殖研究室、渔业资源研究室、海洋经济研究室、海洋环境研究室、海洋生态研究室、海洋规划利用研究室、生物技术育种研究室、珍稀动物保护研究室、水产品加工研究室。依托研究院设有:辽宁省应用海洋生物技术开放实验室、辽宁省海洋水产分子生物学重点实验室、辽宁省海洋生物资源与生态学重点实验室、辽宁省海洋渔业环境监督监测站、辽宁省水产良种场、辽宁省海水养殖引育种中心、国家劳动部特有工种职业技能鉴定站。辽宁省水产学会挂靠该研究院,设有《水产科学》编辑部。

60余年来,研究院共承担国家和地方科研项目数百项,在上百项获奖成果中,获国家级奖15项。其中,"海蜇生活史及横裂生殖研究"获国家自然科学奖;"虾夷扇贝引种及规模化增养殖技术研究"获国家科技进步奖,该项目的研发成功,填补了中国沿海海域缺乏冷水性经济贝类的空白,使黄海北部成为国际上最大的虾夷扇贝引种产业化基地。研究院在注重海洋与渔业高新技术研究的同时,还注重国际间的合作与交流,现已与美国、法国、日本、韩国、俄罗斯和澳大利亚等国家建有技术合作与交流关系。

研究院拥有较完备的科研基础设施和条件平台,装备先进的科研仪器设备数百台(套),

为开展基础理论、应用基础、应用开发研究和高精检测分析创造了条件。

### 大连市水产研究所

位于大连市西岗区傅家庄267号，于1984年1月在原大连市渔业机器研究所的基础上成立，隶属于大连市海洋与渔业局。所内有科技人员53人，设有海水养殖、渔业机械、水产加工、科技情报4个研究室，并附设大连海洋影印公司、大连市海水苗种场以及中日合资大连宝华水产有限公司等企业。该所主要承担大连市沿海一带海水养殖的开发性研究，主要科研成果有"鲍鱼人工配合饲料""对虾饵机""生蛤贝取肉机"等，"大规模高密度鲍鱼人工育苗"达到国际先进水平，获1986年辽宁省及大连市科技进步一等奖。

### 丹东市水产研究所

1960年，建立丹东市水产技术试验站；1975年合并到丹东共产主义大学，改为丹东共大水产系；1978年与丹东共产主义大学分离，成立丹东市水产研究所。该所主要从事丹东地区海水、淡水养殖及海洋捕捞技术的研究与推广。建所以后，在对虾人工育苗与养殖、网箱培育鱼种与成鱼养殖技术等研究方面取得了突出成绩。

自1986年起，丹东市水产研究所开始承担水产技术推广工作，1991年设技术推广室，到目前共承担技术推广项目25项，累计推广面积30余万亩。

丹东市水产研究所现有科技人员44人，其中高级职称3人，中级职称22人。近几年撰写了多篇有价值的论文，有20余篇获丹东市科协二等奖和三等奖，其中1篇获辽宁省青年学术年会三等奖，被收入到辽宁省第二届青年学术论文集中。

### 锦州市海洋与渔业科学研究所

锦州市海洋与渔业科学研究所原名"锦州市水产研究所"，始建于1960年，已有50多年的历史，到目前已发展成为综合性的海洋与渔业科研机构，也是辽西地区唯一实力较强的水产科研机构。现有职工人数21人，专业技术人员17人，其中教授研究员级高级工程师8人，高级工程师3人，获得正、副高级职称的人员占全所职工人数的54%。所内设有海水养殖重点研究室、渔业机械重点研究室、淡水良种场、省级丁鱼岁鱼良种繁育基地，占地150亩，现有600多平方米的现代综合实验室一个。从2005年以来，经国家海洋局、辽宁省海洋与渔业厅、锦州市编制委员会批准，先后成立国家海洋局锦州海洋环境监测站、锦州市海洋环境监测预报中心站、锦州市海域测量测绘中心（丙级资质证书）。2005 年，经农业部渔政渔港管理局批准，获得渔业污染事故调查鉴定资质证书。2006 年，又经辽宁省司法厅批准，成立了锦州海洋与渔业司法鉴定所。以上各单位的管理办法经锦州市编制委员会批准，执行"多块牌子，一套领导班子"的管理办法。

所内科技力量较强，近年来先后完成了科研课题 16 项，其中国家级 3 项，省级 5 项，市级 8 项，多次被省、市科技厅、局及主管部门评为科技先进单位。10 年来获得省、市成果奖、科技进步奖、科技攻关奖 32 项；获得实用和发明专利 4 项；获得省、市各类荣誉奖和荣誉称号 29 项(次)。尤其在贝类资源恢复方面，毛蚶人工育苗及中间暂养技术又获突破。经专家鉴定，该项目关键技术已达到国际领先水平。2003 年，研究所被锦州市科技局定为"水产养殖攻关示范基地"。该所多年来对锦州地区海洋渔业的可持续发展起到了重大作用，为锦州地区海洋与渔业经济发展做出了积极贡献。

## 营口市水产科学研究所

营口市水产科学研究所建于 1958 年，是专门从事水产实用技术研究的公益性事业单位。2010 年，"营口市水产品质量检测中心"正式挂牌成立，水产科学研究所又多了一项职能。

营口市水产科学研究所，是营口地区唯一从事水产实用技术研究、开发、推广与应用的权威机构，为全地区水产养殖业及相关行业提供技术咨询与服务、水质监测与分析、病害检测及防治、专业技术培训、科技信息交流以及海洋环境、资源调查与恢复技术的研究等。该所还负责名、特、优、新品种引进技术的研究、开发与推广，优化本地区养殖品种结构；为渔民增收、渔业增效和社会主义新农村建设服务，并为之探索、研究新的发展途径；保护海洋、渔业生态环境；负责水产品质量安全检验检测等。

自建所以来，在科学研究领域独立完成部、省、市、所级科研、推广项目 40 项，其中获国家级科技进步奖 1 项，部级奖 3 项，省级奖 3 项（其中有 2 项填补省内空白），市级奖 7 项。多次被省、市评为"科技创新、科技兴渔先进单位"。

## 第四章

# 战略要地
# 狼烟频起

辽东半岛地处东北海陆要冲，位置险要。辽西滨海地区为东北通关内的咽喉要道，历为兵家所重。历史上北方势力南下，多是先占辽南金、复两州，以固后方。中原政权越海北进，也是必先立足金、复两州，方敢言"队马松辽"。故春秋以降，辽东地区黄渤海沿岸烽火狼烟、战事频仍：有古代部族之间争雄斗长的征伐称霸之战；有诸侯国之间互为攻伐的兼并之战；有农民起义军两半岛间跨海流动作战；有抗击倭寇袭扰、全歼敌寇于城堡之下的阵地之战；有中央王朝维护国家统一，翦灭割据势力之战。战争往往造成烽烟息而居民遁的状况，战后需要较长的时间方能弥补、修复战争造成的创伤。但是，战争的过程也推动了各民族间及东北游牧狩猎文化与中原农业文化的融合，使黄渤海地区总是比较早地接受先进生产力，形成了海洋文化特色浓郁的滨海文化区。清末，随着国际形势的巨变和压力，清政府在洋务派的推动下，加强辽东半岛与山东半岛的军事防务建设，在修建旅顺港、大坞及营口、辽西一带海防设施的过程中，先进生产力再次向辽东滨海城市聚集，推动了环黄渤海地区经济社会的发展。

第二次鸦片战争以后，帝国主义列强频频将侵华魔爪伸向辽东沿海，先后发动了甲午战争、八国联军侵华战争、日俄战争。渤海海峡成为列强兵舰入侵的水道，黄渤海地区成为帝国主义厮杀的战场，给中国人民带来了深重的灾难。

抗日战争胜利后，数万八路军进军东北战场，山东半岛与辽东半岛的航线成为进军捷径。其间，大连地区作为特殊解放区，大力发展军工生产，有力地支援了全国的解放战争，为新中国的建立做出了重大贡献。

## 1. 齐桓公对辽东的征战与开发

周庄王十二年（公元前685年），齐桓公继位。齐在春秋前期已是诸侯大国，占据了今山东的北半部。齐桓公雄才大略，启用管仲为相，进行改革，以图富国强兵。齐国改革后，国势日强，奉行"尊王攘夷"政策。此间山戎侵燕，齐桓公率军北伐山戎，解燕之危。稍后，狄人接连侵掠邢（邢台）、卫（河南滑县），齐桓公又率军救邢、卫。齐桓公之举受到诸侯拥戴。公元前651年，齐桓公于葵丘(河南民权东北)会盟诸侯，史称"葵丘之会""齐桓公始霸"。

齐桓公称霸后，对一海之隔的黄渤海地区颇有控制之欲，为此曾多次出兵辽南及辽河下游一带，荡平这一带的小股部族军事团伙，并向这一带移民，实行寓兵于农政策。这一举措既广垦农田，又戍守固土，加之在生产中广泛使用铁制农具并役使耕牛耕作，生产力有了很大发展。

## 2. 齐人灭莱及莱人逃亡辽东

齐灵公六年（公元前567年），齐国出兵打败居于胶东一带的莱国，将其统治区扩展到胶东地区。莱人战败后，不堪齐国的统治，纷纷渡海越过渤海海峡，逃亡到黄渤海滨海地区定居，其中一部沿黄海岸抵达朝鲜西海岸乃至日本列岛。莱人素习航海，移徙辽东沿海地区后，与齐莱之地仍保持较密切的联系，促使山东与辽东间的生产与文化交往更加频繁。此间，辽东滨海地区为东胡与燕人势力交互地带，齐桓公死后，齐国势衰，渐失霸主地位，辽东黄渤海滨海地区被燕国控制。

## 3. 燕将秦开驱东胡辟地千里

战国初年，燕在诸侯大国中势力最弱。燕昭王太子平继位后，实行变法改革，立志雪耻。燕昭王从礼遇郭隗做起，招贤纳士，"士争趋燕"。公元前284年，经过近30年的经济和军事建设，燕国殷实富足，军队充满斗志，于是燕昭王任命乐毅为上将军，与秦、楚、三晋共同谋划攻打齐国，大败齐军，齐湣王逃亡外地。秦、楚、三晋攻齐后得到一些好处，不愿继续攻齐。乐毅无奈，率燕军单独追击败军，一直攻入临淄，夺取了齐国的所有宝物，焚烧了齐国宫室和宗庙。齐国除聊城、莒城和即墨城外，全部被燕军占据，时间长达6年之久。

燕昭王乘国势强盛之机，向东拓展土地，派秦开为将，却东胡于千里之外。《史记·匈奴列传》载："其后燕有贤将秦开，为质于胡，胡甚信之。归而袭破走东胡，东胡却千余里。与荆轲刺秦王秦舞阳者，开之孙也。"燕亦筑长城，自造阳至襄平。置上谷、渔阳、右北平、辽西、辽东以拒胡。燕通过军事行动击破东胡，将土地扩展了千余里，并依中原的形制，建立郡县，对这些地区进行有效统治，这是辽东古代史上的重大事件。

## 4. 秦灭燕之战

燕昭王死后，燕惠王猜忌乐毅，改任骑劫为将。守即墨的齐将田单趁机反攻，收复被燕占领的70余城，燕国从此国势不振。至燕王喜（公元前254年至前222年）时，燕、赵发生多次大规模战争，并屡败于赵。秦趁赵、燕混战之机，先破赵国，兵临易水，直接威胁燕国。燕太子丹为挽救燕国的危亡，经过樊於期的引荐，派壮士荆轲和秦舞阳去秦国以献地图为名刺杀秦王，结果未能成功，双双被杀。

秦王大怒，当即下令发兵伐燕。秦国大将王翦很快攻破燕都，燕王喜和太子丹逃至辽东。秦王非要活捉太子丹不可，燕王喜被逼无奈，只好杀了太子丹向秦国请罪求和。公元前222年，秦将王贲（王翦之子）攻取辽东，虏燕王喜，燕国灭亡。公元前221年秦统一全国，中原诸侯从东周开始，经过五百多年的战争终归一统。

在燕统治辽东的数百年中，黄渤海地区同各诸侯国均有较密切的往来。近年来，在大连沿海地带的牧羊城、营城子、黄家亮子，庄河城山城、尖山乡、瓦房店交流岛等地邑落和墓葬中，都发现了大量战国时期齐、韩、赵、魏等国的布币和兵器，表明燕统治时期商贸业及军事活动十分频繁。

## 1. 西汉杨仆经停沓津讨伐卫氏朝鲜

秦汉至隋唐时期沿海战事

早在西周时期，箕子就被周武王封于朝鲜，建立藩国政权"箕子朝鲜"。战国时，朝鲜属燕；秦时朝鲜属秦"辽东外缴"；汉朝建立后，因为朝鲜太远难以防守，因而重新修复辽东原有的要塞，一直到坝水以西属西汉分封的诸侯国燕。汉高祖十二年（公元前195年），燕王卢绾造反，逃到匈奴。燕将卫满也逃跑了，他聚集了1000多名军徒，梳着椎髻，穿着蛮夷的服饰，向东跑出关塞，渡过坝水，居住在秦朝"故空地上下鄣"[1]。稍后，役属真番、朝鲜诸蛮夷以及原燕、齐逃跑到这里的人奉卫满为王，自号"韩王"，建都王险城。

此间正值西汉孝惠帝、高后（吕雉）统治时期，天下刚安定。辽东太守与卫满订约，让卫满作为外臣，压制塞外蛮夷，以防他们侵略辽东边境；但若蛮夷君长要入朝晋见天子，卫满不得加以阻拦。辽东太守将此事报告天子后得到批准。于是卫满倚仗军力和财力，侵占或降服周边小国，真番、临屯均服卫满，其地有数千里之广。传到卫满的孙子右渠时，他们祖孙三代均未入朝晋见过天子，而此间逃亡朝鲜的汉朝百姓越来越多，真番等小国上书求见天子也都被右渠阻挡不报。故在汉武帝元封二年（公元前109年），汉武帝派涉何来责备右渠，但右渠仍不接受汉朝诏谕，涉何离开时在坝水渡口命驾车人刺杀了右渠裨王及将士长。之后，汉朝任命涉何为辽东郡东部都尉。右渠怨恨涉何，不久即派兵将其袭杀。至此，朝鲜半岛真番、辰韩等小国与汉朝的海上往来被切断，黄渤海北部海上航线也由此隔阻。就在同年，汉武帝派遣楼船将军杨仆率五万军马从齐地出发渡渤海，在沓津（今旅顺）登陆；派左将军荀彘从辽东（襄平）出发，两路大军讨伐右渠。汉朝两路军马出战不利，汉武帝派卫山趁汉朝军威劝告右渠归顺。右渠见到汉使者表示"愿意投降，只是担心杨荀二将欺骗我而将我杀死。现在见到信节，请求投降"。于是右渠派他的儿子进献5000匹马和一批军粮入朝，送马、粮的队伍有1万余人，且

---

1 《史记》卷一一五、列传第五十五《朝鲜》。

携带兵器。汉将和使者怀疑他们要发动叛乱，动员他们不要带兵器，于是与右渠的儿子发生争执，右渠派去进贡的队伍又返回王险城。卫山回朝报告汉武帝，结果被诛。

荀彘、杨仆继续围攻王险城期间，二人发生严重分歧。汉武帝派济南太守公孙遂前去处理。公孙遂听信荀彘偏言，将杨仆逮捕，其兵归荀彘指挥。荀彘兼并两军全力攻右渠。此间，右渠政权内部发生内讧，汉朝经过一年的战争终于平定了右渠政权，将其地划为乐浪、临屯、玄菟、真番四个郡。

在平定右渠的战争中，沓津（旅顺）是汉军的重要停泊港和物资供应港，奠定了汉代北方三大军港[1]之一的地位。战后，辽东沓津与山东半岛及朝鲜半岛的海路通畅。

## 2. 辽东公孙渊沓县袭杀吴军

东汉献帝初平三年（192年），长安兵变，董卓被杀，关中大乱。公元220年，曹丕于洛阳称帝，国号"魏"；公元221年，刘备在成都称帝，国号"汉"（世称蜀、蜀汉）；公元222年，孙权在武昌称帝（后迁都建康，即今南京），国号"吴"（世称东吴）。在此期间，辽东地区被公孙度把持，自立辽东侯、平州牧。曹操正忙于中原争雄，无暇顾及辽东，便顺水推舟上表封公孙度为威武将军、永宁乡侯，公孙度借此割据辽东。曹丕称帝当年，即派融弘出使辽东，公孙度之继任者公孙恭对魏称臣，辽东成为魏国领地，郡县设置不变。

吴国海运发达，为了与曹魏抗衡，意欲拉拢、控制辽东公孙氏政权以牵制曹魏势力南下，避免构成对吴的威胁。于是魏下达公文至辽东，说孙权"恃江湖之险阻，王诛未加。比年以来，复远遣船，越渡大海，多持货物，逛诱边民。边民无知，与之交关"。吴通过贸易同公孙氏政权接触。至公孙康之子公孙渊执政时，采取"据魏联吴"政策，以求辽东的相对独立，"遣使南通孙权，往来赂遗"。公元232年春，公孙渊派使者上表称蕃于吴。同年3月，孙权派将军周贺、校尉裴潜等，"浮舟百艘"，经东海、黄海于沓渚登陆，"贸迁有无"，而公孙渊以名马与吴交易。名为交易，实则吴与公孙渊联络，以图联兵拒魏。公元233年春3月，孙权趁送返辽东使臣之便，再次派遣"太常张弥、执金吾许晏、将军贺达等将兵万人，金宝珍货，九锡备物，乘海授渊"。关于吴军的登陆地点，《读史方舆纪要》

---

1　据《北戴河海滨志略》载，汉代北方所设的三大军港为威海、沓津（旅顺）、秦皇岛。

引用《三国志·吴书·陆瑁传》说："沓渚至渊，居道里尚远。盖泛海至辽，沓渚其登涉之所也。"一说在沓津，一说在沓渚，其实二者并非一地：沓津指旅顺，而此时沓渚实指东汉末魏初建的东沓县港，即今大连开发区大李家镇大岭村汉城下的老雕窝港。吴军由东海再到黄海达辽东，目的是北上册封公孙渊，故应是在距襄平较近的东沓港，而不大可能绕远到沓津登陆。《魏略》中所称之"沓津"，实指沓渚。

吴军登陆后，军兵分驻沓县周边地区，张弥、许晏只带着"官属从者四百许人"北去襄平册封公孙渊为燕王。而魏为摆脱南北夹击之势，对公孙渊采取高压政策，并派官员到辽东收买地方官员及平民，宣布以往与东吴有来往者既往不咎。公孙渊惧怕接受吴国封王而招致魏国征讨，结果"渊果斩弥等，送其首于魏，没其兵资。权大怒，欲自征渊，尚书仆射薛综等切谏乃止"。公孙渊出尔反尔，不仅斩杀了吴使许、张二人，将其首级献给了魏国，并将他们所带的吴国官员俘获，分遣到辽东各郡县，"舍其民家，抑其饮食"。然后，公孙渊派军驰沓，突袭毫无防备的吴军，致使其全军覆没，带来交易的物资亦被劫夺。此举博得魏帝赏识，加拜公孙渊为大司马、乐浪公。公孙渊虽一时得势，但仍明依曹魏政权，暗防曹魏吞并。

魏明帝景初元年（237年），即公孙渊袭杀许晏、张弥四年之后，魏因招渊入朝不至为由，"乃遣幽州刺史毌丘俭"发兵征讨公孙渊。两军大战于辽遂（海城四方台），公孙渊小胜魏军后恣横愈甚。公元239年，魏帝派司马懿帅统兵马4万再征公孙渊。公孙渊"闻魏人将讨，复称臣于吴，乞兵北伐以自救"。吴人余怒未息准备杀掉公孙使者，羊衜阻止说："不可，是肆匹夫之怒而捐霸王之计也。不如因而厚之，遣奇兵潜往以要其成。若魏渊不克，而我军远赴，是恩结遐夷，义盖万里；若兵连不解，首尾离隔，则我虏其傍郡，驱略而归，亦足以致天之罚，报雪暴事矣。"于是孙权依计派将军孙怡及使者羊衜、郑冑率军海路北援公孙渊。而此间魏军围城正急，绵雨30余日不停，辽水暴长，运船自辽河口可直航襄平城下。魏军在城外堆土山，居高临下"发石连弩射城中"。城内粮尽，人相食，死者甚多。公孙渊与子修率数骑突围时被斩杀。

公孙渊的残部约7000余人向辽南退却，这时吴军方姗姗来迟。吴军与公孙渊残部合兵一处，与追击过来的魏军在沓县境激战并将魏军击退。吴军见公孙渊父子已死，辽东大势已去，于是按其"虏其傍郡，驱略而归"的既定之策，将汶、沓县青壮男女及大批物资劫掠南下。此战使汶、沓县遭到严重破坏，城池被毁坏，田园荒芜。吏民除被吴军掠劫的，其余几乎逃亡殆尽。致使平郭、汶、沓县在内的整个辽南地区成为荒无人烟之地。

魏灭公孙氏后，在襄平置护东夷校尉管理。今大连南部地区分属平郭、西安平、东沓县，实际上这里已是人去室空，徒有虚名。

## 3. 隋统一辽东之战

公元 581 年，隋文帝杨坚建立了中国封建社会又一个统一的中央王朝隋朝，结束了十六国以来南北分裂近 300 年的历史。割据辽东的高句丽地方政权颇感自危，于是"治兵积谷，为守据之策"，但形式上仍臣附于隋。公元 581 年至 597 年的 17 年间，高句丽 8 次朝贡隋朝并受到封赐。此后，高句丽渐而不受隋朝节制。

隋开皇十八年（598 年），高句丽王高元联合靺鞨，发万余骑兵袭辽西，隋文帝命杨谅统兵 30 万，分海陆两军击高句丽，开始了统一全国的征战。隋朝水军由今大连南部海口登陆，向北进军。高元恐惧，急遣使向隋朝谢罪，双方罢兵修好。隋大业八年（612 年）正月，隋炀帝发百万大军分海陆两路再次发动收复辽东之战。右翊卫大将军来护儿率水军由山东入海过渤海，"浮海先进"，沿今大连地区黄海近岸东进至浿水（大同江口），"舳舻数百里"，在距平壤 60 里处与高句丽军大战。首战告捷后，来护儿率水师长驱直入，直抵平壤城。结果 4 万精军被诱入平壤城，遭高句丽军突袭，隋军大败。来护儿不敢停留陆地，只得将隋军接应至船上。

隋军的陆路进军更为壮观，自今吉林西南部至辽东半岛，于隋大业八年（612 年）正月全线展开推进。隋炀帝令一日遣一军出发，相距 40 里，连营渐进，头尾相接，鼓角相闻，旌旗相望千里。直到三月，大军才行进至辽水（辽河）西岸。高句丽寡不敌众，大败。五月，隋军乘胜围攻辽东城（辽阳）。高句丽踞守不住，每当城即将被攻破时，高句丽便声言投降，隋军停止进攻并飞报隋炀帝。隋炀帝接受投降圣旨刚到，高句丽却又拒降，如此诈降多次，隋炀帝大怒，亲临辽东城督战，但各城均不克，隋炀帝只得班师回朝。

隋大业九年（613 年）正月，隋炀帝又诏令全国军队集结涿州。三月从东都洛阳出发再征高句丽，四月渡过辽水攻辽东城至六月仍不下。此时发生了杨玄感（楚国公）造反事件，斛斯政也叛逃高句丽。隋炀帝决定撤军，二征无功而返。

隋大业十年（614 年）二月，隋炀帝再诏全国军队集中于涿州三征高句丽。此间天下已经大乱，所诏之军多半逾期未至，高句丽也无力对抗。隋军此战吸收以往渡海直抵平壤遭败的教训，先渡辽东半岛再沿陆路东进。隋将来护儿率水军抵都里镇（旅顺）及大连湾口岸登陆，经暂短休整后，首先攻打高句丽在辽东半岛南端的中心城堡金州大黑山毕奢城。"高句丽举国来战，来护儿大破之，斩首千余级"。隋军留少数军兵守城，乘胜海陆并进平壤。高句丽虽两败隋军，但毕竟人寡势弱无力再战，只得遣使求和，并将隋朝叛将斛斯政送还辽东城下。此战并未伤及高句丽主力，隋炀帝借此虚果班师回朝。

## 4. 唐灭高句丽之战

唐初，高句丽臣附于唐。唐高祖武德五年（622 年），唐封高句丽国主高建武（高元之子）为上柱国、辽东郡王、高句丽王。唐贞观十六年（642 年），高句丽发生宫廷政变，盖苏文杀高建武，另立高臧为王，控制朝政，并攻占百济、新罗 40 余座城池。唐派使者谴责，而盖苏文不予理睬，东北地区事实上被割据。唐太宗李世民极力主张收复辽东，他认为"今天下大定，唯辽东未宾，后嗣因士马盛疆，谋臣导以征讨，丧乱方始，朕故自取之，不遗后世忧也。"收复辽东成为唐初的既定政策，于是唐朝廷积极造船备粮作收复辽东准备。

唐贞观十八年（644 年）七月，唐太宗令在江西造运粮船 400 艘，州粮集于东莱，派张俭率营、幽二州军队及契丹、靺鞨、奚族组成的部队东进，先行与高句丽作战，大军至辽西，因辽水汛涨，只得班师。

唐贞观十八年（644 年）十一月，唐太宗命李世勣为辽东道行军大总管，率 6 万步骑兵为一军、少数民族军为另一军，唐太宗亲率其他六军会师于幽州。贞观十九年（645 年）正月，营州都督张俭率少数民族军为先锋，渡辽水攻建安城（盖州市东北青山岭山城），大破高句丽军。

唐贞观十九年 (645 年) 二月，唐太宗命长孙无忌率六军东进。三月，唐太宗移师定州。四月，李世勣从柳城和通定镇沿北路出兵，出其不意渡辽水，破玄菟城，迫新城，下盖牟城（沈阳苏家屯塔山城）。此役俘高句丽兵 2 万人、夺粮 10 万余石，进而围辽东城。唐太宗命刑部尚书张良为平壤道行军大总管，率水路军，统率江、淮、岭南及三峡地区 5 万人马，乘战船 500 艘自登莱渡海于都里海口（旅顺）及大连湾诸港登陆。唐军采取前朝来护儿的进攻路线，将卑沙城四面包围。"程名振攻卑沙城，夜入其西，城溃，虏其口八千，游兵鸭绿上"[1]。之后唐军向东进兵，于桃花浦（今庄河花园口一带）沿毕利河（今碧流河）口溯河而上，向高句丽据守的另一处山城（今庄河城山城）进攻。唐军尚未到达，高句丽军弃城东逃。唐军一部分继续北进，与唐征东大军会合，另一部由总管丘孝忠统领进兵鸭绿水。同年五月，高句丽步骑兵4万人救辽东，被江夏王李道宗及李世勣率军迎击。唐军12天攻克辽东城，俘敌军1万人，居民4万口。同年六月，唐军攻下白岩城（辽阳白岩山城）、乌骨城（凤凰城山城）。唐军于七月进兵至安市城（大石桥龙川山城）时，高句丽北部褥萨[2]高延寿、高慧真率领15万靺鞨军赶来援救。唐太宗亲自指挥，与高句丽军大战于安市城外。唐军龙门人薛仁贵手握长枪，腰带双弓，冲锋陷阵勇冠三军，高句丽军大溃，被斩首2万余。"太宗望见仁贵，召拜游击将军"[3]。至此，薛仁贵征辽东传奇，盛传至今而不衰。此役唐军以3万之师克高句丽15万之众，"二高"后撤无路，只好向唐军投降。唐军共缴获军马5万匹、牛5万头、明光甲1万套，军械粮秣无数。唐太宗挑选高句丽降军中3500名酋长授予军阶，迁往内地。安市城外大捷，震动高句丽，一些城池望风而逃。同月，唐太宗率六路大军渡辽泽，移营安市东岭，八月又移至安市城南。至九月，唐军围城60天，安市久攻不下。冬日将至，粮草将尽，唐太宗只得下令班师。此战共收复辽东玄菟、横州、盖牟、磨米、辽东、白岩、卑沙、麦谷、银山、后黄10城，获粮10万石、人口18万，将辽、盖、岩三州7万人迁入内地，带回被俘高句丽百姓1.4万人。唐太宗决定用钱为之赎身，获高句丽民众之感激与拥护。

唐贞观二十一年（647年）三月，唐朝再征辽东。唐太宗命左武卫大将军牛进达为青丘道行军大总管、右武侯将军李海岸为副总管，率万人自莱州渡海来辽东，以都里镇（旅顺）为基地，一举攻破石城和积利城（今得利寺山城），扫荡了由山东半岛北进朝鲜半岛途中的陆地障碍。《资治通鉴》卷一九八记载：牛进达、李海岸军于三月"泛海而入"，至七月"入高丽境，凡百余战，无不捷，攻石城，拔之。进至积利城下。高句丽兵万余人出战，海岸击破之，斩首二千级"。在北部战区，辽东通行军大总管李世勣等率兵3万，从新城道攻高句丽。五月李世勣渡辽水，经南苏、木底[4]数城，打败高句丽兵，然后退兵。

1 《新唐书》卷二二。

2 指高句丽掌管较大城邑的军事长官，相当于都督。

3 《资治通鉴》卷一九八。

4 新城为抚顺高尔山山城，南苏城为铁岭催阵堡山城，木底城为新宾五龙山山城。

唐贞观二十二年（648年）正月，青丘道行军大总管薛万彻、副总管裴行方率兵3万，乘战船从莱州渡海再征高句丽。唐军直入鸭绿水，奇兵突袭大行城（丹东西南娘娘庙山城）。唐军主力在泊汋城（宽甸虎山山城）南40里扎营，此地离鸭绿水仅千米之距。唐军先后与泊汋、安市等城高句丽军交战，皆获胜绩。同年九月，薛万彻收兵回朝。唐太宗派遣小规模军兵征战高句丽，意在使其得不到喘息之机。与此同时，唐朝接受前几次征战因军需补给不继而中途罢兵造成获胜无果的教训，诏命陕州刺史孙伏枷和莱州刺史李道裕，战前将军粮和作战物资储备在青泥浦近海岛上，建成仓城，做长期征战的准备，做"经岁之粮"。唐军"储粮械于三山浦"[1]，即今大连湾口外的三山岛，至今遗址尚在。除三山岛外，在庙岛群岛的隍城岛上也建有仓城。同时命剑南道（四川）"伐木造战舰"。其时辽南南部卑沙城、城山城及积利城因数次被唐军攻破，城池残破，高句丽城民基本北徙至盖州以北。此间高句丽叛附无常，四月时高句丽曾遣使谢罪，当唐撤军后，盖苏文复反。十二月，高句丽王高臧派儿子及莫离支[2]等入朝谢罪，唐太宗纳之。

唐贞观二十三年（649年），唐朝发30万大军再征高句丽。正待发兵，唐太宗于五月病逝，故"暂罢辽东之役"，双方僵持5年。唐高宗李治即位后，继续奉行唐太宗"数遣偏师"以扰其疆场的政策。唐永徽六年（655年），新罗因高句丽、百济侵占其33座城，求救于唐，唐出兵辽东。翌年，高句丽最后一次遣使入朝。

唐显庆三年（658年）六月，唐将程名振、薛仁贵率军攻克赤峰镇。程名振率契丹兵迎高句丽3万兵，斩首2500人。显庆四年（659年），薛仁贵在辽东与句高丽大将温沙门战于横山，薛军威猛，大破高句丽军。唐高宗总结以往征高句丽的经验教训，接受将军刘仁轨"先诛百济，留兵镇守，制其心腹"的建议，于显庆五年（660年）遣大将苏定方率水陆10万大军攻灭百济，收200座城池、76万户。并于其地设置熊津等五郡督府和带方州，立其首领为都督、刺史和县令，直属唐王朝管辖。百济既灭，为唐最终收复辽东打下了基础。唐龙朔元年（661年），唐高宗重新任命任雅相为坝江道行军总管、契宓何力为辽东道行军总管，苏定方为平壤道行军总管，与萧嗣业率领的各路胡兵总计35路军，水陆并进攻高句丽，歼盖苏文儿子泉男生所统精兵3万，余者降，泉男生仅以身免。至唐麟德三年暨唐乾封元年（666年），辽东大部分地区被唐军收复，为最后攻克平壤创造了条件。

---

1 《新唐书·高丽传》。

2 "莫离支"是高句丽仅次于高句丽王、太子之下的官员。

唐乾封二年（667年），李世勣克高句丽新城并乘胜连下16座城，薛仁贵率军后援，歼敌5万，破南苏、木底、苍岩三城。唐乾封三年暨总章元年（668年）初，薛仁贵攻破扶余城后，40余城归降。之后薛仁贵由黄海近岸东进，与李世勣会师平壤城下，围攻月余，至同年九月，高臧示降，但泉男建仍紧闭城门。唐军破城，泉男建被俘，高句丽亡，是为公元668年。

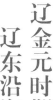

## 1. 渤海遗族高永昌起义复国之战

辽道宗时期（1055—1100年），辽西北部的鞑靼族、东北部的女真族兴起并起兵反辽，对辽形成重大威胁。于是辽国首先征讨鞑靼，尽管取得胜利，但辽兵之精锐损耗殆尽。所以当东北的女真部完颜阿骨打（即完颜旻）侵掠辽境时，辽国已无力反击。

辽天祚帝天庆六年（1116年），原渤海国贵族后裔高永昌利用民众的反辽情绪，以恢复渤海国为政治口号，于辽阳府起兵反辽，并自称"大渤海皇帝"，仅10余天便占领了除沈州以外的辽东50余州，辽东半岛地区被高永昌控制。而此间，女真族的完颜阿骨打已于1115年在今黑龙江阿城立国，国号"金"。当高永昌起事时，金军控制区已达辽北地区，于是高永昌派使联金灭辽。金国提出高永昌必须去帝号，高永昌不从，结果金兵南下，于1116年攻克沈州，高永昌由反辽转而抗金。辽阳被金军攻陷后，高永昌节节败退至复州，又经几战，高永昌退缩至复州长松岛（今长兴岛），金军攻入岛内将高永昌擒获诛杀，历时半年的高永昌反辽抗金之战遂告失败。至此，辽阳路五十四州悉被金军控制，至1123年，辽便灭亡了。

## 2. 蒙古木华黎攻陷辽西辽南之战

1209年10月，蒙古与西夏议和后，开始以主要兵力进攻金朝。1215年，蒙古木华黎大军控制了辽西地区。1216年8月，蒙古大军南下，仅数日之间便攻占金、复、海、盖四州十五城，金将蒲鲜万奴降蒙。蒙军在辽南地区声威大振，并一度到达鸭绿江边婆娑府路之大夫营一带。不久，因蒙古军西征，木华黎率蒙古主力退出辽东向西进军，只留少数军兵分守四州。此间，投降蒙古的蒲鲜万奴又叛蒙古，占辽东建"东真国"，继而改称"东夏"。辽南地区由蒲鲜万奴控制10余年。1233年，蒙古大军回师辽东，灭"东夏国"，擒杀蒲鲜万奴，重新控制辽东。1234年，金朝末代皇帝完颜承麟死于乱军之中，金朝灭亡，辽东地属蒙古窝阔台辖地。

明清时期辽东战争与驻防兵事

## 1. 得利赢城兵变 明军旅顺登陆

明朝建立之初，元顺帝向北逃至开平（今内蒙古正蓝旗闪电河北岸）一带。1368 年夏末，明军攻入元大都（不久改北平府，即现在的北京），元朝随之灭亡。但实际上，元朝的残余势力还十分强大，元顺帝北走塞外仍称皇帝，继续统治蒙古高原及西北广大地区。而在东北，则有元朝的故臣也速、刘益、高家奴、洪保保、也先不花、纳哈出、帖木儿等军事集团盘踞各处，拥兵自重，他们时刻准备对明朝进行反击。其中，在辽南地区活动的故元辽阳行省平章高家奴、洪保保、刘益等势力较大，活动频繁，他们虽互不相属，但对付明朝则联为一体。当时控制今大连地区的元朝残余势力是故元辽阳行省平章刘益，他乘明军忙于在甘、陕地区剿杀元军及在东南沿海抗击倭寇而无暇顾及东北之机，"以兵屯盖州之得利赢城"[1]。此城始建于晋代，城墙绕山脊地形用石块砌筑，极其宏伟坚固。城中部是一块小盆地，四周环山，有水源。刘益占据得利赢城后，与盘踞辽阳一带的高家奴相互支援，以图阻挡明军登陆旅顺和北上。

其时元朝的残余势力虽已成强弩之末，但仍采取流动作战之法与明军周旋，战争旷日持久，几乎耗尽了刚建立的明朝国力。在这种情况下，朱元璋采取了招抚策略，告谕残元势力归附。大势所趋，刘益决计"归附明朝"，但向朱元璋提出一个条件，要求归附后辽东百姓留居原地，不要将他们迁徙到内地。在得到明朝的允诺后，刘益于明洪武三年（公元 1370 年）冬，"以辽东州郡地图并籍其兵马钱粮之数，遣右丞董遵、佥院杨贤奉表归顺明朝"[2]。

刘益的归附，对明朝收复辽东具有重要的战略意义，使明军在辽东有了可立足之地，为收复整个东北地区创造了基本条件。刘益归附后，金、复、盖、海四州不战而下，于是明朝于洪武四年（1371 年）二月置辽东卫指挥使司于得利赢城，任命刘益为辽东卫指挥同知，责成刘益"固

---

1 《明太祖实录》卷 56，洪武三年九月乙卯。

2 《明太祖实录》卷 61，洪武四年二月壬午。

堡辽民，以屏卫疆围"。

　　刘益手下的残元遗老们并非全都心悦诚服，洪保保便是其中的代表人物。他因蒙元覆灭而无奈投奔刘益，附明后，又未被明朝高爵厚赏，心怀不满，便暗地里招降纳叛，做谋兵夺城的准备。而刘益疏于防范，对洪保保的虎狼之心未能及时识破，最终酿成惨祸。明洪武四年（1371年）五月，洪保保网罗"乱党"马彦翚、八丹、僧孺等在得利赢城发动叛乱，刘益猝不及防被杀害。刘益为人恩厚，他的部下右丞张良佐、左丞房暠对洪保保恩将仇报的无耻暴行十分愤慨，率众奋起反击，杀死叛军大部。洪保保率随从脱逃，投金山的纳哈出。平息得利赢城叛乱后，张良佐暂代理辽东卫指挥同知之职，并将叛乱情况飞报南京。朱元璋闻报，立命吴立、张良佐、房暠"俱为盖州卫指挥佥事"，共理得利赢城之事。

　　得利赢城兵变事件，使朱元璋认识到仅靠一个得利赢来解决辽东问题是不可能的，遂下决心派大军进兵辽东，以实现东北的统一。于是，朱元璋在明军尚未入辽之际便设立了定辽都卫，任命马云、叶旺同为都指挥使。明洪武四年（1371年）七月，马、叶二将率10万大军自蓬莱港乘船，沿登莱海道一路顺风直抵狮子口。10万明军浩浩荡荡，只一昼夜时间便云集旅顺，势同天降，给辽南地区的小股残元势力以巨大震慑，纷纷归附明军。加之得利赢城有张良佐等镇守和策应，又有靖海侯吴祯等将粮饷军需源源不断地运抵旅顺，明军很快站稳脚跟并快速向辽中、辽北推进，全面收复辽东之战也就此拉开帷幕。

## 2. 望海埚抗倭大捷

　　明永乐十七年（1419年）在明代的历史上是一个具有里程碑意义的年份。这一年六月十三日深夜，望海埚烽火台斥候突然发现东南黄海中的广鹿岛王家山烽火台[1]发出三道火光，知是倭寇来犯。军情重大，路台即刻举火将敌情传向金州城。此间辽东总兵官刘江已是常驻金州城[2]。闻报后，他飞马驰奔望海埚城，只见东海海面上火光连成长串，如同巨蟒蠕动，判定必是倭寇的船队举着火把向马雄岛驶来。马雄岛是指澄沙河（后改称"登沙河"）至青云河之间的半岛，城山头突入海面约10千米，与广鹿岛相对，因岛的形状似雄马之

---

[1] 旧资料认为王家山岛指今庄河市王家岛，经考证此指有误。因王家岛距望海埚直线距离150千米，肉眼不可能望见火光。故王家山岛应实指广鹿岛，今岛屿上之烽火台遗址仍在。

[2] 辽东镇总兵官衙门设在辽阳城，时因金州、复州为海防前哨，刘江常年坐镇金州城指挥海防要塞建设。

器故称马雄岛[1]。此间，金州卫总兵力不足 2000 人，迎战大股倭寇须智取。刘江急命指挥使钱真率马队（骑兵）摘除弯铃隐于望海埚下丛林中，以截断倭寇的退路；命指挥使徐刚率步兵主力埋伏在望海埚城堡周边隐蔽之处，以备围歼之计；又命百户姜隆率壮士潜入海湾，只待倭寇登岸后，将贼船烧毁，让其有来无还。而城中只留少数兵力以诱敌。刘江不愧为久经战阵的将军，当年曾跟随明朝开国元勋徐达及朱棣皇帝与元军作战，历为前锋官，善于打攻坚战和歼灭战。此战之部署可谓环环相扣，以逸待劳，给来犯倭寇布下了天罗地网。

部署停当，各军进入阵地。这时天已大亮，气焰嚣张的倭寇船队驶入青云河口的老雕窝港泊岸。倭寇船队共 31 条风帆大船，每船乘 50 余名倭寇。倭寇之所以出动较大船舶，其目的是载运抢掠的物资，金银细软、粮食布匹、牛羊鸡禽、古董瓷器、生活用品等类，都在其劫掠视线之列。此次登岸倭寇依恃人多势大，企图进行长时间、大范围劫掠。倭寇已探知望海埚城堡有明军驻防，意欲首先攻占望海埚，将守军驱走后，再向周边地区纵深劫掠，用抢劫的车辆将物资运回港口装运，这也是倭寇劫掠中国沿海地区惯用的伎俩。倭寇多为青壮年，装夷服，紧裤脚，披长发，面目狰狞，其手持弯刀，身背绳索布袋等工具。此种凶煞恶神之装扮，意欲制造恐怖气氛，令乡民惧怕逃遁，然后他们便可轻易劫掠。

倭寇并没把明军放在眼里，登陆后便排成长蛇阵直扑望海埚。刘江派去迎战的明军小股部队与倭寇接仗后便佯装败退，给倭寇造成明军兵寡力弱的假象。倭寇见状越发嚣张起来，紧追不舍，很快进入明军的伏击圈中。只听一声炮响，刘江披发仗剑以真武神人之状立于望海埚城头，指挥伏兵群起冲杀，近者刀劈，远者箭射，倭寇凶焰立时土崩瓦解。此战"自辰至酉"，一直战到傍晚，约 5 个时辰，歼其大部。剩余的残寇走投无路，便逃奔到望海埚山下的樱桃园空堡中。此堡乃明初洪武年间都督耿忠所建，在洪武年间的抗倭战争中曾发挥一定作用，但由于地处山下洼地，视野不阔，不利守战，渐而废弃。倭寇奔入空堡中惊魂未定，明军早已按计将城堡南、北、东三处城门围住并呐喊架炮作轰击状，只虚留西门不围。倭寇见有机可乘，便蜂拥从西门出逃。而此时空堡城西门外丛林隐蔽待命的钱真马队接到号令纵马杀出，左冲右砍，倭寇纷纷做了刀下之鬼，剩下的全部扔下弯刀，跪地求降。侥幸逃脱出的几十个倭寇在奔至老雕窝港途中被民兵截杀多名，剩下的逃至港口时，31 条大船已被百户姜隆悉数烧毁。倭寇走投无路，只得束手就擒。此役共"斩首

---

1　明代时，半岛统称为"岛"，如青泥岛、金线岛、海青岛、莲花岛等，实则均为半岛。

七百四十二，生擒八百五十七"[1]。总计歼敌 1599 人。

望海埚大捷是明朝开国 50 年间取得的第一次抗倭斗争的大胜利。自元代以来日益猖獗的倭寇势力受到了空前的沉重打击，是明代抗倭斗争不多见的著名战例。《明史·日本传》对此战评价说："自是，倭不敢窥辽东。"《明史·刘荣传》亦说："自是倭大创，不敢复入辽东。"

## 3. 毛文龙抗击后金军

明朝末年，努尔哈赤利用明朝皇位更迭、党祸日炽之机，于明天启元年（1621 年）率军一举攻占沈阳、辽阳及三河、静远、镇江、海州、复州、金州等 70 余城。但后金军在进攻锦州之战中，被袁崇焕所率明军击败。在宁远之战中，努尔哈赤被炮火炸成重伤而死。皇太极通过宁锦之战认识到，若要击败辽西的明军，必须扫清据守辽东沿海岛屿上的明军以解后顾之忧。

辽东沿海岛屿上的明军在总兵毛文龙的统率下，以皮岛[2]为指挥中心，连缀成一道海上防线，与辽西宁锦、河北津门及山东登莱明军遥相呼应，牵制后金军西进中原。

为了建立与后金军抗衡的根据地，毛文龙利用皮岛介于辽东、朝鲜和山东半岛之间的有利位置，率领军兵披荆斩棘，开发皮岛。他大批招募流民，补充兵源，发展商贸。南方的绸布、北方的参、貂均在岛上集散和交易，官府则挂号抽税。数年之后，皮岛便建设成为一处海上雄镇，成为毛文龙与后金军对峙的根据地。明天启三年（1623 年），毛文龙做出重大战略决策——扩大根据地，攻占金州。因为金州南通旅顺，西通广宁，向东陆路、水路均可通鸭绿江口，向北可扼制建州后金兵，跨海可从登州漕运军粮，是一处战略要塞。于是毛文龙率部将张盘攻取金州，然后一鼓作气收复辽东半岛及其沿海岛屿数十个，形成了号称连绵三千里的东江防线，毛文龙军成为明末孱弱的朝廷可以依恃的一支军事力量。毛文龙在这些海岛上修城垣，铸造火炮，开荒种地屯田自食。同时他还立文庙办学，学生可参加山东或直隶学区的考试。除此之外，毛文龙甚至铸造钱币通商，也正因毛文龙这些非常时期的非常举动，为他后来的悲剧埋下了伏笔。

---

1　望海埚大捷歼灭倭寇数量，各文献记载略有出入。《明史·刘荣传》记为"斩首千余级、生擒百三十人"。此处数字取《明史·日本传》及《明实录太宗实录》。

2　皮岛又称"椴岛"，也称"东江"。东西长 15 里，南北宽 10 里，与鸭绿江口的獐岛、鹿岛构成三足鼎立之势。

毛文龙治军严明，知人善任，赏罚必信。他率军灵活机动地抗击后金军，血战八年，延缓了后金军西进中原的步伐。据明末档案统计，自明万历四十八年（1620年）十月至明崇祯元年（1628年）十月的8年间，毛文龙献上斩敌首级1100余颗，献俘126人，缴获马匹、器械600余件。这应该不是全部的数量，据毛文龙自称："数杀万余奴，献俘数十次。"毛文龙累功升为平辽将军、左都督，并受赐尚方宝剑。随着毛文龙官职的晋升，权力加大，渐而骄横起来，尤其他结交了魏忠贤等专权太监，更加有恃无恐。

　　袁崇焕任蓟辽督师（兼督登莱天津军务）后，赴任之初便确定从东江开始整军，对毛文龙"可用用之，不可用杀之"。第一步是从经济来源上控制毛文龙，他奏明朝廷成立东江饷司严申海禁，凡运往东江（皮岛）的军粮物资一律先运至宁远的觉华岛（菊花岛），由督师衙门查验后，再由旅顺口转运东江。这样一来，毛文龙的粮饷供应渠道十分不便，同时也切断了毛文龙的海上贸易线，对毛文龙是致命的打击。毛文龙只得数次申奏皇上，反对袁崇焕的做法，袁、毛矛盾加剧。此外，后金皇太极的借刀杀人之计，对袁、毛的矛盾起到了推波助澜的作用。袁崇焕希望与后金议和以实现"五年平辽"，而皇太极则提出先杀毛文龙而后议和，其目的是借议和之机除掉毛文龙，铲除心腹之患，同时为日后撕毁合约解除后顾之忧。而袁崇焕对此毫无察觉，认为除毛文龙可收一石二鸟之效。于是袁崇焕于明崇祯二年（1629年）五月二十五日率部众乘船，于二十九日抵旅顺双岛（距旅顺9千米），并约毛文龙于双岛的姑子庵商谈军务。毛文龙三十日从皮岛赶到，先是到督师船上拜谒，不久袁崇焕到姑子庵西侧山坡上的毛文龙营帐回拜。在交谈之间，袁、毛就军饷的数量、供饷方式等进行沟通，均话不投机，袁崇焕还提出让毛文龙告老还乡，改编其部队等问题，并索要毛部官兵花名册。毛文龙不愿亮出家底，予以应付，袁崇焕遂坚定了斩杀毛文龙之心。六月初五，袁崇焕以召集毛文龙集结在双岛的3500名官兵予以犒劳之名，当众宣布毛文龙的12条当斩之罪。宣布完12条罪状，袁崇焕西向叩头请旨说："臣今诛文龙，以肃军政，镇将中再有如文龙者，亦以是法诛之。臣五年不能平奴，求皇上亦以诛文龙者诛臣"。袁崇焕随后取下尚方宝剑，交旗牌官张国炳，将毛文龙斩于帐下。

　　袁崇焕抗击后金军功勋卓著，但他枉杀毛文龙，自毁了明朝辽东海上防线，使皇太极一心除掉毛文龙又苦苦无法如愿的愿望得以实现。不久，东江便发生兵乱，辽东海上防线不战自溃，大明王朝的灭亡也为时不远了。

## 4. 宁远之役

广宁被后金军攻占后，明朝任命王在晋为辽东经略，王在晋力主放弃关外，专守山海关，在关前八里铺筑城，置兵 4 万人据守。在此之前，兵部主事袁崇焕曾单骑出关暗查防卫形势，归后向朝廷表示，如果朝廷拨给他军马和钱粮，他可以守关拒敌。袁崇焕的提议得到朝廷认可，晋升他为指挥佥事，拨帑金 20 万两，让他监军关外。王在晋筑城八里之策，袁崇焕持反对态度，而主张进守宁远。王、袁的意见相左，朝廷一时难以决断，便派遣大学士孙承宗赴前线视察。孙承宗经过战地实察，认为王在晋之策不可信，而盛赞袁崇焕之策，于是朝廷罢免王在晋以孙承宗代之。

孙承宗、袁崇焕到任后，立刻在宁远（兴城）和觉华岛部署守备，以构成犄角之势。明天启三年（1623 年）九月，因祖大寿筑宁远城不力，孙承宗命袁崇焕取而代之。翌年，宁远筑城工程竣工，其城防结构合理，从而成为明军抗金的前哨阵地。

孙承宗播营关外 4 年，任重功高，引起魏忠贤奸党忌惮，千方百计予以诬陷。昏聩愚昧的明廷于天启五年（1625 年）十一月竟将孙承宗罢职，改由高第代任。高第怯弱无能，力陈关外不可守，将锦州、右屯、大小凌河、松山、杏山等地袁崇焕所设的城堡全部放弃，守军也全部撤回关内，致使军粮器械丢弃无数。高第还要撤除兴城及前屯 2 城，袁崇焕誓死不撤。努尔哈赤 4 年来苦于无机可乘，今明朝易帅，袁崇焕抗命不撤，明军将帅不和，便乘机兴兵西进。

明天启六年（1626 年）一月，努尔哈赤率八旗兵攻明，兵至右屯（锦州城东 10 千米），明守将周守廉率军民弃城而逃，当时明朝廷海路运抵的军粮都存储在海岸边。努尔哈赤将这批军粮转运到右屯，以断明军粮食，后金军因有粮食补给，继续向锦州推进，很快占领大小凌河、杏山、连山、塔山诸城。同月二十三日，后金兵进至宁远，并越城五里，横截山海关大道驻营，断宁远明军退回关内之路，其目的是胁迫明军投降。袁崇焕抱着与宁远城共存亡的决心，命军兵将城外民居烧毁，做坚壁清野之计，又命城中将士各守城关，逃逸者立斩。宁远城虽孤悬后金军重围之下，但军心稳定，将士效命。一月二十四日，努尔哈赤指挥攻城，后金兵"载盾穴城"，守城明军"矢石雨下"仍无法将其击退。袁崇焕乃命闽兵用西洋巨炮（即红夷大炮）向后金兵轰击，一发炮即可令后金兵伤亡惨重。翌日，后金兵再次攻城，明军用大炮轰击，再次击退之，努尔哈赤亦在此战被炮弹炸成重伤。后金兵久攻宁远城不下，努尔哈赤又身负重伤，只得暂时退兵。袁崇焕见后金退兵，特遣一使者带着礼物去见努尔哈赤并带去袁崇焕的话:"老将(指努尔哈赤)久横行天下,今日败于小子(自称),岂非数耶?"并约再战之期。这是袁崇焕的心理战术。努尔哈赤又气又恨,伤重不愈,于明天启六年(1626年)七月,即此战之后半年"懑恚而死",时年68岁。袁崇焕宁远守战获胜,以功擢宁远巡抚。

努尔哈赤逝后,袁崇焕遣使至吊,皇太极继位。双方实为探听虚实,准备再战。其间皇太极转攻朝鲜,以除后顾之忧。后金天聪元年(1627年)五月,皇太极率两黄旗、两白旗攻辽西。后金兵直驱大凌,明守军败退。后金军遂围锦州,守将赵率教统3万大军坚守。袁崇焕遣使致书赵率教坚守城池,不日则亲往救援。后金兵奋勇攻城,均被火炮矢石击退。皇太极久攻锦州不下又转攻宁远,又被红夷大炮击破,死伤甚众;再回攻锦州,又不克,死伤亦甚。皇太极只得毁大凌河两城而返。

此役明军虽胜,但魏忠贤忌惮袁崇焕之功,诬袁不救锦州之罪将其罢免,而以庸才王之臣代之。王之臣到任后又提出撤锦州专守宁远,幸好尚未实施,明熹宗驾崩。朱由检(即崇祯皇帝)即位后,魏忠贤伏诛,廷臣们争奏重新起用袁崇焕。明崇祯元年(1628年)袁崇焕升为右都御使,再守宁远。崇祯二年(1629年)四月,加封为太子太保。同年十月末,皇太极率后金军攻入长城龙开关,直逼遵化城。袁崇焕闻报后,率明军驻山海关的全部兵马返回北京保卫京师。袁崇焕在北京层层设防,皇太极久攻不下,便采用了范文程所献的反间计。崇祯帝中计将袁崇焕逮捕下狱,崇祯三年(1630年)八月初十,袁崇焕被以"通敌"之罪处以极刑。一代名将,含冤惨死,时年47岁。清廷入主中原后,于清乾隆四年(1738年)修《皇太极实录》时,为袁崇焕沉冤昭雪,正式下葬,垒墓立碑,碑阳镌刻:有明袁大将军墓。

## 5. 英法军舰入侵中国辽南海域

第二次鸦片战争后期,英国和法国侵略军入侵天津大沽口,其主要目标是攻打北京城。1860年2月,英国海军军官哈斯特受英、法联军司令何伯之命,率间谍船"萨普琳"号秘密潜往中国辽南海域,寻找适合海军舰队停泊和陆军驻扎场所。同月21日,"萨普琳"号侵入大连湾,"试探水势,用千里镜窥看"[1]。2月28日,英军兵舰4艘侵入青泥洼海域。英

---

1　清咸丰朝《筹办夷务始末》卷48,第1822页。

军此次入侵大连湾，采取了欺骗手段，他们对驻防清军通报：海上载有英国官员吉必逊，并非通商；目的地是天津，只是在此暂停，称"后路尚有火轮多只，俟上海聚齐，即行起碇"。英军在大连湾海面和陆地进行间谍活动，搜集到多方情报，为其后大规模入侵活动做好了准备。何伯得到哈斯特的情报后，认为大连湾距天津较近，是再理想不过的海军舰队锚地。而对外军入侵，清朝地方官员及驻军称"其并无滋扰情形，未敢孟浪攻击"[1]。清军的放纵，使英军有恃无恐。因深知清朝力量薄弱的驻防军不会对其形成威胁，于是英军于同年5月27日，根据海军先头部队"萨普琳"号前期绘制的海图，迅速侵占大连湾，占领和尚岛。6月17日，5艘英舰入侵金州大孤山海口，有200余名英军乘小船登岸，搭盖帐篷。6月25日起，包括英军兵舰军事指挥机关及英国陆军司令在内的大批英军陆续入侵大连湾，分驶各口锚地集结。至1860年7月中旬，英军入侵大连湾海域的舰船达127艘（包括劫掠后被涂漆改造为其所用的中国商船21艘），舰队中有巡洋舰7艘、小型精锐舰艇34艘。这些舰船分别泊骆马山（小窑湾）1艘、红土崖（开发区西海）11艘、大孤山26艘、小孤山14艘、大鱼沟32艘、青泥洼42艘、羊头洼1艘。

侵华英军地面部队1万余人、战马700余匹，还有大批枪炮器械和马车，陆军主要驻扎在青泥洼及大孤山一带近海村庄。据《筹办夷务始末》卷48记载：此时的大连湾，"夷风日炽，船舰百数十只，人则不下数万，自骆马山至羊头洼，联络三百余里，帐篷千余架，而登岸之夷人数千余名"。由于清政府的软弱妥协，英军"肆无忌惮，狂悖至极"，一面登陆抢劫百姓财物，一面在大连湾编队训练，演放枪炮。英国海军大尉帕律在他的《一八六年征华记》中记载："负责总指挥的海军中将为了确保运输，遂决定征用沙船。"所谓"征用"，实为抢劫。1860年5月末至7月初，英军明火执仗地在黄渤海武装抢劫沙船30余只、卫船40余只，将船上所载之豆饼、漕米、白银尽数抢去。英军将所抢的中国商船拖至金州海口，"将船身另涂白色，欲改修火轮船，带赴天津打仗"，作为进攻天津和北京的运输船。期间，5000余名英军将东、西青泥洼民房全部占据，在大孤山等处占民地搭帐篷千余座。保尔·瓦兰在他的《征华记》中载："我们的士兵刚上岸，就像潮水般扑向各种财富。他们飞快冲向海滨附近的一些村庄，要制止他们是完全办不到的。"在英国军舰入侵期间，整个大连湾地区被侵略军践踏得满目疮痍，当地部分百姓不得不扶老携幼逃离家园到辽北谋生。英军随军翻译罗伯特·斯温霍供述："当初我舰入港时，陆上的土人多携带财货遁走，今观

---

1　清咸丰朝《筹办夷务始末》卷48，第1822页。

英国军舰游弋于
金州柳树屯海湾

村落，竟一鸡一犬无遗。"[1]

英军入侵大连湾之际，金州副都统希拉布即报盛京将军玉明派兵增援，玉明急调奉天、辽阳、熊岳共 1000 兵员增援金州。而清廷却对入侵英军心存幻想，妥协求和，令驻军"不得遽行攻剿"，要求地方官劝诫英舰驶离。而英军对前来规劝的清朝地方官根本不予理睬。

面对英军肆虐，英勇不屈的大连人民不甘任人宰割，自发组织起来进行反侵略斗争。柳树屯一带民众多次对登陆的英军"聚众抵押""动辄拿出长矛威吓（英军）"，还将牛羊鸡禽及粮食全部藏匿起来，店铺商号拒绝与英军做任何交易。有些岛屿的淡水也被居民投放毒物，"以绝敌人占领之心"[2]。大连湾地区人民同仇敌忾，坚壁清野，使英军一筹莫展，无法立足。

此次英军试探性入侵大连湾地区，时间长达 4 个半月，为后来天津、北京两地沦陷埋下了灾难性隐患。入侵英军尽管没有与中国军队交战，但大连地区海防、海陆形势及兵力部署已悉被英军侦知。大连湾实际上已被英军舰队控制，解除了英军攻击京津时被抄后路的担忧，以致在后来的庚子之役中八国联军轻易攻破天津、北京。

---

1　[英]罗波特·斯温霍：《1860年华北战役纪要》。

2　《盛京将军玉明奏金州夷船出入活动并拿获奸细审讯由》（清咸丰十年六月五日）。

## 6. 中日黄海海战

日本明治维新后，于 1868 年制定了对外扩张侵略的总政策——"大陆政策"。"大陆政策"把侵略中国东北作为侵略全中国、亚洲乃至世界的第一步，而辽东半岛是中国东北的出海口，首当其冲成为日本侵华的第一个目标。为此，日本举国扩军备战，首先派出大批特工进入中国，以使馆、武馆或留学生名义搜集中国的兵备情报，制定《征清方案》。日本为适应对外侵略作战的需要，将镇台制改为师团、旅团和联队编制，疯狂扩军，至甲午黄海海战前，日本可投入作战兵力达 24 万人。1892 年日本军费开支达 3450 万日元，占国家预算的 41%。[1] 同时，日本大规模扩充海军，除从 1874 年起向英国订购快速钢舰外，还制订了 8 年造舰计划，至 1882 年，日本已拥有"舰船十二艘，兵员八千九百五十五人"[2] 的海军。在扩充海军过程中，日本政府极为关注武器装备的先进性，先后设立海军兵学校、海军驾驶学校、海军造船工业学校、海军炮术练习所、海军水雷练习所，并制定了一系列条例。至甲午黄海海战前，日本已建成一支拥有大小军舰 31 艘、鱼雷艇 37 艘，总排水量 59 898 吨的近代海军。至此，日本推行"大陆政策"所需要的军事力量准备完成。

为了给侵华战争寻找借口，日本在朝鲜独立问题上大做文章，欺骗日本民众，鼓吹"义战"。1894 年 7 月 25 日，日本舰队在丰岛海面突袭中国军舰及运兵船，击沉"高升"轮，重创"广乙"舰。清军殉难者达 700 余人，中日甲午战争爆发。1894 年 8 月 1 日，中日两国政府同时宣战。8 月 9 日，日军攻汉城。9 月 15 日，日军总攻平壤，清军总兵左宝贵率部英勇抵抗，血染战袍，英勇牺牲。9 月 16 日，日军占领平壤。为了增强驻朝清军防守力量，清政府决定由海路运兵赴朝作战。9 月 16 日，北洋舰队 10 艘军舰护送中国招商局"计裕""图南""镇东""利运""海定"5 艘运输船，将大连湾驻军刘盛休部铭军 10 个营约 4000 兵员运至大东沟，当日下午顺利完成护送任务。9 月 17 日上午，北洋舰队返航。早有预谋的日本联合舰队在丰岛海战后进行了改编，得知中国北洋舰队这次护送运兵船的情报后，日军决定在黄海一带海面寻找北洋舰队主力进行决战。日本舰队与 9 月 16 日抵达长海县海洋岛一带，之后转向东北方向的大鹿岛进发。9 月 17 日上午 10 时 30 分左右，日本联

---

1　[日]田中惣五郎：《日本军队史》，第 197 页。
2　[日]田内丈一郎：《海军辞典》，第 3 页。

合舰队发现北洋舰队，立即拉开战斗队形。与此同时，北洋舰队发现对方，丁汝昌、刘步蟾当即卜令每2艘同型舰编为1个小队，共分5队迎击日舰。北洋舰队10艘战舰，分别为："定远""镇远""来远""致远""靖远""济远""广甲""超勇"和"扬威"。日本参战舰队12艘，分别为："松岛""严岛""桥立""吉野""扶桑""浪速""高千穗""秋津洲""千代田""比睿""赤城"和"西京丸"。北洋舰队将士士气高昂，"渴欲与敌决一快战，以雪广乙、高升之耻"。丁汝昌不失时机地下令各舰装弹，准备战斗，"北洋各舰皆发战斗喇叭，瞬息之间，我队各舰烟筒皆吐出浓黑煤烟，其服务于舰内深处之轮机员兵，已将机室隔绝，施行强压通风，储蓄饱满之火力汽力，借为战斗行动之用""舱面敷以细砂，以坚步履，救火机与引水管预为接妥，以防不测"。北洋舰队官兵按职守，一队队伫立于甲板大炮侧，准备与日舰进行你死我活的大决斗。"同仇敌忾，凝视敌队，自发决心，勇气百倍。"[1] 随着双方舰队的不断驶进，为了能更好地发挥北洋舰队舰首主炮的威力，丁汝昌下令将舰队由犄角鱼贯阵改为犄角雁行，阵形成前窄后宽的"人"字形，如利刃直插日本舰队。当双方驶进至5300米（一说3000米）时，北洋舰队旗舰"定远"舰管带刘步蟾下令首先开炮，接着北洋各舰相继发炮，海战正式打响。

中日黄海大海战共历时5小时，按战斗进程和发展大体划分三个阶段：第一个阶段从9月17日中午12时50分至下午2时左右，此阶段中国北洋舰队列舰阵冲敌舰，主动出击。中日双方舰队各有损失。海战第二阶段，北洋舰队"超勇""扬威""致远"3舰沉没，"济远""广甲"两舰逃跑，失去5舰后战斗力大为减弱，被迫转入防御。而日本3艘弱舰"比睿""赤诚""西京丸"退出战斗，但对日本舰队影响不大，战局开始对日本有利。海战第三阶段从下午3时30分至5时30分，北洋舰队战强敌，挽危局，重创"吉野"舰。下午3时30分北洋舰队坚持战斗的只有"定远""镇远""来远""靖远""经远"5舰，而日舰还有9艘。北洋舰队官兵面对优势之敌，毫无畏惧，力挽危局。日本舰队以本队之"松岛""千代田""岩岛""桥立""扶桑"5舰包围北洋"定远""镇远"两舰，以第一游击队4舰进攻"来远""靖远""经远"舰，形成2个战场。面对敌舰的围攻，"定远""镇远"两舰在刘步蟾、林泰曾的指挥下，"时刻变换，敌炮不能取准""奋击实进，操纵自在"。[2] 官兵们奋力鏖战，面对弹火飞腾，神色不动，攻御愈力。3时30分，"定远""镇远"齐发305毫米口径巨炮，其中一炮命中

1 《马吉芬黄海海战评述·海事》第10卷3期。

2 《中华战纪本末·大东沟海战》，见《中日战争》第1册。

黄海海战中，日军旗舰"松岛"号中弹引发爆炸。图为该舰被炸弯的120毫米口径炮管

"松岛"号，引起弹药大爆炸，炸死炸伤舰上官兵百余人，致其大部分火炮被摧毁，炮手伤亡殆尽，基本失去作战能力。日舰被打乱阵形。"定远"和"镇远"两舰由于配合默契，英勇奋战，最终顶住日舰围攻，坚持战至最后。

日舰在攻击北洋海军两艘铁甲舰的同时，由第一游击队追击受伤最重、航速减缓的"经远"舰及"来远""靖远"舰。4时48分，"吉野"号等日舰追至"经远"舰2500米时发炮轰击，"经远"舰管带林永升率官兵奋力救火并发炮还击。又一颗炮弹击中"经远"舰，林永升头部中弹，壮烈殉国。该舰进水倾斜，在庄河市黑岛海域老人石礁南部650米处沉没。全舰除16人浮游至老人石礁被当地渔民所救外，其余约200名官兵全部殉难。由于"经远"号牵制了日舰第一游击队4舰，"来远""靖远"两舰得以驶至大鹿岛附近，扑灭舰上大火，堵塞漏洞并在浅水区坚持战斗。而此时日本舰队也无力再战，发出返回信号，向东南一带飞驶遁去。"靖远"舰管带叶祖珪代旗舰升起督旗，召集其他各舰向日本舰队撤退的方向追了一段距离后，转航道返航旅顺口。持续了5个多小时的黄海大海战宣告结束。

此战北洋舰队损失5舰："致远""经远""超勇""扬威"中弹沉没，"广甲"舰逃跑途中搁浅，后被炸毁；北洋舰队官兵死伤800余人。日本舰队旗舰"松岛"号丧失战斗力，"吉野""赤诚""比睿""西京丸"号遭重创；日舰官兵伤亡300余人。

## 7. 甲午中日鸭绿江之战

　　1894 年 10 月，在朝鲜的中国军队对日军作战失利。清政府为阻止日军北犯，任命四川提督宋庆统领鸭绿江防线各守军，令黑龙江将军依克唐阿率镇边军与宋庆合作，组建以九连城、虎山为中路，以安平河口、苏甸、长甸等要塞为东路（左翼），以安东、大东沟、大孤山诸地为西路（右翼），以鸭绿江为屏障的防御体系，总兵力 80 营，2.8 万人，以阻止日军渡江。自 10 月 20 日，日本陆军大将山县有朋指挥第 1 军 3 万人逐次集结于朝鲜义州。10 月 25 日，日军佐藤支队由朝鲜水口镇徒步涉水进犯东路安平河口。当日军到达姜甸子附近时，守卫河口的依克唐阿部清军开枪射击，南岸高地日军炮兵以炮火压制，掩护数百名日军渡江。11 时 40 分，日军渡河分队登岸后，清军马步兵 200 余人阻击无效，安平河口、古楼子相继失守，左翼总指挥将军依克唐阿退奔宽甸，东路防线遂破。

　　10 月 24 日夜晚，驻义州日军大队在义州至虎山江面上架起浮桥，同时派部分兵力于深夜乘船渡江，潜伏虎山东侧。10 月 25 日拂晓，清军统马金叙发现日军偷渡，全军紧急应战 1 小时，发快炮 180 发，毙伤日军川崎大佐以下 10 余人。日军过浮桥时，挤掉江中淹死甚多。次日凌晨 7 时，日军抢占东面高地，守军腹背受敌，中路防线指挥宋庆派总兵马玉昆、宋得胜率毅军 2000 人东渡瑷河，赶赴虎山反击敌军。守卫九连城的铭军刘盛休部发炮误伤援军多人，日军第 10 旅团乘机截击出援清军，援军被迫撤退。守卫虎山的牙山军马金叙、聂士成部虽孤立无援，仍坚守阵地与日军激战。至中午几进几退，马金叙受伤多处，官兵死伤过半，被迫放弃虎山，渡河西撤。宋庆所部北走凤凰城。10 月 26 日，九连城失陷，中路防线被突破。

　　在日军进攻中路防线时，其奥山支队沿鸭绿江南岸西下，屯兵安东对岸的朝鲜麻田浦，炮击安东清军堡垒。而占领九连城的日军分支西下，驻守西路防线的奉军总兵聂桂林、盛字练军丰盛阿不抵日军夹攻，放弃安东退往岫岩。10 月 26 日，日军占领安东；10 月 28 日，占领大东沟；11 月 5 日，占领大孤山。至此，鸭绿江防线全部失陷。

### 1. 日俄战争之海战

日俄战争是近代历史上重大历史事件，是日本和俄国两个列强为争夺中国东北，尤其是为争夺辽东半岛，谋求在东北亚的霸权而在中国东北土地上进行的一场帝国主义掠夺性战争。这场战争给中国人民带来深重灾难，极大地损害了中国主权和权益。

1904年2月8日夜，旅顺港万籁俱寂，16艘俄国战舰停泊在港外锚地，另有数舰在外海担任巡逻任务或等候换班。而陆地上的俄国海军军官们正聚集在军官俱乐部，庆贺太平洋分舰队司令斯达尔克夫人命名纪念日。此时，日本联合舰队第1战队的10艘驱逐舰已开进至旅顺港外，并灭灯隐蔽靠近俄舰继而进行偷袭。俄军损失3艘战舰，士气大挫，军舰龟缩港内，让日军控制了制海权。

日俄军舰在旅顺口外或稍远处的海面上多次交战，双方损兵折将，各有胜负。日军占领海洋岛作为海军锚地。因俄军太平洋分舰队开战以来屡战不利，俄国沙皇决定易帅，于是任命波罗的海舰队司令马卡洛夫海军中将代替斯达尔克。马卡洛夫到任后，俄军旅顺防御出现转机，开始主动出港作战。

为了使日军第2军能在辽东半岛顺利登陆，日军联合舰队司令官东乡平八郎在进行两次塞港行动后决定实施第三次塞港。日军陆军第2军、第3军先后在辽东半岛登陆，向北阻击俄军援军，向南对旅顺形成包围

旅顺鞍子岭堡垒山下的俄军骑兵

战前，俄国远东总督阿列克赛耶夫在旅顺赛马场检阅俄国"满洲"集团军

圈。俄国远东陆海军司令阿列克赛耶夫被迫决定让俄军太平洋舰队向符拉迪沃斯托克突围，以保存海军实力，但两次突围均告失败。第二次突围时，俄军舰队司令威特格夫特阵亡，俄国 18 艘战舰只有 10 艘返回旅顺港。8 月 10 日，俄国军舰突围失败后，再也无力与日本舰队抗衡，其对黄渤海制海权完全丧失。接着，日俄陆战便开始了。

## 2. 日俄辽南陆战及旅顺要塞争夺战

日军在堵塞旅顺港进而控制黄渤海制海权的企图迟迟未能如愿的情况下，惧怕南下的俄军增援旅顺，于是紧急派遣陆军第 2 军于 1904 年 5 月 5 日在金州猴儿石港登陆。是日凌晨，猴儿石港域浓雾弥漫，日军用 70 余艘运兵船载 4 万余兵员到达距岸 1500 米处，派出 1000 名陆战敢死队员登陆并占领岸边高地，然后急修栈桥。日军在奥保巩大将和大岛义昌男爵、小川又次男爵及伏见宫贞爱亲王三个陆军中将师团长指挥下从容登陆，登陆地点选在猴儿石西南的小河口海湾以避风浪。登陆持续到 5 月 13 日方告完成，而此时的俄军指挥官们却产生重大分歧，有的甚至主张放弃旅顺，将俄军退至北满，然后再与日军决战。在俄军将领的不休争论中，日军没遭到任何阻击便顺利完成登陆，掌握了战争的主动权。日军先后在金州南山与复州得利寺与俄军交战，均获胜绩。

俄军与日军在瓦房店、得利寺一带激战时，由于俄军司令库罗巴特金的昏庸，屡屡错失战机，如无头之蝇，东窜西突，各部之间不仅不能配合，还频频出现低级失误，完全丧失了战争的主动权。俄军由北向南援救旅顺的战略意图彻底破产，旅顺北线防线全线崩溃。日军进攻旅顺之战首先从旅顺后路开始，防守后路的俄军主要阵地有歪头山、鸡冠山、老墩山、横山、太白山、凤凰山等。日军夺取了旅顺外围阵地后，兵临旅顺城下，开始了旅顺要塞争夺战。随着战争的进展，俄军的战斗力受到极大削弱。

1905 年 1 月 1 日下午 4 时，俄军代表向日军司令部递交投降书。1 月 2 日，俄军主帅斯特塞尔接到日军同意受降函。同日 19 时，日俄双方签署了《旅顺开城规约》，日俄旅顺争夺战以俄军投降结束。

在 7 个月的旅顺围攻战中，日军累计参战人数 13 万人，死 15 400 人、伤 44 008 人，总计伤亡 59 408 人；俄军参战人数约 5 万人，伤亡 19 656 人。

## 3. 日俄鸭绿江之战

清光绪十三年（公元1904年）二月，日俄战争爆发。4月21日，由日军陆军大将黑木为桢所部第1军集结于朝鲜义州，占领鸭绿江左岸。俄军少将扎苏利奇指挥东方支队占领鸭绿江右岸的九连城等地。4月29日，日军工兵冒着俄军炮火，在九连城附近的江面上架桥。4月30日，日军井上中将所部第12师团先头部队在朝鲜水口镇开始渡江。同时，日军少将细古所部军舰1艘及水雷艇和装炮汽船各2只，由鸭绿江口溯江而上，以火力支援渡江日军。5月1日，日军第1军在炮火支援下，强渡鸭绿江，突破俄国"满洲"集团军东方支队防线，攻占虎山俄军阵地。俄军总预备队主力全力反击未能奏效。日军后续部队再取蛤蟆塘，并攻占俄军驻地九连城。俄军向凤凰城方向溃退，日军追击并击败俄军，攻占凤凰城。日俄鸭绿江之战，日军伤亡1360人，俄军伤亡3000余人。战争所经之处，中国居民遭受巨大灾难。

## 4. 日俄北线战事与《朴次茅斯和约》

1904年5月初，日军攻占了九连城、安东（今丹东），随后从凤凰城北进，占领摩天岭，向辽阳城逼近。

日军于5月26日在金州南山与俄军展开短兵相接的激战，以死伤4207人的高昂代价进占金州。5月27日，日军进至大连湾柳树屯，随即占领大连，切断了旅顺和辽阳之间俄军陆上联系。同时，野津道贯统领的日军第4军于庄河大孤山登陆，先后攻占岫岩、析木城，向辽阳挺进。

辽阳为东北南部战略要地，对辽阳的争夺对交战双方都将产生重大影响。所以俄军总司令库罗巴特金大将亲临辽阳坐镇指挥，迎战日军。8月24日，日军以13.5万余人向辽阳发起总攻，俄军则以15.2万人的兵力固守在坚固的工事里同日军激战。9月4日，日军以死伤23 533人的惨重代价占领了辽阳。但此时两个帝国主义强盗已厮杀得精疲力竭，再无力组织起大规模会战的力量，两军只好在四平一带对峙，以待和解。

日俄战争自1904年2月8日日军偷袭旅顺港起，至1905年9月5日俄国与日本签订和约，历时近1年半之久，双方死伤总计67万人。这是两个帝国主义强盗在中国东北土地上进行的一场大规模厮杀，战争以俄军在陆上、海上的失败而结束。但这两个强盗又以签

朴次茅斯会议

订条约的形式将战争损失转嫁于中国。日、俄两国在美国总统西奥多·罗斯福的斡旋下，背着中国政府，在美国东北部缅因州的旅游胜地朴次茅斯签订了《日俄和平条约》和附加条款，统称《朴次茅斯和约》。此约计有正款 15 项，附款 2 项，其中涉及中国主权的部分主要如下：其第 5 项规定："俄罗斯帝国政府经过中国政府同意将旅顺口、大连及附近之领土、领水的租借权，以及与该租借权有关并成为其组成部分的一切权利转让给日本帝国政府……"其第 6 项规定："俄罗斯帝国政府，将长春（宽城子）、旅顺口间之铁道，其一切支线和一切与此有关的一切权利、特权和财产，以及该地区为经营铁路所开设的所有煤矿，经中国政府同意，无偿转让给日本帝国政府……"[1] 上述几项条件足以表明，《朴次茅斯和约》的主要内容是以牺牲中国东北的领土主权为交易，取得交战双方和解。

## 5. 大刀会及抗日救国军的抗日斗争

"九一八"事变后，中国东北地方驻军撤走，日军乘机侵占了包括辽南在内的东北全境。庄复地区民众不甘心当亡国奴，掀起了波澜壮阔的抗日武装斗争。庄河县、复县民众救国军和大刀会等抗日武装，与凤城、岫岩的抗日组织联合行动，同日伪军浴血奋战，在中国

---

1　见《朴次茅斯和约》及其附条。

人民的抗战史上书写了浓重一笔。

庄河抗日救国军领导者为庄河人刘同先,早在 1927 年即拉起队伍,在庙岭一带聚义,后来队伍扩大到 700 余人,称为"抗日救国军"。至 1931 年底,抗日救国军发展到 3000 余人。1932 年 6 月,东北民众抗日救国会将刘同先部正式编为东北民众抗日救国军第 40 路军,委任刘同先为司令。刘同先率部多次与日伪军展开激战。1932 年 3 月 16 日,刘同先、刘振青率 3000 余战士攻克庄河县城,活捉了伪县长王纯煦和日本顾问葛西满南等,缴获大批枪支弹药。日本关东军调来飞机对庄河县城进行轰炸。为避免重大伤亡,抗日武装撤出县城,刘同先率抗日救国军第 40 路军在高岭、仙人洞一带山区坚持武装斗争。1932 年 3 月下旬,刘同先、王宝绪率部先后在高河姜家屯西山伏击日军;4 月初在青堆子、石嘴子一带数次打击下乡扫荡的日军;4 月 8 日在双塔岭伏击日军守备队,毙伤敌 20 余人。但因受到汉奸李寿山所率千余名伪军的夹击,抗日救国军 200 余人被俘,近百人遭杀害。之后,刘同先部与岫岩抗日救国军第 56 路军和邓铁梅领导的第 28 路军共同作战,打击日伪军。庄河、复县民众抗日救国军奋力抗战,极大地鼓舞了周边各县民众的爱国热忱,纷纷参加抗日队伍,开展抗日斗争。

庄河大刀会是 1932 年 10 月成立的群众抗日武装,其领导人有郭殿政、倪元德、鞠抗捷等,其宗旨是"驱逐日寇,光复中华"。大刀会有严格的纪律,平日各归自家,有战事则传令集合,其组织迅速发展到 16 个团,设立总团部与分团部,邀请山东武师教练武艺。1932 年 12 月,庄河大刀会发展到 4000 余人,其活动范围东起大孤山、西到碧流河。

大刀会在存续 1 年多的时间里,主要进行了两次较大的战斗:一次是土城子战斗,一次是红花岭战斗。1932 年 12 月,日军关东军阪本师团万余人分路向庄河、岫岩及凤城的三角地带进发,围剿抗日武装。日军"靖安游击队"骑兵第 12 联队的西路讨伐队在大佐森

大连北部山区抗日武装

庄河、复县地区农民抗日武装

秀树统领下，扬言半月内消灭庄河抗日军。大刀会侦知森秀树讨伐队的行踪后，进行了周密部署，决定在庄河北部的土城子包围日军，消灭讨伐队。郭殿政、鞠抗捷等率1000余名大刀会会员将驻扎土城子的日军秘密包围后，于夜里突然发起进攻。酣睡中的日军因哨兵被杀，不知所措，惶恐万状。日军联队长森秀树企图逃走，当他爬墙出逃时被大刀会战士刺死。此战持续2个小时，毙敌数人，缴获战马30余匹、机枪及步枪30余支。此战击杀森秀树（后被日军追授少将），大长了抗日军民的志气。

红花岭战斗是大刀会与日军进行的又一次交锋。战前，总部决定：大刀会分兵两路抗击日军，一路由郭殿政率领，东援凤城邓铁梅的东北民众抗日救国军第28路军；一路由鞠抗捷率领，北援岫岩刘景文的东北民众抗日救国军第56路军。抗日武装会师后，日军阪本师团一部尾随而来，扬言消灭这支抗日武装。郭殿政与邓铁梅决定先将日军引进凤城蚊子街。1932年12月25日下午，被引进蚊子街的日军探知大刀会在蚊子街后山红花岭集结，就直奔红花岭，这里正是大刀会为日军设下的伏击地。顷刻间枪炮声大作，日军被打得晕头转向，龟缩到红花岭的一条沟壑里抵抗。傍晚时分，大刀会吹响了冲锋号，战士们呐喊着冲向日军，与敌展开肉搏战，杀得日军四处逃散。此战击毙日军少佐1人、士兵50余人；缴获机枪1挺、步枪50余支；缴获弹药、粮米两大车。

大刀会的发展壮大，引起了日军的惶恐，遂派重兵进行围剿。大刀会只得化整为零，分散突围，元气大伤。大刀会领导人郭殿政、鞠抗捷等带领小部分队伍辗转进入关内，继续开展抗日斗争。

## 6. 辽西义勇军的抗日斗争

1931年"九一八"事变后，张学良于9月23日宣布在锦州设立东北边防军长官公署行署和辽宁省政府行署，将东北的军政中心西迁锦州。

辽宁警务处长黄显声出于民族大义，于9月25日召开锦县、义县、台安、盘山、黑山、北镇、绥中和兴城等地警察局长会议，号召以民间义勇军的名义组织民众开展抗日斗争，拟以警察和民团为基础，组成8万人的民众义勇军。辽西民众积极响应，纷纷组织抗日队伍。1931年10月以前成立的抗日组织有：黑山县朝北营子高鹏振领导的"镇北军"（后改称"东北民众抗日救国军"）；义县刘龙台、马子丹领导的"义勇军"（后改称"独立第8师"）；张海涛、于百思领导的辽西抗日义勇军独立1支队（后改编为第2路抗日义勇军）；王显廷领导的辽宁民众抗日义勇军第 1 路军；赵大中、芦士杰领导的义勇军第 25 路军；潘贯儒领导的第 3 路军。

以锦州为活动中心的辽西抗日义勇军打响了"九一八"以后东北民众武装抗日的第一枪。辽西是"义勇军抗日战争发动最早"的地方，因此日本侵略军对抗日义勇军十分仇视，并伺机消灭。1931 年 11 月 24 日，南京国民政府同英国、法国、美国磋商，提出如果能保证日军不再进攻辽西，中国军队可撤到山海关。同月 26 日，南京国民政府驻"国联"代表施肇基奉命向"国联"提出划锦州至山海关为"中立区"的建议，由英国、法国、美国、意大利等国派兵驻扎，中国军队全部撤至关内，"国联"立即表示同意。同月 27 日，南京国民政府外交部正式公布"划锦州为缓冲区"。公布即出，举国骂声一片，全国人民为保卫锦州和中国主权，举行声势浩大的游行示威，京、津、沪、武汉、广州等地到南京请愿者达 3 万余人。12 月 4 日，南京国民政府慑于全国人民的反对，致电"国联"，取消划锦州为"中立区"之计划。

1931 年 12 月 7 日，日本关东军司令部发布向辽西进军命令，并派出飞机轰炸北镇、沟帮子等地。同月 17 日，日军从北镇、大通、营沟三线西侵，于 1932 年 1 月 3 日侵占锦州，辽西地区沦陷。

辽西沦陷后，民众抗日武装以亮山为首，组成 2000 余人的抗日队伍与日军血战。1932 年 1 月 9 日，抗日武装在西园子和钱搭屯岭激战了 3 个多小时，击毙日军佐、尉级军官 5 名、士兵 49 名，伤敌 20 余名，缴获机枪 1 挺、长短枪 50 余支、战马约 40 匹。此战威震敌胆，鼓舞了辽西抗日的士气。1932 年 5 月，爱国将领宋九龄建立了 6000 余人组成的抗日义勇军，活动在锦、朝、义、兴、绥一带，打击侵略者。同年 11 月，宋九龄率部攻打日军锦州大本营并奇袭设在原东北交通大学的日军辎重库，令日本关东军大为恐慌，其首脑不得不亲临锦州布防。东北军第 28 师少将师长孙兆印在"九一八"事变后潜回家乡锦县，组织抗日义勇军。他们破坏日军交通线，阻击日军增援，策反伪军，在辽西抗战队伍中是十分活跃的一支。[1]

辽西抗日义勇军在战斗中发展迅猛，"九一八"事变后不出半年，就发展到 10 万人。但由于义勇军成分复杂，各自为战，没有形成统一的组织和领导，加之武器落后，给养无继，在日伪军的强大攻势下不久便失败了，但辽西义勇军的抗战壮举永垂史册。

---

1  《锦州市志·综合卷》"辽西义勇军"一节。

辽东半岛
回到人民的怀抱

## 1. 八路军挺进东北

日本投降后，中共中央于 1945 年 8 月 29 日电令晋察冀与山东各军区和地方派干部进入东北。1945 年 9 月初，以司令员吕其恩、政委邹大鹏、政治部主任柳运光为核心组成的八路军挺进东北先遣支队于庄河打拉腰港成功登陆。同年 9 月 12 日，先遣支队解散伪庄河县治安维持会，宣布成立庄河县民主政府，吕其恩任县长。日伪在庄河地区 14 年统治终结，辽南地区第一个县级民主政权诞生。

先遣支队在庄河建立政权后，兵分三路，分别向东、向北、向西，在丹东组成保安司令部，解放岫岩，在皮口组建新金县民主政权，陈云涛任县长。先遣支队成功地开辟了庄河、大孤山、皮口等沿海一线及向北纵深的岫岩地区，为八路军大部队登陆北上创造了条件。9 月 20 日，八路军第 115 师政治部主任兼山东军区政治部主任肖华奉命带领吕麟、刘居英等指挥部成员在大连登陆，指挥所属师、旅、团领导人分率山东军区第 5 师、第 6 师、警卫团、滨海支队 26 团、胶东 5 旅 16 团、北海独立团、东海独立团、招远独立团、蓬莱独立营和地方党政干部共 3 万人，陆续在庄河打拉腰、大孤山、皮口港登陆，10 月初结束。山东挺进东北的八路军各部共 6 万人，除一部分在兴城登陆或经冀东越长城进入东北外，共 4 万余人及 4000 余名地方党政干部均在庄河打拉腰、大孤山、花园口和皮口港登陆，这些部队经暂短休整后即开赴辽南挺进辽北。

## 2. 解放战争时期营口地区战事

1945 年 9 月 15 日，中共中央决定在沈阳成立以彭真、陈云、程子华、伍修权、林枫为委员，彭真任书记的中共中央东北局。同月 28 日，中央军委做出争夺东北的战略方针与具体部署，指出进入东北应将重心首先放在背靠苏联、朝鲜及内蒙古、热河有依托、有重点的城乡和乡村，建立持久斗争的基点，再进而争取与控制南满沿线各大城市。

1945 年 10 月 19 日，中共中央给东北局发出《关于目前工作的方针》

的指示，要求首先保卫辽宁、安东，然后掌握全东北。1946年1月5日，国民党第52军25师进占盘山，欲夺营口，两日后向田庄台、营口发起进攻。东北人民自治军第2纵队第1旅与第25师激战。1月7日，第25师渡过辽河，从右翼迂回营口以东，威胁第1旅侧后，第1旅主动撤出营口。1月13日夜，东北人民自治军第2纵队集中6个团优势兵力向营口发起反攻，1月14日凌晨二次解放营口。1948年1月1日，东北民主联军改称"东北人民解放军"，民主联军总部改为东北军区兼东北野战军领导机关（同年8月，东北军区与东北野战军正式分开，林彪任野战军司令员、罗荣桓任政委）。2月10日，东北人民解放军总司令部发出攻取鞍山、营口指示电。2月25日，林彪、罗荣桓、刘亚楼给辽南军区独立第1师下达"逼近营口，准备攻城"的指示。同日11时，驻营口国民党第52军暂编58师师长王家善率该师全体官兵起义。14时，王家善等智擒参加军事会议的第52军副军长郑明新、营口市市长袁鸿逵等国民党军政首脑38人，19时，起义正式开始。经过9个小时激战，营口市第三次解放。2月28日，《东北日报》在头版头条报道"我军收复要港营口、蒋军一师光荣起义"的消息。

## 3. 攻克锦州与塔山阻击战

历时52天的辽沈战役，以国民党军队的失败，东北全境解放而告终。在这场大决战中，从1948年10月5日至11月2日，毛泽东主席发给林彪、罗荣桓、刘亚楼20余封电报，就攻打锦州、阻击敌东进兵团、防止长春之敌突围、歼灭西进兵团、攻占营口等重大问题作了及时详尽的指示。

锦州城背山面海，坐落在小凌河、女儿河北岸，是华北与东北的咽喉要道，自古以来即为兵家血战之地。塔山位于锦西与锦州之间，是北宁路段上一个百十户人家的村庄，东临渤海，西靠虹螺山，控制着锦州锦西间的铁路、公路，系咽喉要地。蒋介石为了解锦州之围，调集11个师的兵力，组成东进兵

塔山阻击战纪念碑

团，由侯镜如统一指挥，在飞机、巡洋舰、驱逐舰支援下进攻塔山。东北野战军第4、第11纵队及热河独立第4、第6师奉命死守塔山。

由于东北野战军在塔山成功阻击了东进援锦之敌，野战军攻锦部队经过充分准备后，于10月14日向锦州发起总攻。15日18时，东北野战军击溃负隅顽抗的老城守敌。至此，经过31个小时激战，锦州战役胜利结束。锦州之战，东北野战军全歼东北"剿总"锦州指挥所、第6兵团司令部，毙伤敌1.9万余人，俘敌上将范汉杰以下8万多人，缴获大批军用物资。东北野战军伤亡2.4万余人。[1]

锦州之战的胜利，关闭了沈阳、长春之敌从陆上逃往关内的大门，为最后全歼东北敌军、解放全东北奠定了坚实的基础。

## 4. 苏军撤出旅大

1954年10月12日，中国与苏联两国政府在北京签署《关于苏联军队自共同使用的中国旅顺口海军根据地撤退，并将该根据地交由中华人民共和国完全支配的联合公报》，中国人民志愿军第3兵团领率机关于1955年1月9日奉命由朝鲜回国接收驻大连的苏军防务，担任旅大防卫区领率机关。

根据中央军委1955年1月31日下达的《关于接收旅大防卫区的决定》的命令，接防

---

1 《中国人民解放军第四野战军战史》。

部队根据双方的安排，第一批于 2 月 6 日至 13 日进驻旅大，其余部队于 3 月底全部到达，并开始人员培训、对口见习和接防接装工作。在苏军的帮助下，共开办了 300 多个各兵种、勤务部队技术训练班，训练各级指挥员、参谋、政工人员、工兵、防化、后勤等技术人员 1.5 万余人，为接防工作和技术装备打下良好基础。1955 年 4 月 15 日 13 时，在中苏联合军事委员会会议上，举行了辽东半岛协议地区防务接交签字仪式，中方签字代表为兵团副司令员曾绍山、海军旅顺基地司令员罗华生、空军第 3 军军长刘丰；苏方签字代表为第 39 集团军司令员什维佐夫、海军基地司令员古德利切夫、空军第 55 军参谋长切德利克。签字后，自 1955 年 4 月 16 日零时起防务全部交中方负责。至此，中国人民解放军第 3 兵团及所属各陆海空部队接替了苏联第 39 集团军及所属部队自普兰店至大沙河口以西的辽东半岛南部的防御任务，结束了自 1898 年以来旅大地区无中国军队驻防的历史。[1]

---

1 《大连市志·军事志》。

中国海洋文化

宛若北斗七星的沿海六市一县
镶嵌在岸线上的著名风景
各具特色的城市博物馆

第五章

# 山海相连
# 七星争辉

辽宁省是中国旅游大省之一，人文历史、自然景观资源都很丰富。

东北边陲江城丹东，原名"安东"，源于唐代设置的安东督护府，一直是辽东的边陲重镇和军事要地；它三面青山环绕，一面江水碧流，风景绮丽，环境幽雅，素有"北国江南"之美称。风光如画的大连，别具一格的城市建筑，热闹别致的节庆活动，使其成为最具吸引力的浪漫之都。

美丽的大辽河在营口境内画了一道优美的弧线，以豪迈气势泻入渤海。营口市区枕大辽河而眠，滨河十里花团锦簇，抚栏北望，苇海碧浪。盘锦市是中国北方唯一的国家级生态建设示范区，稻香蟹肥，本态自然，是中国最美的湿地。锦州，一座历史悠久的古城，山脉连绵起伏，河流横贯境内，自古以来就是辽西走廊地区政治、经济、文化和交通的中心。新兴港城葫芦岛是环渤海经济圈最年轻的城市，它东邻锦州，西接山海关，南临渤海辽东湾，扼关内外之咽喉，是中国东北的西大门……众多的历史遗迹和壮美的人文景观，宛若璀璨繁星再现人间。

丹东鸭绿江大桥（CFP供图）

辽宁沿海区域位于中国东北地区，毗邻渤海和黄海，包括丹东、大连、营口、盘锦、锦州、葫芦岛6个沿海城市及绥中1个省管县所辖行政区域，海岸线长2110千米，海域面积约6.8万平方千米。辽宁沿海区域包括2个空间层次：一是沿海6市，包括丹东、大连、营口、盘锦、锦州、葫芦岛6市市域范围，面积5.65万平方千米；二是沿海县市区，包括上述沿海6市所辖的21个市区和绥中县、东港市、庄河市、普兰店市、瓦房店市、长海县、盖州市、大洼县、盘山县、凌海市、兴城市等12个沿海县（市），面积3.63万平方千米。

## 1. 东北边陲江城——丹东

丹东市位于辽东半岛经济开放区东南部鸭绿江与黄海的汇合处，在东北亚经济圈的中心地带，与朝鲜民主主义共和国的新义州市隔江相望，北与本溪接壤，西接鞍山，西南与大连毗邻，南邻黄海。丹东，原名"安东"，源于唐代设置的安东督护府，一直是辽东的边陲重镇和军事要地。1907年，清政府开放安东为贸易港。开港后，民族工商业兴起，城市经济迅速崛起，成为辽宁、吉林东部的物资集散地和出海口。1945年，安东市成为辽东省省会。20世纪50年代初，这里因朝鲜战争而成为举世瞩目的中国城市。1965年，改名为"丹东"，含义是"红色东方之城"。

作为中国最大的边境城市和最北边的沿海城市，丹东有着得天独厚的自然条件和珍贵的历史文化，是一座融自然风光与人文景观为一体的旅游名城。60多年前，一曲"雄赳赳，气昂昂，跨过鸭绿江"曾激励了无数英雄儿女保家卫国，与朝鲜人民并肩作战，同仇敌忾，平静的鸭绿江由此成为举世瞩目的焦点。作为中、朝两国的友好界河，硝烟散去的鸭绿江沿岸，众多的自然景观和人文景观不胜枚举：有浩瀚秀美的水丰湖，有雄峙江畔的虎山长城，有弹痕累累的鸭绿江大桥，还有中国1.8万千米大陆海岸线最北端的江海分界线等。丹东是中国也是亚洲唯一一个同时拥有边境口岸、机场、河港、海港和高速公路的城市。

除优越的自然条件和丰富的人文景观外，丹东更有经国家旅游局特许经营的赴朝鲜旅游这一特色旅游产品，为中外游客所青睐，成为丹东旅游业发展的一大特色。

丹东旅游资源占地面积 1500 平方千米，占全市国土面积的 10%，境内江、河、湖、海、山、泉、林、岛等自然景观开发形成国家、省级以上旅游风景区、自然保护区和森林公园 24 处。中朝界河鸭绿江流经丹东 210 千米，沿途 6 大景区、100 多个景点构成一幅独具风情的边陲画卷和蔚为壮观的鸭绿江百里文化旅游长廊。作为国家特许经营赴朝鲜旅游的城市，丹东依托境内鸭绿江、虎山长城、凤凰山、五龙山、天华山、黄椅山、大孤山、天桥沟、青山沟、蒲石河、玉龙湖、大鹿岛、獐岛等景区景点，与沈阳、大连构成辽宁旅游的"金三角"。丹东市旅游景区包括五龙山风景区、鸭绿江国家风景名胜区、鸭绿江断桥景区、凤凰山国家风景名胜区、天华山风景名胜区、天桥沟国家级森林公园、抗美援朝纪念馆、青山沟风景名胜区，等等。

## 2. 浪漫之都——大连

大连位于中国辽东半岛最南端，东濒黄海，西临渤海，冬无严寒，夏无酷暑，年平均温度 10℃。大连是中国优秀旅游城市、卫生城市、园林城市。2001 年 6 月 5 日，联合国授予大连为当时中国唯一、亚洲第二个"世界环境 500 佳"城市。

大连是中国北方绿化最好、绿色最浓的城市，大连也是中国广场最多的城市，50 个广场多姿多彩：独具特色的有海军广场、中山音乐广场、人民广场，还有亚洲最大、总占地面积上百万平方米的星海湾广场。42.5 千米长的滨海路，是中国的旅游精品路，宛如一条玉带飘逸着，将诸多旅游景点连接起来。

在大连，城市建筑风格各异：既有中国传统与现代相结合风格的建筑，还有古罗马的柱式建筑、流行于欧洲的圆穹式建筑、古老的俄罗斯建筑（俄罗斯一条街）、巴洛克式建筑、拜占庭式建筑、日本别墅式建筑（南山旅游风情街）等。大连建筑古老与现代、典雅与浪漫、传统与西洋和谐地融为一体，奏响了一曲优美动人的城市建筑交响乐。

大连有 1906 千米海岸线，"金沙滩，银沙滩，海天连成一片"。空气中负氧离子多，温度适宜，不冷不热，空气清新，是避暑胜地，更是适合人类居住和旅游的城市。大连的吃海、玩海、钓海、看海、购海已形成系列旅游产品，海产品丰富，鲍鱼产量占全国 60%。

大连星海广场夜色（仝开健供图）

海域海水干净，冷度盐度适宜，正适合鱼虾、鲍鱼、刺参、扇贝、紫海胆、螺类等海珍品的生长，其营养价值高且味道鲜美，吸引了大批游客。除此之外，大连有西餐、日餐、韩国餐、泰国餐；有中国的京菜、川菜、鲁菜、粤菜、上海菜，可谓"美食天堂"。

　　大连金石滩国家旅游度假区的礁石奇观是大自然鬼斧神工之杰作，龟裂石有6亿年历史，被称为"中国地质博物馆"。因中国近代有两次大战都在大连打响，故又被称为"中国近代史博物馆"。这里有旅顺博物馆、日俄监狱旧址，还有亚洲最大的"蛇博物馆"。有蛇岛、鸟岛、猪岛等富有情趣的景观，而黄渤海分界线是大自然赐赠旅顺的天然奇观。旅顺老铁山温泉、世界和平公园都是极具吸引力的项目。大连冰峪沟旅游风景度假区，以自然山水著称，被誉为"中国北方的小桂林"。

　　这座美丽的城市，散发着年轻而现代的气息。

## 3. 千年古港——营口

营口市位于辽东半岛西北部，大辽河入海口左岸，西临渤海辽东湾，与锦州、葫芦岛隔海相望；北与大洼、海城为邻；东与岫岩、庄河接壤；南与瓦房店、普兰店相连。营口城区距沈阳市166千米，距大连市204千米，距鞍山市84千米，距盘锦市70千米。

营口是全国重点沿海开放城市，在5402平方千米的土地上，养育着224万勤劳热情的营口人民。营口海岸线长96千米，近海难涂16万多亩。营口不仅是一个富庶之城，还是一个旅游胜地，历史悠久的人文景观和独具特点的自然景观，吸引了几百万海内外游客，山、海、泉、林、河交相辉映，到处是休闲度假的好去处。

营口金牛山猿人洞穴遗址，是东北地区发现最早的旧石器时代遗址，是国家级文物保护单位。1984年10月，在遗址的第6层发现一个个体猿人化石，共55块，包括完整的头骨、脊椎骨、肋骨、手脚趾骨、尺骨、髋骨等，其完整程度为世界人类学发现史所罕见，对研究人类起源史具有重大科学价值，被列为1984年世界十大科技进展项目之一。

这里有最古老的寺庙建筑——上帝庙，这是辽宁省存仅晚于义县奉国寺大殿的古建筑。庙内原存唯一的建筑是大殿，大木架结构，屋顶为庑殿式，斗拱较大，梁、枋上绘有彩画。重建后的上帝庙正殿五楹，气势宏伟，具有浓厚的元代建筑风格。

这里有辽南最大的寺院——营口楞严禅寺，位于市中心区，属省级文物保护单位。寺院规模宏大，三进四层，包括山门、钟楼、天王殿、大雄宝殿、藏经楼，是东北地区四大禅林之一，与哈尔滨的极乐寺、长春的般若寺、沈阳的慈恩寺齐名。农历四月初八为庙会日，是时南至大连、北至哈尔滨，数万游人与香客云集古寺，商贸活跃，喜气祥和。

石棚是新石器时代晚期和铜器时代的墓葬，历经几千年至今仍完整无损，表明我们祖先的建筑艺术已具有相当高的水平。营口石棚群居亚洲之首，属巨石文化，是不可多得的宝贵文化遗产。营口的石棚有两处：一是位于大石桥市官屯镇石棚峪村小山下的石棚遗址，是辽东半岛保存比较完整的石棚之一；二是位于盖州市二台乡石棚山上的石棚遗迹，是国家级文物保护单位。

营口西炮台位于营口市渤海大街西段，辽河入海口左岸，为辽宁省省级文物保护单位和省级爱国主义教育基地。该炮台始建于1882年，1888年建成，为夯筑四合土。炮台面海"内筑土台三方，中大旁小，高四五丈[1]"，中间大炮台为2层，高6米，长宽各50余米。

---

1　1丈 ≈ 3.33 米。

夕阳映照营口港（仝开健供图）

台顶四周为矮墙，墙下暗炮眼 8 处，置炮 52 尊，炮台四周围墙 900 余米长。营口西炮台是清末东北的重要海防要塞，也是东北较早的海防工程之一，1895 年初和 1900 年夏，分别遭到日本和沙俄侵略军的破坏。炮台遗址就其原貌及四周自然景观的保护，在全国同类炮台中尚属首位。

望儿山位于盖州市熊岳镇东北 1.5 千米的望儿山村，东南紧靠李杏种质资源圃、树木标本园，西临长大铁路、哈大公路、沈大高速公路，为省级文物保护单位和省级爱国主义教育基地。望儿山海拔 100.9 米，东面连一石梁，中为弧形石孔，称"仙人桥"。仙人桥实为海蚀拱桥，是典型的古海蚀地貌，具有珍贵的研究价值。望儿山东北面有一自然形成、饱经沧桑的"忆母像"，山巅有清代藏砖塔一座。远看望儿山，山巅砖塔似慈母眺望大海，一则动人的民间传说广为流传。慈母馆、慈母塑像、大佛宫碑林等，为望儿山景区增添了新的景观，又因为与台湾澎湖湾上的望母崖遥遥相望，母盼儿归，此情此景又为望儿山增加了新的思绪。

营口市南部地区地热资源丰富。在盖州市的熊岳、双台子分布很多温泉，最大的有熊岳温泉和思拉堡温泉。熊岳温泉历史久远，早在唐代就开始利用泉水活络与健身。思拉堡温泉位于盖州市双台乡思拉堡村，这是新开发利用的一处地热资源，其面积、储量、水温居辽宁省之首。美丽的营口碧海蓝天、金沙青山，又拥有温泉古迹、渔村果园，真正让人回归自然，领略山、海、林、泉之特色旅游。

## 4. 五色锦城——盘锦

盘锦市独具特色的旅游资源特点是资源赋存优势明显，自然资源优于人文资源，双台河口国家级自然保护区和蛤蜊岗等垄断性资源，适于发展以生态为主题的观光旅游、休闲旅游、科考旅游；自然资源中又以湿地植被、珍稀动物、水域特产等为主；人文资源以生态农业、石油工业、文化产业、抗日史迹、碑林、油田等为主。

盘锦市旅游资源可分为七大核心资源：

一是以丹顶鹤为代表的湿地珍稀鸟类资源：盘锦市双台河口国家级自然保护区，栖息着253种鸟类，其中丹顶鹤、白鹳等国家一类保护动物4种，大天鹅等国家二类保护动物27种，鸳鸯、黑嘴鸥等世界濒危性鸟类3种，具有观赏价值的鸟类达百种之多，盘锦因此享有"鹤乡"的美名。

二是以百万亩芦苇为特征的湿地植被资源：盘锦市自然生长着世界罕见、亚洲最大的苇田，总面积8万公顷。茫茫苇海，浩无边际，它不仅是湿地鸟类、鱼类、甲壳类动物的天堂，还是旅游者观光旅游和休闲度假的乐园。

三是以文蛤、河蟹为代表的湿地水产资源：盘锦市辽阔的河海湿地盛产多种淡水鱼类、海水鱼类、甲壳类和贝类。其中，"天下第一鲜"文蛤和中华绒螯蟹驰名中外。

四是以翅碱蓬为代表的盐生滩涂景观植物资源：在盘锦市221平方千米的滨海滩涂上覆盖着碱蓬植物，每到夏秋时节，碱蓬变成赤红色，这便是被誉为"天下奇观"的红海滩。翅碱蓬的植物生理特性和生长规律至今还是自然之谜，具有极高的观赏价值和神秘魅力。

五是以盘锦有机水稻为代表的辽河平原农业旅游资源：盘锦市不仅是辽宁省重要商品粮基地和优质大米出口基地，而且还是以生产有机大米、有机猪肉、有机果蔬著称的生态农业之乡。

六是以张氏祖居、祖墓及甲午末战古战场为标志的辽河口历史文化资源：盘锦市坐落在一片抗日热土之上，这里有甲午末战纪念馆、甲午末战古战场遗址、抗日名将张学良祖居和祖墓、南大荒农垦农场、辽河碑林等历史文化载体，它们见证并承载着盘锦市的历史文化脉络，成为盘锦市重要的历史文化旅游资源。

七是以油井塔林为特征的辽河油田工业旅游资源：作为一个新兴的石油化工城市，这里坐落着中国第三大油田。在盘锦辽阔的大地上，采油钻塔林立，与稻浪、苇荡、大海相映成趣。在盘锦市内的石油科技馆，各种采油设备微缩模型、油气矿藏地质构造图、辽河油田开发历史图片等成为油田科普教育园地。

红海滩美景

## 5. 历史名城——锦州

锦州市是一座历史悠久的古城，位于辽宁省西南部，东与盘锦、鞍山、沈阳市相连，西与葫芦岛市毗邻，南濒渤海辽东湾，北依松岭山脉与朝阳、阜新市接壤。锦州最早叫"徒河"，战国时属燕地，秦统一六国后，现锦州大部分属辽东郡，两汉、三国时期属幽州昌黎郡，西晋时属平州昌黎郡，北魏、东魏和北齐时为营州管辖，隋唐时属柳城郡、燕郡，后为安东都护府所辖。"锦州"一名是从辽代始称的，辽时锦州属中京道，金代时属东京路、北京路，元代时属辽阳行中书省管辖，明朝时属辽东都司，清朝时隶奉天府，改锦州为锦县，民国时期锦州属辽宁省管辖。新中国成立后，设辽西省，省会驻锦州市。1954年辽西、辽东两省合并，锦州属辽宁省。

锦州市地貌结构为"三山一水四分田，二分道路和庄园"，地势西北高、东南低，从海拔400米的山区，向南逐渐降到海拔20米以下的海滨平原。山脉连绵起伏，东北部有医巫闾山脉，西北部有松岭山脉，大凌河、小凌河、女儿河横贯境内，扼守入关之咽喉，自古以来就是辽西走廊地区政治、经济、文化和交通的中心。60多年前，著名的辽沈战役在这里打响，锦州攻坚战为整个东北的解放奠定了胜利的基石。如今的锦州已建成一座依山傍海的新兴旅游城市，主要景点有辽沈战役纪念馆、大广济寺、观音洞、笔架山天桥、医巫闾山、万佛堂石窟等。

## 6. 新兴港城——葫芦岛

葫芦岛市地处辽宁省西南部，1989年建市，原名"锦西市"，是环渤海经济圈最年轻的城市。葫芦岛东邻锦州，西接山海关，南临渤海辽东湾，与大连、营口、秦皇岛、青岛等市构成环渤海经济圈，扼关内外之咽喉，是中国东北的西大门，为山海关外第一市。

葫芦岛市属北温带大陆性季风气候，年平均气温8.5～9.5℃。这里拥有便捷的交通和通信，公路、铁路、海运、空运和地下管道运输构成了立体运输网络，境内还有驰名中外的葫芦岛港，航运潜力大。西距山海关机场20千米，东距锦州机场50千米，境内兴城机场具有起降大型客机条件，有望建成军民合用机场。地下管道纵横交错，大庆至秦皇岛、盘锦至葫芦岛两条运送原油管线，更给葫芦岛这个老石化基地注入了活力。

葫芦岛有四大资源值得称道：地下矿藏资源，储有钼、铅、锌、石油、天然气等30多

葫芦岛海边景观（仝开健供图）

个品种近 1000 处地下矿藏，且储量丰富；山区林果资源，目前拥有果园总面积 195 万亩，各种果树 5800 万株，其中被誉为"亚洲第一大果园"的前所果树农场，已成为中国北方重要果品出口基地之一；沿海滩涂资源，拥有 237 千米海岸线，滩涂 13.4 万亩，盛产鱼、虾、贝类等各种海产品；海底油气资源，石油、天然气的储量十分可观，渤海石油勘探局的 9 个钻井平台中有 5 个在这一带作业，已依托开采出来的天然气建成一个现代化大型化肥厂——锦西天然气化工有限责任公司。

历史的变迁和社会的发展，给葫芦岛市留下了大量的文物古迹和风景名胜。驰名海内外、素有"第二北戴河"之称的辽东湾，国内保留完整的四座古城池之一、著名古战场"宁远卫城"的故址，以及被称为"海上仙山"的觉华岛都在葫芦岛境内，以此为依托的沿海一线 30 余处景区、景点，形成了葫芦岛"悠久的名胜古迹、迷人的走廊风采"的景观特色。

## 7. 省直管县——绥中

绥中县位于辽宁省西南部，濒临辽东湾，面向渤海。绥中县是辽宁省省管县制度的第一个试点县，经济和部分人事、行政事务由辽宁省直辖，是省内省管县制度推行力度最高的县。中国第一位航天员杨利伟就来自绥中。绥中县东隔六股河与兴城市相望，南临渤海，西与河北省秦皇岛市山海关区接壤，北枕燕山余脉与建昌县毗邻。绥中县现辖 13 个镇，17 个乡。面积 2764.9 平方千米，总人口 640 211 人（截至 2011 年）。

绥中是环渤海经济圈的重点城市，也是辽宁省五点一线环渤海开发战略的起点城市，属辽宁沿海经济带重点支持区域。绥中县地处关内外咽喉地带，京哈公路、沈山线铁路、秦沈铁路客运专线贯全境西东，绥克公路穿越县境连通兴城、建昌及河北省。此外，县乡公路把县内各乡镇连接起来，为绥中县发展海上货运、振兴经济起了重要作用。

绥中县山川秀丽，名胜古迹颇多，自然景观独具风采。位于李家乡境内的京东首关"九门口"，建于明洪武十四年，是明代长城中的重要关隘之一。它飞跨河谷，险峻雄奇，号称"水上长城"，是中国古长城中的一绝。位于渤海岸边的秦汉宫遗址，已被国务院列为重点文物保护对象。深山峡谷中的妙峰寺双塔、蔚为壮观的前卫歪塔、水光潋滟的将军湖以及老虎汀、下屯、新庄子、汤口四大温泉等，都是旅游休闲的绝佳去处，因而绥中又称"东戴河"。

## 1. 鸭绿江景区

镶嵌在岸线上的著名风景

鸭绿江发源于吉林省长白山南麓,先后流经吉林省、辽宁省的长白、集安、宽甸、丹东等地,向南在辽宁省丹东市东沟附近注入黄海,全长795千米,流域面积6.19万平方千米,是中朝两国的界河。鸭绿江造桥历史很早,可上溯到辽代。20世纪初,鸭绿江上始建铁桥,先后在丹东和朝鲜新义州之间建了两座。第一座建于1909年,是座开闭式桥梁,1950年朝鲜战争中被美国飞机炸毁,桥墩至今犹存,现辟有"断桥游览区"。第二座桥建于1940年,为铁路、公路两用桥,全长940米,属中朝两国共管。它是中朝两国的交通要道,也是游人观光览胜的景点。在鸭绿江边坐船,可以看到朝鲜新义州的景色,有时还可以看到有朝鲜军民向你招手。

辽宁丹东,鸭绿江断桥和中朝友谊桥 (CFP供图)

## 2. 丹东河口景区

盈盈碧水映桃花，花光水彩，娇艳欲滴。在鸭绿江边有一大片粉红的花海，灿若去霞，惊艳迷人，绽放于一江春水之间，这就是河口——在那桃花盛开的地方。

河口景区地处鸭绿江的下游，素有"塞外江南"之美誉，是著名的鱼米之乡，也是中国燕红桃主要生产基地。

鸭绿江景区被国务院批准为国家重点风景名胜区，河口的旅游资源也备受旅游界的关注。1982 年，著名词作家邬大为到河口采风，为鸭绿江河口景色所陶醉，欣然作词，并由铁源作曲，谱下了《在那桃花盛开的地方》。这首歌经蒋大为一唱走红，桃花盛开的河口，也成为人们心中向往的地方。近几年来，在省、市、县三级政府旅游兴业政策的支持下，民营企业陆续投资，使河口成为鸭绿江国家重点风景名胜区的一个重要景区。特别是 2001 年，在这里拍摄的电视连续剧《刘老根》的热播，一下子吸引了众多惊奇的目光，鸭绿江河口和龙泉山庄作为《刘老根》的"故乡"而享誉大江南北。

河口港是国家二类口岸。港口内的商贸宾馆和"刘老根"餐厅，是河口地区设施较完善、档次较高、服务水平极佳的酒店之一。在这里，可以乘船游览异国风光，可以垂钓游泳、荡秋千、玩跷跷板、吃农家饭、品尝原汁原味的鸭绿江大锅炖肉；晚上，还能欣赏"龙泉山庄小剧团"的文艺演出。驱车前往龙泉山庄参观游览，会看到路边写着"药匣子家""二奎家""丁香家""山杏家""二柱家"等招牌的农家小院，这些都是当初《刘老根》剧中的场景地。如今，当地农户不失时机地利用这一资源开展旅游服务和特色餐饮，游客可以吃农家饭，睡小火炕。过去，上河口村的老百姓以打鱼为生活主要来源，如今有了《刘老根》带来的旅游热，庄稼院也吃上了"旅游饭"。

## 3. 青山沟国家重点风景名胜区

青山沟风景名胜区位于丹东市宽甸满族自治县青山沟镇境内，距宽甸县城 70 千米；距丹东市城区 160 千米；距沈阳市 245 千米。风景区面积 120 多平方千米，其中水域面积 23.3 平方千米。鸭绿江最大支流浑江流经这里 30 多千米，江面最宽处达 1500 米。景区内有 7 个村，居住着满族、汉族、朝鲜族等多民族兄弟，其中以满族居多。游客到这里除了游山玩水，还能领略到浓厚的满乡风情。

青山沟是一个名副其实的青山世界，这里森林覆盖率达 80% 以上，年平均气温 8.5℃，适宜的北温带大陆性气候使风景区内植被茂盛，水秀山清，水土保持完好。周边上百里无工业和大气污染，江、河、涧、溪都十分清澈，大部分溪水可直接饮用，并含有多种人体必需的微量元素与矿物质。

青山沟风景名胜区拥有完整的生态体系，动植物资源十分丰富。全区有植物 98 科、1900 种，其中木本植物就有 200 多种。在广袤的落叶林中，人参、细辛、辽五味、黄芩、贝母、天麻等药材和松伞蘑、玉黄蘑、榛蘑等野生菌菇随处可见；各种兽类、鸟类、两栖类、爬行类、鱼类等动物多达 200 种以上。

虎塘沟景区是青山沟三大景区中最具有原始韵味的景区，是青山沟风景名胜区里的"绿色王国"和"植物大观园"，以森林浴和探险游等为主要特色。青山湖景区水域辽阔，因下游太平哨电厂大坝截断浑江，遂蓄水成湖，湖面宽阔，上下长达百里；水域最深处 70 米，湖面最宽处可达 1500 米。湖水清澈碧绿，两岸青山峙立，草木参差，万物峥嵘，山光水色。

到青山沟旅游，满家寨的民俗歌舞让人流连忘返。寨子里的民俗歌舞表演汲取了满族歌舞的精华，已成为青山沟乃至满乡宽甸之旅的一大亮点。满家寨的民俗歌舞多得三两日看不完，于是，很多意犹未尽的国内外朋友相约再来青山沟，再聚满族寨，为的就是再次细细品尝满族民俗文化的"套餐"和"拼盘"。

满清园是寨中最显眼的建筑。一进寨子，就会看到满清园的黄泥墙上贴着满族脸谱和檐下的三色布幔。这幢 2 层的泥墙圈楼是满家寨的寨中寨，给人一种堡垒的感觉。许多人进去之前，会注目满清园大门上足有真人大小的门神和对联。

在园中的水上戏楼闲音阁，游人可看到民间艺人表演驴皮影、东北大鼓、二人转。正如闲音阁的对联所讲，当真是"听好听好听听好，好听好听好好听"。俗话说，你方唱罢我登场。每天晚上，当寨子里的歌舞表演结束时，满清园这边的好戏就开演了。在闲音阁上表演的都是地道的民间艺人，他们充满乡土气息的表演为寨子增添了又一道民俗风景线。

## 4. 滨海湿地观鸟

鸭绿江口滨海湿地国家级自然保护区位于东港市境内，总面积 770 平方千米，是辽宁省第二大湿地，其自然条件优越，资源丰富。1985 年，经辽宁省政府批准成为省级自然保护区；1997 年 12 月，经国务院批准成为国家级自然保护区，主要保护对象为湿地生态系统和珍稀野生动植物。自然保护区处于中国海岸线的最北端，为华北和东北植物区系的交汇处，区内陆地、滩涂、海洋三大生态系统交汇过渡，形成了包括芦苇湿地、沼泽、湖沼、潮沼及河口湾等复杂多样的生态系统类型，自然环境特殊、敏感、脆弱。其中，湿地生态系统的形成与演变漫长而复杂。

本区的物种资源比较丰富，低等植物及高等植物共 337 种，其中野大豆为国家重点保护野生植物。野生动物中，有鱼类 88 种、两栖类 3 种、哺乳类 1 种、鸟类 15 目 44 科 241 种、底栖动物 74 种、浮游动物 54 种。该保护区为东北亚重要鸟类栖息的迁徙停歇地，鸟类资源十分丰富，每年在此越冬、迁徙、栖息的鸟类达上百万只。其中，国家一级保护鸟类有丹顶鹤、白枕鹤、白鹤、白鹳等 8 种；国家二级保护鸟类有大天鹅、白额雁、小杓鹬等 29 种，还有世界濒危鸟类黑嘴鸥和斑背大苇莺。这些鸟类在中日、中澳候鸟保护协定中分别占 114 种和 43 种。春天，成千上万只候鸟在此停歇、觅食、繁殖，当群鸟飞起的时候，遮天蔽日，景象壮观。每年 4 月，这里都会举办鸭绿江口国际湿地观鸟节。

鸭绿江口湿地是鸟的"天堂"，而这里一望无际的芦苇则成为鸟类天然的隐蔽和繁殖地。湿地犹如一位害羞的姑娘，每年都吸引着许多人前去探秘。观鸟的最佳时机是涨潮之时，原来在湿地的泥滩上捕食、休憩的鸟儿们，仄起矫健的翅膀，在湿地上空翻飞翱翔；无数"精灵"或低吟，或高唱，构成壮观的一幕。

鸭绿江口滨海湿地国家级自然保护区被湿地国际亚太理事管理委员会正式列入东亚－澳大利亚涉禽网络。

## 5. 大连海韵

### 星海公园

星海公园是大连历史悠久的多功能、综合性的海滨公园，位于大连市区西南方位，由占地 15 万平方米的陆域园林和长达 800 多米的弓形海水浴场组成，是著名的风景区。陆地公园林木葱茏，花卉争艳，楼台亭阁，掩映其间；海水浴场沙滩平坦，更衣、淋浴设备齐全。东西两端有临海悬崖，立其上观沧海，可见小岛亭亭、轻舟点点、波光粼粼、海天相连，令人心旷神怡。公园西南有一小山，山上有一几十米深的钻海洞，洞里有石阶，直通海边。

海水浴场滩平水缓，水深适中，每年夏季游人络绎不绝。游客在这里可以登上望海亭观看大海的宽广，观赏星海石、日石、月石，还可以到圣亚海洋世界探寻海底的奇异生态。公园内游乐项目很多，有从新西兰引进的世界最豪华的海上蹦极跳台，跳台高 55 米；还有从加拿大引进的目前世界上最长的跨海飞降索道。园内的史前生命博物馆是中国唯一的史前展览馆，里面展示的是几亿年前的各种生物化石。

## 老虎滩海洋公园

　　大连老虎滩海洋公园坐落在国家级风景名胜区——大连南部海滨的中部，占地面积 118 万平方米，有 4000 余米的曲折海岸线。园内蓝天碧海、青山奇石、山水融融，构成了绮丽的海滨风光。这里有亚洲最大的以展示珊瑚礁生物群为主的大型海洋生物馆——珊瑚馆；世界最大、中国唯一的展示极地海洋动物及提供极地体验的场馆——极地馆；全国最大的半自

老虎滩风光（仝开健供图）

然状态的人工鸟笼——鸟语林；全国最大的花岗岩动物石雕——群虎雕塑以及化腐朽为神奇的马驷骥根雕艺术馆等闻名全国的旅游景点。还有大连南部海域最大的旅游观光船、特种电影播放场所——四维影院以及惊险刺激的侏罗纪激流探险、海盗船、蹦极、速降等游乐设施。

大连老虎滩海洋公园是滨城一道亮丽的风景，每年接待海内外游客 200 多万人次，被国家旅游局首批评为 4A 级景区，是中国旅游知名品牌，并通过了 ISO9001 质量管理体系和 ISO14001 环境管理体系的认证。老虎滩海洋公园是展示海洋文化，突出滨城特色，集观光、娱乐、科普、购物、文化于一体的现代化海洋主题公园。

**大连世界和平公园**

大连世界和平公园是国家 4A 级景区，由阳光世纪（香港）集团投资兴建，是以"和平"为主题的大型海滨主题公园。公园占地 13 万平方米，投资 2.3 亿元，是大连著名的旅游度假中心、文化教育中心，也是中国唯一的世界和平主题公园；它作为世界级公园，在联合国教科文组织和国际科学与和平周组委会都有众口皆碑的广泛影响，是人类维护和平的象征，是世界文化的胜境。

世界和平公园至今已发展建成多处主要景点：世界和平文化藏品展馆、长 1500 米的 2 层长廊和 2 处 200 米长的海上栈桥、来自世界各地的千余枚精品贝壳展、和平海岸餐厅和游客服务中心、五大洲四大洋等世界文化景观、世界和平公园标志石、千米黄金海岸。世界和平文化藏品展馆内陈列着"百国大使和平长卷"，其创始人刘安胜先生荣获吉尼斯世界纪录"征集驻华大使签字、题词、盖章最多的人"称号。世界和平千米长廊前耸立着 96 位各国元首青铜塑像，并获"收藏各国元首铜塑像最多的公园"吉尼斯世界纪录证书。公园自 2002 年 8 月 16 日开业以来，又相继投入上千万元改造园内五大洲景观绿化和 10 000 平方米大理石停车场，另外投入巨资获得 47 公顷海域使用权，极好地保护了大连唯一"零污染"的千米海滨浴场，并以其独特的人文景观和海滨美景成为蜚声海内外的主题公园。

**大连森林动物园**

大连森林动物园位于大连市南部海滨白云山风景区内，占地面积 7.2 平方千米，首批通过国家 ISO9001 和 ISO14001 体系认证，是国家首批 4A 级景区，为辽宁省科普教育基地。圈养区建成于 1997 年，散养区建成于 2000 年，并于 2006 年进行了绿色环保为主的升级改造。园内展出动物 200 余种，3000 多头（只），散养区有占地面积 1 万平方米的热带雨林馆。游客可步行观光，近距离观赏国内首次人工孕育的幼小北极熊、犀牛等珍稀动物。1250 米的空中索道连通散养区和圈养区。动物表演是动物园的特色景观，园内设有泰国大象、综合动物、猛兽、海豹、鸟类 5 处表演场。

大连森林动物园是一座"让人类生活在没有污染的城市环境中，让动物生活在没有人类干扰的自然环境中"的高品位动物园。

### 金石滩

金石滩是中国政府批准的第一个国家级旅游度假区，位于辽宁省大连市东北端的黄海之滨，距市中心 50 千米，乘坐旅游快轨车 51 分钟即到。其陆地面积 62 平方千米，海域面积 58 平方千米，海岸线长 30 千米。这里三面环海，由东部半岛、西部半岛及 2 个半岛之

金石滩滨海国家地质公园（CFP供图）

间的开阔腹地和海水浴场组成，是中国北方最理想的海滨旅游度假圣地，2000年成为全国首家4A级旅游度假区。

在金石滩黄金海岸，上千个防紫外线的沙滩凉亭、帐篷、遮阳伞全部由金石滩管委会统一管理，是大连地区唯一没有个体经营的海滨浴场。黄金海岸被评定为全国15个健康型海水浴场之一，是国务院批准成立的第一批国家级旅游度假区之一。

金石滩奇石馆是中国目前最大的藏石馆，号称"石都"，内藏珍品200多种、近千件，其中的浪花石、博山文石、昆仑彩玉等均为"中国之最"。

金石滩的石头比金子还要贵重，因为它是中国独一无二、世界极其罕见、地球上不可再生的，这是地质学家的公论。金石滩号称"奇石的园林"，大片粉红色的礁石、金黄色的石头，像巨大的花朵，分别被称为"玫瑰园"和"金石园"。

粉红色的礁石是7亿年前藻类植物化石堆积而成，石碑上的"玫瑰园"三字由中国著名作家老舍的夫人胡絜青题写。玫瑰园方圆千余平方米，由100多块高达数丈的奇巧怪石组成。涨潮时，它们衬着湛蓝的海水，像花儿开得格外惹眼；潮落时，人们踏着光华如玉的鹅卵石，仿佛走进一个梦境般的世界。

金石园面积1万多平方米，被发现于1996年。因为这里的石头是金黄色，所以称为"金石园"。东部海岸景区海岸长8千米，虽然不长，却浓缩了史前9亿年至3亿年的地球进化历史。朝海的一面望去，沉积岩石、古生物化石、海蚀崖、海蚀洞、海石柱、石林等海蚀地貌随处可见，如此佳境大约60多处。

金石滩有一个不能不看的景点——龟裂石。龟裂石像乌龟的甲壳，上面布满了巴掌大的方格，每个方格里面是红色的，边线则呈绿色，它是闻名中外的金石极品，被称为"天下第一奇石"。世界地质学权威——美国的克劳德教授参观后，曾多次在世界地质大会上讲，世界上最大、最美的龟裂石在中国大连的金石滩，不但是中国的一绝，也是世界的一绝。它形成于6亿年前的震旦纪，是世界上目前发现的块体最大、断面结构显露最清晰的沉积岩标本。至于像大象吸水、大鹏展翅、猛虎扑食、恐龙吞海、贝多芬头像等造型的石头比比皆是，共有300多种。当然，金石滩不光有石头，还有洁净的沙滩、蔚蓝的大海、碧绿的草地和茂密的森林。

金石滩有4个旅游中心：绿色中心、蓝色中心、银色中心和彩色中心。其中绿色中心主体是金石高尔夫球场，占地面积1.75万平方千米，三面环海、一面依山，放眼望去，满目葱绿，如茵的草坪与蓝天碧海、红楼鲜花构成了优雅的休闲环境。金石高尔夫球场中的

36 个球道巧妙地利用了海滨地形，果岭均设在海头之上，充满了惊险和乐趣，其中 7 条球道被列为"世界 100 个最佳球道"之一。

## 棒槌岛

棒槌岛景区位于大连市滨海路的东端，距市中心约 9 千米，国内几大国宾馆之一、著名的棒槌岛宾馆就坐落在这里。棒槌岛（曾称"棒棰岛"）名字的来历是因离岸 500 米远处的海面上有一小岛突兀而立，远远望去，极像农家捣衣服用的一根棒槌，故称"棒槌岛"。这里三面环山，一面濒海，景区的北面为群山环绕，南面是开阔的海域和平坦的沙滩。远处的三山岛云遮雾罩，空蒙迷离，传说是"三山五岳"中的 3 座仙山。周围的群山上长满了青松绿树，海滨浴场碧波银浪、金沙闪烁，是一个以山、海、岛、滩为主要景观的风景胜地。

毛泽东主席题字　　　　　　　　　　　　　　　　　棒槌岛风光

## 长兴岛

大连长兴岛是仅次于台湾、海南、崇明、舟山的中国第五大岛，长兴岛旅游度假区是一处集观光、娱乐、休闲、运动于一体的旅游度假胜地。岛内四大天然海水浴场水碧浪缓、滩平沙优，是辽南地区著名的避暑旅游场所。

大连长兴岛旅游度假区于 1993 年开发建设并对外开放，这里海岸线漫长曲折，岬角和海湾相间分布，海岛景观秀丽多姿，拥有多处海水浴场，沙优水碧，有悠久的历史传说和人文景观，并且气候宜人、环境幽雅。旖旎的海滨风光和旅游开发公司的优质服务吸引了大量旅游者来此度假旅游。

长兴岛海上公园天然浴场滩长 48 千米，海水清澈见底，海岸平缓，沙滩柔软，并有多种对人身体有益的元素。这里以其山水相映、楼阁亭台交错成为辽南地区的重点旅游避暑胜地。海水、沙滩、阶地以及岩礁、山泉、古迹和适于开展各种水上、陆上娱乐活动的环境，为娱乐、观光旅游增加了无限的乐趣。

长兴岛内海拔 328.7 米的横山横卧在渤海之滨，万米长城将西海岸辟出 25 万平方千米的原始林地，成为休闲狩猎的好去处——长兴岛（国际）狩猎俱乐部、游艇俱乐部、海上垂钓处、跑马场、空中飞行俱乐部等体育娱乐项目吸引了八方游客。长兴岛大桥气势雄伟，风力发电站成为环保能源的象征，国际绿城景色诱人，古迹与现代人文景观相映成趣。近百处度假村、别墅群和通信、商务、金融、卫生等服务设施日趋完善。

### 仙浴湾旅游度假区

大连仙浴湾旅游度假区位于瓦房店市西部仙浴湾镇，主要有水质和沙滩极佳的浴美人浴场、享有"海上明珠"之誉的情人岛、保存较好的隋朝古城羊官堡、辽南最大的十八罗汉庙观海寺、气势恢宏的情人雕塑、栩栩如生的九仙女雕塑、风光旖旎的复州八大奇景之一的"水泡荷风"等景点。仙浴湾有"东北明珠"之美誉，地理位置优越，交通方便，哈大公路、沈大高速公路斜贯景区。

风景区总体规划面积 45 平方千米，包括"动区"和"静区"。"动区"由海滨浴场、仙浴湾公园、商业服务区、管理区 4 个部分组成；"静区"由别墅与度假村、森林野营公园、居住区、科技服务区组成。风景区共有 12 处较大景点，即浴美人海湾浴场、仙女更衣岛、度假村、观海寺、羊官堡古城、海上娱乐园、森林野营公园、仙人洞、药王庙、望海亭、莲泡荷风、海岸等人文景观。风景区浴场海岸长 5 千米，水清沙优，海阔景美。

情人岛原名"耗坨"，是仙浴湾西部海域中一个孤立的小岛，遥望该岛就像一只耗子卧在海面上，故得名为"耗坨"。

情人岛离海滩最近处有 2 千米之遥，退潮时人们可以涉水而入，涨潮时只能隔海相望。该岛面积为 5.28 公顷，海拔高度为 23.72 米，四周海水清澈，浪花飞溅，奇礁怪石，形态各异，水洞旱穴，曲径通幽，峭壁险峻。岛上奇花异草，树木成荫，百岛盘旋。每当退潮后，岛的四周可以成为游人的赶海场，海参、海螺及各种贝类随地可见。在此，人们可以享受到赶海拾贝的乐趣。

## 6. 牛庄海关旧址

1856年第二次鸦片战争之后，英国强迫清政府签订了《天津条约》，增开牛庄（今营口）、登州（今烟台）等9埠为通商口岸，营口海关是东北地区较早设置的海关之一。营口海关的旧址分为两处，一处为"山海新关"，另一处为"山海钞关"。"山海新关"在今辽河宾馆1号楼，为两层西式红砖结构，建筑面积500平方米，是前税务司英国人满珊德所建。该楼于1914年动工，1922年建成，另有公寓楼和膳食房等附属建筑，至今仍保持完好。

"山海钞关"位于营口市西市区，也为两层建筑，占地400平方米，是美国人艾尔洛在1910年修建的。该关在当时负责管理中国各型船舶，并对这些船舶输出输入的货物进行征税。这座风格独特的建筑现为民宅。1988年，营口海关的"山海新关"部分被列为辽宁省文物保护单位。

## 7. 西炮台遗址

西炮台遗址位于辽宁省营口市西部辽河入海口东岸，距市中心3000米，犹如守边老将屹立于渤海之滨，昼夜守卫祖国海疆。西炮台始建于清光绪八年（1882年），竣工于光绪十四年（1888年），它是清政府兴办北洋水师时在东北沿海建筑的重要海防要塞，为东北地区近代最重要的海防工程之一，1963年被列为省级重点文物保护单位。

炮台系用沙土、白灰、黄土灌浆夯筑而成，整个建筑包括炮台、护台壕沟、护台城墙、城门、影壁墙、蓄水池、水洞、吊桥、军械库和营房等。炮台共3座，一大二小，均为方形。大炮台居中，台高6米，分3层，台顶四周加筑矮墙，相互对称；墙下周围有8处暗炮眼。台东是一条长62米、宽9～12米的登台坡道，与东面正门相对。南北距大炮台35米处各有小炮台1座，台东各设有1条长24米、宽4米的坡道，由此上下小炮台。炮台周围是泥土夯筑的围墙，平面为"凸"字形，全长1000余米，高5米。围墙两侧附加沙土、白灰护坡，围墙外8～12米处是一周护台壕。在东侧围墙辟一大二小3个城门，大门居中。在城门外30米处各有一座影壁墙，皆夯土筑成，正门所对影壁尤为高大厚重。这座炮台在1894年的中日甲午战争中发挥了巨大作用，清军海防练军营管带乔干臣曾亲率清军利用此

营口西炮台遗址（CFP供图）

炮台阻击日本侵略者，给敌人以沉重的打击。1991年，在对炮台进行清理工作中，发现了铁炮、炮弹、洋枪子弹、铁、石筑墙夯具、青砖、柱础、滴水、瓦当、瓷罐、瓷碗、瓷盘、瓷匙、銮铃等文物近百件和原来的房址遗迹。

西炮台虽经过战火的洗礼和一百多年沧桑，至今仍保存完好。现遗址内建有陈列馆和兵营及复原炮台1座。1963年，西炮台遗址被列为辽宁省第一批文物保护单位，现在这里已经成为爱国主义教育的重要场所。

## 8. 月牙湾海滨旅游区

月牙湾海滨旅游区位于辽宁省营口经济技术开发区，因其海滨状似月牙而得名。它北望营口港，南临红海河，背靠世纪广场，沙滩平坦，风光秀丽，旅游娱乐和休闲设施齐全，交通十分便捷。在这里，可以乘渔船出海，做一天渔民；可以住在农家，亲手采摘成熟的果实；可以乘坐滑翔机，翱翔蓝天，俯视海港；可以踏上帆板，享受海上冲浪的刺激。景区每年夏季开放。

月牙湾海滨旅游区受温带海洋性气候影响，四季温和，气候宜人。这里依山傍海，风光秀丽，海域辽阔，浪缓滩平，水清沙净，是国内外少有的"黄色海岸"。其金黄色的沙滩，绿色的树木草坪，充足的阳光，清爽怡人的空气，丰富的海产品，悠远的人文景观，吸引了大批国内外游客，每年夏季都有近百万人来这里观光旅游。经过几年的开发建设，月牙湾海滨旅游区已经具备了集吃、住、行、游、购、娱为一体的综合服务接待旅游区。

## 9. 双台河口自然保护区

双台河口自然保护区位于辽宁省盘锦市境内，面积8万公顷。1987年，经辽宁省人民政府批准建立，1988年晋升为国家级自然保护区。主要保护对象为丹顶鹤、白鹤等珍稀水禽和海岸河口湾湿地生态系统。

出盘锦市西南行约30千米，便来到辽东湾北端的双台河口。这里是辽河、浑河、太河、饶阳河和大凌河5条河流下游的沉积平原，地势低平，海拔0～6.5米。地处辽东湾辽河入海口处，是由淡水携带大量营养物质的沉积并与海水互相浸淹混合而形成的适宜多种生物繁衍的河口湾湿地，由此形成了大面积的淡水沼泽、咸水沼泽、沙滩和潮汐间泥滩。沼泽平均水深20～30厘米。沼泽中有很多小鱼塘，在东部则有大片水稻田。从河口东部到大凌河西部，生长着大片芦苇。这里属温带半湿润季风气候，年平均降水量为650毫米，年平均气温为8.5℃，主要植被以芦苇为主，常见的还有香蒲、水烛、苔草、苦草等湿地植物。

保护区内生物资源极其丰富，大面积的芦苇沼泽湿地为许多鸟类的栖息繁衍创造了优越的条件。双台河口地处中国东部候鸟迁徙的必经之路，每年经此迁飞、停歇的候鸟多达172种，数量在千万只以上，其中国家重点保护鸟类有丹顶鹤、白鹤、蓑羽鹤、白鹳、黑鹳、白额雁、大天鹅、苍鹰等达20余种，同时这里既是丹顶鹤最南端的繁殖区，也是丹顶鹤最北端的越冬区。据调查，这里生活着242种鸟类，其中以水禽种类数量最多，不仅是水禽的重要繁殖地，也是珍禽丹顶鹤的自然繁殖地，还是珍禽黑嘴鸥在全球少数几处重要繁殖地之一，因而引起了国内外专家、学者的普遍关注。保护区管理处现已划出5600公顷的面积，作为黑嘴鸥的永久繁殖地。

辽宁盘锦大洼湿地红海滩

## 10. 红海滩风景区

红海滩风景区坐落在盘锦市大洼县赵圈河乡100平方千米的苇田湿地内，它以全球保存得最完好、规模最大的湿地资源为依托，以举世罕见的红海滩、世界最大的芦苇荡为背景，是一处自然环境与人文景观完美结合的纯绿色生态旅游系统。人到其间，或者泛舟于碧波，或者垂钓于庭榭，都是一种全新的感受。

红海滩码头坐落在辽河三角洲的入海口处，距游客接待中心18千米，是全国乃至全球唯一一处在泥滩上建起的木结构、木桩基础、承台式仿古建筑群及纯木制旅游景点。该码头的"九曲廊桥"全长680米，由519根木桩支撑，自岸边逶迤而行，直探进海中。木制平台面积高达2000余平方米，由1998根木桩在滩地上傲然拔起，舒展地卧在波涛之上。餐厅、游廊、茶座错落其间，潮起潮落时，冲击出一派罕见的海上风光。享受别样的海上休闲，别有一番滋味在心头。

码头现有游船和快艇5艘，一次载客百余人。船行海上，不仅可以观赏无数只海鸟穿梭于云间天际的曼妙身影，亦可欣赏到燃透天边的红海滩。红海滩是大自然孕育的一道奇观，海的涤荡与滩的沉积，是红海滩得以存在的前提；碱的渗透与盐的浸润，是红海滩得以红似朝霞的先决条件。

红海滩确切出现时间无法考证。有学者称有了地球、有了海的时候，就已经有了红海滩。人们为温饱而奔波的时候，叫它"红草滩"；人们需要用它休憩心灵的时候，叫它"红地毯"。无论叫什么，它总是一如既往地燃烧，火、红，就是其生命的形式和内容。

织就红海滩的是一棵棵纤弱的碱蓬草，即一种适宜在盐碱土质生长、也是唯一一种可以在盐碱土质上存活的草。它每年4月长出地面，初为嫩红，渐次转深，10月由红变紫。它不要人撒种，无须人耕耘，一簇簇，一蓬蓬，在盐碱卤渍里年复一年地生生死死，死死生生，于光阴荏苒中，酿造出一片片火红的生命邑泽。

## 11. 蛤蜊岗风景区

渤海辽东湾的万顷碧波遮掩着数不尽的珍奇异宝，盘锦市西南部二界沟海边的蛤蜊岗就是一处神奇的所在。乘坐渔船来到蛤蜊岗上，等潮水渐渐地落下去，一片金色沙滩便从海水中显露出来；挽起裤腿，甩掉鞋子，光脚踩上松软的沙滩，令人有说不出的爽适与惬意。

蛤蜊岗以盛产文蛤而著称，所产文蛤味道鲜美、个体肥硕，饮誉海外，行销到日本、欧洲等国家和地区。随着潮汐隐现，这里的文蛤世代繁衍、密布如星、俯拾即是。此外，还生长着四角蛤蜊、蓝蛤、白蚬子、毛蚶子、海螺、扇贝、竹蛏等多种贝类，素有"渤海蛤库"之称。

盘锦文蛤繁育历史久远，据现已掌握的资料表明，文蛤几乎同人类祖先同时来到这个世界上。南北朝时期的陶弘景所著《神农本草经》对文蛤就有过记载。在唐代，文蛤曾是皇家的贡品。当清朝乾隆皇帝尝到二界沟蛤蜊岗文蛤时，不禁赞不绝口，这位风流倜傥的天子当即为之冠以"天下第一鲜"的美称。

## 12. 笔架山

笔架山位于辽宁省西部，面对渤海，毗邻锦州港，坐落在锦州经济技术开发区内。岛上三峰列峙，中高二低，形如笔架，故得名"笔架山"，是锦州八景之一。1982年，被定为省级文物保护单位。

笔架山的渤海"天桥"（CFP供图）

笔架山风景区以笔架山岛和"天桥"为主要景点，大致分为岛上游览、海上观光、岸边娱乐、沙滩海浴和度假休养5个区域，总面积8平方千米。其中，陆地面积4.72平方千米，海域面积3.28平方千米。这里山水秀丽，环境优美，物产资源丰富，生活服务设施配套，交通便利，自然景点密集，有马鞍桥、一线天、神龟出海、石猴泅渡、虎陷洞、梦兰湾等；有众多的文物古迹：吕祖亭、太阳殿、五母宫、万佛堂、龙王庙、三清阁等。

笔架山古建筑中最主要的建筑是三清阁。三清阁位于锦州市天桥镇大笔架山主峰，1921年始建，以其阁身纯用花岗石仿木结构建造，没有一钉一木而闻名。三清阁共6层，通高2.6米，层楼耸立，上出云表。第一、第二层为楼台式，面阔5间，拱形石门窗上有浮雕纹饰，四周有回廊。第三至五层为宝塔式，平面呈八角形，建于二层顶上正中，无塔檐，绕以螺旋形石阶梯，可旋转登上阁顶。顶层形式仿八角亭，单檐八角攒尖顶，飞檐翘角。整个建筑，设计别致严密，集楼台、宝塔、角亭于一体，风格独具。第六层供奉神话中的开天辟地之神——盘古氏，为天下众神之首，国内罕见。登阁顶眺望，使人心旷神怡。阁中现存大小汉白玉石佛43尊，为道家、儒家、佛家三教合一的寺庙。

"天桥"，实为一条"神奇的小道"，是潮汐变化和当地特殊的地理环境构成的佳景奇观。满潮时，笔架山是一座孤岛；退潮时，海水便慢慢地向两边退去，海岸至山麓之间出现一条30多米宽，1.75千米长的石滩，宛如一条蛟龙浮现海中，把海岸和海岛紧紧连在一起。游人可沿此段沙石路登岛上山。再次涨潮时，海水又从两边向"天桥"夹击而来。"天桥"在海浪中渐渐变窄，直至完全隐去。

## 13. 宁远古城

兴城，古名"宁远州"，位于辽宁省西南部，是一座具有2000多年历史的文化名城。1914年1月，因与山西、湖南、甘肃、新疆等省之宁远重名，乃沿用其辽代之名改称"兴城"。

宁远古城是一份珍贵的历史遗产，是中国目前保存最完整的一座明代古城，是国家级文物保护单位。它经历了570多年的风雨侵蚀和战争摧残，外城现已无存，内城经历代维修，基本保持原貌。古城略呈正方形，城的四面正中皆有城门，门外有半圆形瓮城，城墙基砌青色条石，外砌大块青砖，内垒巨型块石，中间夹夯黄土。城上各有两层楼阁、围廊式箭楼，分别各有坡形砌登道，四角高筑炮台，突出于城角，用以架设红夷大炮。当年明清宁远之役，清太祖努尔哈赤就是被红夷大炮击中，身负重伤，回盛京之后不久身亡。东南角建魁星楼1座，城内东、西、南、北大街十字相交。古城的正中心有一座雄伟壮观的钟鼓楼，它凌空飞架，与4座城门箭楼遥相对应，显得威严壮观，气势巍峨。古城城门有四座：东曰"春和"，南曰"延辉"，西曰"永宁"，北曰"威远"。钟鼓楼在中街，为战时击鼓进军、平时报晓更辰所用。楼高17.2米，分为三层，基座平面为正方形，高如城墙；下砌通向4条大街的十字券洞，全部用大青砖砌成，分东、西、南、北各筑拱形通道；之上为两层楼阁，内部辟为兴城出土文物陈列馆，展出"红山文化"时期（距今五六千年前）及春秋战国时期的骨针、陶器、刀币等珍贵出土文物，还架设一面巨型牛皮大鼓。大鼓直径2.25米，为整张牛皮制成，实为全国罕见。

城墙东南角有一座魁星楼。楼为两层，八面八角，建筑精美。内有魁星像一尊，面部威仪，青脸红发，一脚向后翘起，一手捧斗，一手执笔，犹如用笔点中应试人的姓名，就是古书中说的"魁星点状元"。南街中段耸立着祖氏石坊，是古迹保存最多的街。登上鼓楼，古城风光尽收眼底，令人心旷神怡。

## 14. 兴城海滨

兴城海滨是国家级风景名胜区，它与美国的西雅图和中国的青岛极为相似。海滨浴场绵延14千米，由兴海湾、港口湾、邴家湾、老龙湾4个海滨浴场，即第一、第二、第三、第四海滨浴场组成，是中国北方最大的天然浴场。海滨浴场内无暗礁，岸边沙滩细软洁白，晶莹如玉，海水深浅适宜，水稳波清，清澈见底；海岸地势开阔，绿树掩映，是大海送给人间的一片天然乐园。

兴城海滨是迷人的，尤其是海滨第一浴场即兴海湾格外靓丽多姿。步入海滨第一浴场，举目望去，是一座四柱三门二楼单檐庑殿式正门，牌坊上刻有著名书画家范曾题写的"洪波涌起"和"古城在望"八个大字。越过此坊，便走进如诗如画的兴海湾。兴海湾入口处，一尊用花岗岩雕琢的高大的菊花女塑像正颔首相迎。菊花女就是"菊花杀恶龙"传说中的菊花姑娘，她是美丽、善良、勇敢、智慧和自我牺牲精神的化身，是人们心目中的英雄。

兴海湾南端有"三礁揽胜"景点，在起伏绵亘的3座盘踞海中的明礁上，建有造型优雅的观海亭：一曰"雪浪亭"，一曰"迎霞亭"；亭名由著名书法家王堃骋所书，各亭之间栈桥相连，真可谓是"三礁石恋人曲桥，百皱岩戏千重浪"。桥上游人来往不绝，或登亭观潮听浪，或依亭背海摄影，或蹲礁静心垂钓，真可谓各得其所，各享其乐。倘若赶上落潮，该景点里侧的海水退却，海滩半隐半露，还可拾贝、捉蟹，更是乐趣横生。

## 15. 觉华岛

觉华岛位于兴城东南 10 千米，是渤海湾内第二大岛屿，地理位置优越，景色迷人。觉华岛呈长葫芦形，面积 13.5 平方千米，岛屿海岸线长 20 千米，最高处海拔 243 米。岛上地势南高北低，附近有阎山、张山和磨盘山 3 个小岛。

觉华岛历史悠久，历史遗迹众多。觉华岛又称"大海山"，唐时称"桃花浦"或"桃花岛"，明清又称"觉华岛"。传说在 2000 多年之前的战国时，燕太子丹曾避祸于桃花岛。后来有个叫觉华的出家和尚在此处修身养性、专心佛道研究，故此岛又得名为"觉华岛"。数百年后，因岛上菊花遍地盛开，易名"菊花岛"。为彰显悠久的佛教文化，于 2010 年又更名为"觉华岛"。岛上主要历史遗迹有龙脖子古城、大龙宫寺遗址、大悲阁残垣、海云寺正殿、海云观、唐王洞、八角井、大石棚与九顶石等。

觉华岛是北方海岛的典型代表，具有重要的生态系统。岛上植被覆盖率高，主要有针叶林植被及灌丛植被，是红嘴山鸦的迁徙站。觉华岛附近区域海洋生物众多。近年来，随着海洋渔业资源衰退，本区域海洋生物量呈下降趋势。传统经济贝类，如毛蚶、魁蚶、杂色蛤等的生存环境遭到严重破坏。兴城平滩作为辽宁仅存的、基本保持自然生态属性的岛后波影区发育的潮间带砂质堆积体，具有独立完整的生态系统，由于周边围填海活动的增多，受到了严重威胁。觉华岛海蚀平台等海蚀地貌极其壮观，为基岩海岸在波浪作用下发育磨蚀均衡剖面的典型例证，在全省近乎独一无二。这类地形在大陆基岩海岸普遍发育，大多受人为因素干扰而难以保持原始性特征，而基本无人为干预的觉华岛海岸却鲜活地保存其海蚀平台的原始性和典型性特征，在辽宁省甚至是渤海沿岸都十分罕见。

## 16. 姜女石遗址

姜女石遗址位于绥中县万家镇。1988 年，被国家文物局定为国家级重点文物保护单位。

姜女石遗址东距绥中县城 50 千米，西距山海关 10 千米。它由 6 处遗址点组成，整体布局为"T"形。临海的 3 处遗址分布在以石碑地遗址为中心，东至止锚湾，西至黑山头，

姜女石遗址碑

东西长 3.5 千米，南北宽 5 千米范围内的沿海高岗或台地上，形成宏大的一宫两阙的格局。石碑地遗址的中轴线，正对近海中的一组礁石——姜女石（俗称"姜女坟"）。这组天然海礁由 5 块巨大礁石组成，东边为一完整的海蚀柱，高 20 余米；西边 4 块较小，而且其中只有一块有根基。据考证，这组礁石原为东西分布、呈门形的一对海蚀柱，后来西侧礁石断落，遂形成了现在的状态。

1982 年以来，经相关专业工作队伍的调查、发掘与论证，对姜女石遗址有了突破性的发现。专家们参阅文献，结合遗址群所在地区的地理风貌，尤其以各遗址出土的文物为佐证，认定该处遗址群当年决非一般郡县建筑，应属皇家级别的建筑物，且位于海滨，具有行宫性质，从而认定姜女石就是秦始皇、汉武帝东巡所至的碣石；正对姜女石的石碑地遗址当是碣石宫的遗址，而其他遗址是与之相关的附属建筑的遗址。

考古发掘认定，汉代在碣石宫的废墟上又进行了重建，但范围已较秦代碣石宫要小得多，这也印证了汉武帝筑望海台的文献记载。而秦代碣石宫的建筑布局、建筑遗迹保存较为完好，出土了一批极富特征的建筑遗物，这在国内极为少见。由于秦代存在的历史时间较短，在全国范围内保存这么完好的秦代建筑凤毛麟角。因此有专家说，要看秦朝建筑就到碣石宫遗址。

姜女石大面积秦汉建筑遗址的发现，是 20 世纪末我国重大考古发现之一，具有极高的历史意义与学术价值。这一发现不仅解开了"神州何处觅碣石"的千古之谜，而且把有关碣石的研究从单纯的文献考证，推进到文献考证与考古发掘相结合，这对历史地理学的发展是一个推动。另外，因对阿房宫等遗址的考古发掘收获甚微，却在关中以外地区发现秦代行宫遗址，这对研究我们统一多民族国家形成历史，对研究秦代建筑史，其价值都是非凡的。因此，1997 年，这一发现被评为"全国十大考古发现"之一。另外，碣石宫又是人文建筑与自然景观完美结合的典型，是古代人类"天人和谐"智慧的体现。

## 1. 丹东抗美援朝纪念馆

丹东市抗美援朝纪念馆位于辽宁省丹东市锦江大街 68 号，始建于 1958 年，郭沫若题写馆名。1984 年，开始筹备重新扩建。1990 年 10 月 24 日，正值中国人民志愿军赴朝参战 40 周年之际，全国政协副主席、原中国人民志愿军副司令员洪学智，率中央代表团来丹东为该馆奠基。1993 年 7 月 27 日落成开馆，总占地面积 18 万平方米，总建筑面积 13790 平方米。陈列内容分为抗美援朝战争馆、抗美援朝运动馆、中朝人民友谊馆、英雄模范烈士馆四大部分。

新馆是由陈列馆、全景画馆、纪念塔三大建筑主体组成的建筑群，融中华民族的传统风格和现代建筑特色于一体。陈列馆的平面布局是"品"字形的三层建筑，建筑面积 5800 平方米，楼高 19.4 米，上有 5 个民族风格的小亭。陈列馆序厅的正面以"抗美援朝保家卫国"浮雕群像为背景，正中是毛泽东和彭德怀的巨型雕像，两侧分别展示志愿军战歌歌词和中共中央军委主席毛泽东组建中国人民志愿军的命令。

全景画馆有全景画《清川江畔围歼战》。画面以抗美援朝战争第二次战役为背景，以清川江畔三所里、龙源里、松骨峰等阻击战为重点，形

《清川江畔围歼战》全景画（局部）

象地反映了志愿军在战场上的英雄气概。

抗美援朝纪念塔塔高 53 米,象征 1953 年朝鲜停战协定签字,抗美援朝战争取得伟大胜利。纪念塔正面是邓小平题写的"抗美援朝纪念塔"七个镏金大字,背面是记载志愿军英雄业绩的塔文。露天兵器陈列场,陈列着抗美援朝战争中志愿军使用的飞机、大炮、坦克等重型武器装备以及志愿军缴获的敌军重型武器。

## 2. 大连自然博物馆

大连自然博物馆是自然历史性博物馆,分为旧馆和新馆。大连自然博物馆旧址建筑,是 1898 年沙俄统治时期修建的市政厅大楼,位于胜利桥北,具有浓郁的俄罗斯风格,是大连市初建时期的代表性建筑之一。1997 年,被国务院列为国家重点文物保护建筑。

大连自然博物馆的前身是日本侵占东北以后,由日本"南满洲铁道株式会社"创办的"地质调查所"。1926 年,由于展示的标本种类增多,陈列内容增加,收集标本的地域不断扩大,涵盖了东北及蒙古等地的多种资源,遂将陈列室改为"满蒙物质参考馆",同年正式对外开放。1945 年大连解放后,该馆于 8 月 23 日由中国长春铁路公司接管,易名为"东北地方志博物馆";委托苏联地质专家叶果洛夫担任馆长,并对原有的陈列进行修整。1950 年 11 月,中国长春铁路局将该馆移交给大连市人民政府文教局管理,同时将馆名改为"东北资源馆",充实调整了陈列内容,主要展览我国东北地区的自然资源和新中国成立后的新成就,成为向广大人民群众进行爱国主义教育和普及科学知识的文化阵地。1959 年,在庆祝抗战胜利 14 周年纪念日这天,该馆正式定名为"大连自然博物馆",并请当时担任中国科学院院长的郭沫若先生亲笔题写馆名。

新馆坐落于大连市沙河口区黑石礁西村街 40 号,与大连海洋大学相邻,且地处风景秀丽的黑石礁海滨,三面环海,礁石环绕。新馆建筑为典型的现代欧式风格,建筑面积 15000 平方米,展览面积 10000 平方米。馆内现开设地球、恐龙、海洋生物、东北森林动物、湿地、物种多样性等 12 个主题展厅,收藏各种动植物、古生物及岩矿标本 20 万余件。

馆藏特色藏品是海洋生物标本和"热河生物群"化石标本,其中海兽标本 20 余种,种类和数量在国内自然史博物馆中是最多的;大型鲸类、儒艮、白鳍豚、大熊猫、金丝猴、针鼹、鸭嘴兽、朱鹮、极乐鸟、蜂鸟及最早的食虫类远藤兽化石等,均为世界珍贵标本。

馆中藏有目前亚洲最大的黑露脊鲸外形标本（体长 17.1 米，体重 66.7 吨）和中国目前唯一的长须鲸外形标本（体长 18.4 米，体重 34.7 吨）。

## 3. 旅顺博物馆

旅顺博物馆位于风景秀丽的太阳沟风景区，始建于 1917 年 4 月。1999 年，旅顺博物馆实施了总体改造。改造后的大连旅顺博物馆，成为全国前三名的大型花园式博物馆，其主楼占地 2.5 万平方米，是一座内涵丰富的历史艺术殿堂。现为全国文物保护单位。

旅顺博物馆主体建筑是日本帝国主义在 1905 年侵占大连以后，在沙俄未建成的军官俱乐部基础上改造建成的，建筑既有近代欧式风格，又有东方艺术装饰特色。该馆初名"关东都督府满蒙物产馆"，1918 年 11 月改称"关东都督府博物馆"，1919 年改称"关东厅博物馆"。1934 年改称"旅顺博物馆"。1945 年 10 月，由苏联红军接管，改名为"旅顺东方文化博物馆"。1951 年 2 月 1 日，苏军将博物馆馆舍连同馆藏 20 637 件文物、7700 册图书移交给中国政府。1952 年 12 月，改称"旅顺历史文化博物馆"。1954 年定名为"旅顺博物馆"。另外，此馆还管辖旅顺日俄监狱旧址和万忠墓 2 个展览场地。

1999 年，旅顺博物馆实施了总体改造。在原馆毗邻处新建了分馆，同时将原来的动物园、植物园归入博物馆园区，使园区面积增至 15 万平方米。在园区内苍松翠柏掩映下，分布有清代古炮广场、辽代壁画墓、硅化木林、跌水池等自然与人文景观，形成了一个巨大的露天展厅，使人徜徉于历史与现实之间。

## 4. 旅顺大狱

旅顺大狱位于旅顺口区元宝坊向阳街 139 号，是一所由两个帝国主义国家先后在我国建造的监狱。原由沙俄建于 1902 年，日俄战争期间曾临时改作俄军骑兵营地和战地医院。1907 年开始由日本人使用并扩建。在高墙围成的 2.6 万平方米的面积上，设置了检身室、刑讯室、绞刑室等，牢房由原来的 85 间增加到 253 间。后又增设 15 座监狱工厂，强迫在押者从事繁重的体力劳动，生产各种军需品，可同时关押 2000 多人。被关押者还要在监狱外的窑场、林场、果园、菜地服苦役。

这个监狱曾杀害过众多的中国、朝鲜和日本的革命志士及无辜群众，其中有朝鲜著名的民族英雄安重根。1910 年 3 月 26 日，身着白色袍服的朝鲜义士安重根在旅顺监狱走上绞架，结束了他 31 年短暂的人生。整整五个月前，安重根在哈尔滨火车站刺杀日本首任首相伊藤博文，随后被关入旅顺监狱。安重根的牺牲使得他成为朝鲜民族的英雄，同时加速了日本吞并朝鲜的步伐。

1945 年 8 月日本战败投降后，监狱解散。监狱旧址于 1971 年作为陈列馆向社会开放。从那之后，这里便成为爱国主义教育基地，人们可以通过陈列的展品开始对那段历史的认识。一百多年前远东地区大国博弈的烙印至今仍深深地刻在旅顺大狱，给这栋死气沉沉的建筑增添了一丝悲壮。

## 5. 旅顺万忠墓

万忠墓位于大连市旅顺口区九三路 23 号，白玉山东麓，属于清代墓地建筑，是省级文物保护单位，大连市爱国主义教育基地。该墓是为纪念 1894 年中日甲午战争中惨遭日军杀害的近 2 万名中国同胞而建。该馆主要陈列主题内容包括"甲午战争前的旅顺口""甲午战争与旅顺口的陷落""震惊中外的旅顺惨案"和"旅顺万忠墓"四部分。

1894 年，日本帝国主义发动中日甲午战争。11 月 21 日，日本第二军开始向旅顺进犯，驻守清军临阵脱逃，只有爱国将领徐邦道等人率领士兵在土城子等地展开了英勇顽强的阻击战，曾两次赶走侵略者。之后，日军集中上百门大炮轰击旅顺口，徐邦道率领士兵奋战在东鸡冠山下白玉山麓，终因寡不敌众而惨败。日本侵略军闯进旅顺后在旅顺城区进行了四天三夜的疯狂屠杀，2 万名无辜同胞惨死在日本帝国主义屠刀之下，幸存者只有 36 人（扛尸队人员）。1895 年 2 月，当地居民将死难同胞尸体分三处集中火化，骨灰葬于白玉山东麓。

1896 年 11 月，清政府委派直隶候补道员顾元勋接收旅顺，由他出面主持建立了甲午

旅顺万忠墓

战争遇难同胞墓，并亲书"万忠墓"刻在一块石碑上。那时正是旅顺同胞遇难两周年之际，故在万忠墓前建享殿三间。殿堂匾额包以铁板皮，书"万忠墓"三字。自此以后，官民年年祭祀不衰。1905年，俄军被日军战败，日军再次侵占旅顺口，见碑文上有"日本败盟"等字样，就将万忠墓石碑盗走，先是弃于旅顺医院，后又砌入大墙里。1922年，旅顺华商会会长陶旭亭等人发起重修万忠墓的募捐活动，在墓前另竖一碑，上书"万忠墓碑"。此为万忠墓第二块石碑。1931年东北三省沦陷，日本殖民当局企图再次毁坟灭迹，欲把万忠墓迁出市内。商会会长潘修海仗义执言，与日本殖民当局据理力争，逼得日本殖民当局只好让步。1945年日本投降后，旅顺市政府募捐240万元苏币，关东公署又拨款300万元，重修万忠墓并立石碑。此为万忠墓第三块石碑。这次重修，三楹享殿更换了新瓦，还在正门上方悬挂横额，上书"永矢不忘"。

1994年正逢甲午战争百年祭，旅顺口区决定再次重修万忠墓。4月5日，在万忠墓陵园举行了甲午战争旅顺殉难同胞遗骨重新安葬仪式。殉难同胞骨灰被装进三口大型木棺入殓，并在墓前立一座百年纪念碑，建一座1000平方米祭祀广场，一座2000平方米的万忠墓纪念馆，时任国务院总理李鹏亲书馆名。陵园面积达9200平方米。走近万忠墓，百年前的嘶喊和血腥，百年来的思索和沉重，让所有来访者戚然肃然，不敢忘却。

2006年，万忠墓被国务院批准列入第六批全国重点文物保护单位名单。

## 6. 东鸡冠山日俄战争遗址

东鸡冠山日俄战争遗址包括东鸡冠山北堡垒、日俄战争陈列馆、望台炮台和二龙山堡垒4个景点。

东鸡冠山北堡垒是沙俄1898年3月侵占旅顺后修建的东部防线中一座功守兼备的重要堡垒，是日俄战争中双方争夺的重要战场之一。1900年1月由沙俄始建，采用混凝土和鹅卵石灌制而成，外部覆盖有2米厚的沙袋和泥土；内部结构复杂，由指挥部、士兵宿舍、弹药库、暗堡、侧防暗堡、暗道、炮阵地、雷道、楼梯井等组成。堡垒呈不规则的五角形，周长496米，面积9900平方米。堡垒四周挖有6米深、8米宽的护垒壕，壕外山坡架设高压电网。1904年日俄战争中，日军为攻此堡垒，曾伤亡900多人。

这里不仅保存了较完整的战争遗址，而且还有全国唯一的日俄战争陈列馆。馆内采用讲解、实物展示等多种形式，以丰富翔实的资料，深刻地揭露了帝国主义侵华罪行。

旅顺东鸡冠山俄军北堡垒

旅顺东鸡冠山俄军北堡垒坑道内部

望台炮台是日俄争夺旅顺的最后战场，因山上遗留的2门俄军残炮而被当地人称为"两杆炮"。这2门炮是1899年俄国彼得堡奥卜霍夫钢铁厂铸造的，射程约10千米。1905年元旦，日军攻占望台炮台，宣告日俄旅顺陆战结束。

二龙山堡垒是清政府于甲午战争前所建，先后经历了中日甲午战争和日俄战争的战火洗礼。1894年，在中日甲午战争旅顺保卫战中，因清军统领姜桂题率4营兵力防守，在此英勇抵抗日军的侵略而青史留名。1904年日俄战争中，俄军将堡垒面积扩大为3万平方米，装备50门火炮，由俄军一个加强营驻守。日、俄两军在此进行了长达2个月的激烈战斗，以日军攻克该堡垒而告终。

## 7. 辽沈战役纪念馆

辽沈战役纪念馆成立于1959年1月。其前身是辽宁省地方志博物馆筹备处锦州办事处、锦州历史文物陈列馆。辽沈战役纪念馆集历史研究、文化传播、艺术博览、旅游休闲等功能为一体，已成为一座大型的军事历史主题公园。辽沈战役纪念馆本馆园区占地面积18.8万平方米，依山就势在中轴线上建有胜利之门、朱德元帅题词的纪念塔和主体陈列馆。园区内松柏挺秀，绿草如茵，环境幽雅而肃穆。贯穿南北的中轴线，将门、塔、馆主体建筑连成一体，使游人产生逆岁月而上的感觉。其间的纪念馆、纪念塔、烈士名录碑、雕像碑、书法碑、大型组雕、胜利之门及纪念性装饰物，构成一组完整的、具有革命纪念意义的建筑群体，在苍松翠柏的掩映下，更加引人入胜。

　　辽沈战役纪念馆主体陈列馆建筑面积 8600 平方米。馆内设有序厅、战史馆、支前馆、英烈馆和全景画馆。馆藏藏品总计 19 525 件，其中一级文物 25 件，二级文物 275 件。馆内巧妙地运用光影成像、景观复原等声、光、电多媒体展示手段，再现历史场景。陈列内容全面反映了东北解放战争的历史，突出展示了辽沈战役的胜利进程，揭示了战役胜利的诸多因素及伟大意义。其中再现宏大战争场面的《攻克锦州》全景画馆为国内首创，是中国第一座全景画馆，被誉为"中国第一馆"。全景画馆采用绘画、雕塑、灯光、音响等多种形式，生动地再现了辽沈战役的关键性战役——攻克锦州的宏大战争场景，是中国博物馆和美术史上的开山之作，被誉为全国博物馆界和世界美术界的艺术精品和经典之作。

　　长期以来，辽沈战役纪念馆作为锦州市乃至全国对外接待的"红色名片"和"城市客厅"，取得了良好的综合效益。馆藏丰富的文物和史料，成为辽沈战役研究和展示的重要素材。革命纪念性建筑与现代园林融为一体，使其成为全国著名的爱国主义教育基地和军事文化旅游的胜地。

中国海洋文化

妈祖信俗
元神祭祀
龙王崇拜
马祖崇拜

第六章

# 海神信仰
# 文化纽带

　　早在六百多年前，妈祖信仰就已经传播到辽宁。据记载："沈阳城区有天后宫，辽中县有娘娘庙、龙王庙，新民县有龙王庙；大连瓦房店有龙王庙、天后宫、娘娘庙，金州有天后宫、龙王庙，庄河有天后宫、龙王庙、娘娘庙，鞍山海城有龙王庙、天后宫；抚顺有海神庙；本溪有娘娘宫、龙王庙，桓仁县有龙王庙；丹东市区有龙王庙、天后宫，宽甸有娘娘庙，岫岩有天后宫、龙王庙；辽阳有娘娘庙、龙王庙；铁岭有娘娘庙；盘锦有娘娘庙、龙王庙等。从以上记载我们可以发现，辽宁的海神信仰由来已久，分布地域广泛，信仰以海神娘娘、龙王为主，虽然有些娘娘庙供奉的不只是海神娘娘，但是在北方地区，娘娘庙中的娘娘往往集多种职能于一身，彼此渗透，很难分解。其中，又以海神娘娘信俗为人数最众，规模最大，影响最久。"[1]

　　辽宁地区称妈祖为"天妃""天后""海神娘娘"，近代多称"海神娘娘"。历史上辽宁地区曾有大量的天后宫庙宇，现在所剩无几，原貌保存下来的更是凤毛麟角，个别几座也是原址或选址重建。但是，庙宇不存，并没有影响沿海民众对海神娘娘的敬爱与崇拜，人们或是新修庙宇，或是雕刻塑像，或是请来分灵真身，在正月十三放海灯；在重要的节日，沿海各地都有民间自发的隆重的祭祀活动。关于海神娘娘的传说，各地流传版本不尽相同，但是基本反映了海神娘娘扶危济难、护佑救助海上渔人、商人、军旅的主题。沿着辽宁海岸线从东到西，沿着纬度线从南到北，从丹东到葫芦岛，从旅顺到沈阳、本溪，到处都曾有海神娘娘信仰的庙宇、习俗和传说，妈祖信仰现在仍然深深熔铸在各沿海地区人民的渔业生产和日常生活中。

　　妈祖信俗也称为"娘妈信俗""娘娘信俗""天妃信俗""天后信俗""天上圣母信俗""湄洲妈祖信俗"，是以崇奉和颂扬妈祖的立德、行善、大爱精神为核心，以妈祖宫庙为主要活动场所，以庙会、习俗和传说等为表现形式的民俗文化。妈祖信俗由祭祀仪式、民间习俗和故事传说三大系列组成。2009年9月30日，联合国教科文组织政府间保护非物质文化遗产委员会第四次会议审议，决定将"妈祖信俗"列入世界非物质文化遗产，成为中国首个信俗类世界非物质文化遗产。大连地区的海神娘娘祭典、丹东大孤山天后宫海神娘娘(妈祖)祭祀巡游分别于2007年和2009年成功申报为省级非物质文化遗产保护项目，旅顺、庄河、普兰店等地申报的放海灯、庄河海神娘娘传说成为大连市级非物质文化遗产保护项目。

---

1　《辽宁省志·宗教志》。

2011 年，辽宁与澳门合办妈祖文化旅游节，辽宁代表团第一次大规模赴澳门举行文化、旅游和经贸交流活动。辽宁作为东北地区唯一的沿海省份，有着深厚的妈祖文化基础，大连和丹东大孤山天后宫等具有悠久的历史。

　　妈祖已不局限于民间宗教信仰，而是中华优秀传统文化的重要组成部分，是凝聚海内外所有中华儿女的强大精神纽带。妈祖文化历经世代的传承、沉淀与升华，已把辽宁人民与东南沿海特别是澳门的民众紧密地联系在一起，在共同遵从妈祖文化普世价值的过程中，密切了感情，加深着合作，共创两地经济文化事业发展之繁荣。

妈祖信俗

# 1. 大孤山天后宫

始建于清乾隆二十八年（1763年）的大孤山天后宫，是辽东半岛极为重要的天后宫之一。因其规模庞大，结构宏伟，建筑水平高，并与许多历史名人（如左宗棠）有着密切的渊源而闻名遐迩。

大孤山天后宫坐落于丹东市大孤山下庙西路。由山门、钟鼓楼、客厅、配殿、圣母殿等组成。圣母殿系天后宫的主体，为前硬山卷棚抱厦和后硬山顶的连搭式建筑，又称"海神娘娘殿"。1880年被大火烧毁后重修。正殿中间的坐像就是海神娘娘木雕像，雕像的两侧是两艘古代风船的模型。过去，卷棚内有80多块匾额，在战乱中大多丢失或毁坏，只找回4块，其中一块就是出自清朝军机大臣左宗棠之手的"永庆安澜"匾。

大孤山天后宫现为辽宁省文物保护单位，它历史悠久，文化底蕴厚重，建筑风格独特，保存完整，是我国北方难得的历史名胜。[1]

天后宫碑立于清光绪三十二年（1906年），原碑址在大东沟天后宫庙（今东港市港城劳动宫附近），碑通高2.25米，宽0.86米，厚0.25米。该石碑现存于大孤山古建筑群下庙天后宫。碑文作者记述了大东沟商贾云集的兴隆状况，并记载了当年捐款修天后宫的相关事宜。

从碑文记述来看，当年的大孤山"商贾荟萃，木排众多，贸易往来频繁"，这些都是妈祖文化得以在当地流传发展的条件和保障。

大孤山庙会在每年农历四月十八举行。庙会由来已久，据《孤山镇志》记载："早在宋代，大孤山一带就有庙会之举，庙会集会地址在下庙戏楼广场，规模鼎盛时期是在清代的乾隆年间。"最初兴起的是海神娘娘庙会和药王庙会。每年的四月十八，大孤山天后宫举办民间娘娘庙会。随着时间的迁移，海神娘娘庙会日渐兴隆，特别是道光年间建成戏楼后，庙会内容也日益丰富多彩，烧香、祈福、还愿加上戏曲、杂耍、旱船等文艺节目表演，同时还有各种商品交易。近年来，大孤山庙会内容进一

1 《辽宁省志·宗教志》。

2008年5月22日（农历四月十八），有着百年历史的辽宁东港大孤山庙会上，来自福建湄洲的妈祖分灵在众多世代以海洋为伴的渔民们的簇拥下进行巡游祭祀。(CFP供图)

步丰富：猜谜，科普展览，求医问药，各类咨询宣传等林林总总，形式多样，更加贴近群众生活。除传统的文艺表演外，还增添了惊险刺激的马戏、魔术等表演。

　　2008年5月22日上午，由东港市妈祖文化交流协会主办的大孤山天后宫妈祖祭典活动隆重举办，近20万人观看了此次祭典活动。大孤山天后宫妈祖为福建湄洲妈祖的分灵金身，是由东港市妈祖文化交流协会于2008年5月14日自湄洲恭迎而来。这次祭祀和巡游活动的恢复，是妈祖文化这一非物质文化遗产在东港境内的延续和传播。5月22日上午7时许，祭祀活动在古朴典雅的乐曲声中开始。在大司仪的主持下，东港市妈祖文化交流协会会长、本次祭祀活动的主祭人于长福带领陪祭人恭请"妈祖"步下神坛。妈祖銮轿经戏楼广场短暂停留进行祭祀后，沿街巡游，为四方黎民赐福。至9时到达大孤山码头，举行了隆重的祭典仪式。祭祀人将供品投入海中，以飨海神，然后护卫銮轿回殿。

## 2. 宝山寺天后宫

建于元宝山下的老安东天后宫（俗称"娘娘宫"），始建于清光绪二年（1876年），其规模宏大，香火鼎盛。该庙就是安东艜船会为祈求平安所修。每年农历三月二十三是天后圣母诞辰日[1]，有盛大庙会，庙前大戏台唱戏酬神，热闹异常。清光绪八年(1882年)，光绪皇帝钦赠御匾，使安东天后宫名扬海内外。原庙宏伟壮观，有层层院落，占地24亩。1941年，改称"宝山寺"。20世纪50年代，以破除迷信为名被毁，后于1989年完成了重建。

## 3. 獐岛妈祖庙

现存獐岛妈祖庙位于獐岛宾馆西侧的仙山公园，系2003年夏天由李明辉、李明峰兄弟及社会各界捐助60万元复建。据"妈祖娘娘庙碑记"介绍：

> 獐岛妈祖娘娘宫，渔民祈福求安之圣地，原名妈祖庙，系唐代古刹，与大孤山古庙齐名，向为沿海渔民祈福求安之圣地，每年农历三月二十三日妈祖娘娘生辰，远有朝鲜、日本、东南亚等异邦人士，近有我华夏子孙，朝拜者甚众。但惜毁于十年浩劫，仅存基垣。改革开放后，獐岛村民对复建妈祖娘娘庙呼声日甚，村委会即定选址复建，村领导由能和、张忠有奔走四方，终得信士李明辉、李明峰捐资五十万元，村民及各界人士资助十万元，由李氏兄弟组织能工巧匠复建。历经百日，塑娘娘、财神、龙王等诸神于庙中，再现妈祖娘娘诞辰之日香火缭绕、人声鼎沸、樯蓬林立、烟波浩渺的旧时气象。

目前，獐岛村每年都举行獐岛妈祖文化旅游节，并专门请道士在庙上主持事务，已成为当地旅行的重要项目之一。

## 4. 小岛村妈祖庙

小岛村位于东港市菩萨庙镇的东南端。小岛村的圆山岛距陆地771米，面积70多亩，

---

1　关于妈祖诞辰日，各地说法不同，有些地方认为是农历正月十三。

因无论从哪个方向看都呈圆形而得名。岛上南面，有一座海神娘娘庙，供有海神娘娘灵位。灵位高约3尺，宽2尺。庙内有一木匾，至今保存完好，刻有"海神慈母"四字。相传早些年，山东有一艘货船，从小岛装了货往海外开。行驶到圆山附近海域时，船主忽然听到一个女人在喊："转舵！"那声音好亲切，像自己的母亲。可是，母亲这会儿正在山东家中，离这儿上千里，怎会听到她的声音呢？再说，海平天晴的，正好走船，为啥转舵呢？他仍命令船员扯篷摇橹往南开。"母亲"显然是生气了，声音拔高了八度，连喊两声："转舵！转舵！"他半信半疑，转舵调头，将船开进小岛船坞。刚下锚，天一下子就变黑了。紧跟着，龙卷风袭来，大树被拦腰折断，数百斤重的石碾从"西北天"飞到"南洋子"……风平浪静以后，船主登上圆山岛，寻找母亲，可哪里还有踪影？他找到岛南坡，被一块石头绊倒在地。船主忽有所悟，知道是海神娘娘搭救他，便在原地用石头建起一座小庙。因为这座庙与他母亲有关，所以，供奉的牌位上写的是"海神慈母"。

## 5. 青堆子天后宫

庄河境内曾有南尖龙凤阁海神娘娘庙、大圈海神娘娘庙、黑岛西阳宫、石城乡的海丰寺、王家岛祈祥园等共12处。三座较大的天后宫，其一在城里下街，于清乾隆三十九年（1774年）建，由僧人住持；其二在城东青堆子上街，清道光四年（1824年）建，由僧人住持；其三在城东大孤山，清光绪十四年（1888年）建，由道士主持。[1] 其中，青堆子天后宫是目前大连地区保存最好的天后宫，对研究当年宗教活动、青堆子地区经济、商业、交通以及建筑风格和特征有重要价值。

青堆子天后宫位于庄河市青堆镇东街社区中南部、青海路227号，南临黄海约1千米，俗称"上庙"，是目前大连地区保持较完好的清代庙宇之一。天后宫始建于清代，原有建筑均为硬山式砖木结构，前出单廊檐。前殿和正殿均面阔三间，进深一间；左右配殿均面阔一间，进深一间。依地势自北向南、由高至低分为上、中、下三院。上院为正殿——大雄宝殿和东西配殿，建筑规模宏伟，建筑体量大；往南稍低于上院的是中院，为前殿和东西配殿，建筑规模略小于正殿；再往南即为山门，地势最低。天后宫于清同治年间、民国时期（1921年）重修，"文革"期间遭到严重破坏，仅存前殿、正殿、民国十年碑、伪满"康

---

1　廖彭等修，宋抡元等纂：《庄河县志》卷2。

德"三年的铁钟等。据资料记载，至1947年庄河解放，庙中既无香火，也无僧尼。庄河解放初，天后宫曾当作学生教室。"文革"期间，除天后宫外，其余庙宇荡然无存。后来一些村民搬进天后宫居住，还有一段时期被青堆子公安派出所作为办公地点。1987年4月26日，天后宫开始重修并扩建，并易名"普化寺"。至1994年基本完成了现在的格局，恢复了大雄宝殿及东西配殿、前殿和东西配殿，并重塑佛像。1987年重修前，正殿一直供奉海神娘娘林默娘，重修后将正殿供奉的海神娘娘移至前殿的东配殿，正殿供奉释迦牟尼等诸佛。新建了办公室、藏经楼、宿舍、客厅和斋堂等，像其中正殿正面新加接了一段卷棚顶建筑，与原来建筑风格不同。2006年新扩建，改为三门洞，有赵朴初题额"普化寺"。扩建后的天后宫建筑面积达1756平方米，占地面积由原来的1485平方米，扩大到2000多平方米。1993年，天后宫被大连市政府列为市级文物保护单位。2002年，被列为大连市第一批重点保护建筑。

1921年重修的碑为汉白玉质、双龙戏珠碑额，碑文字体为楷书，阴刻，由前清附生冷袖东撰书。碑阳为碑文正文，记载了天后宫创修过程，碑阴记载了为重修天后宫捐资的商号、银号、医院等名称。

## 6. 庄河海神娘娘传说

在庄河、长海部分岛屿、丹东东港等地流传着海神娘娘的传说。它具有明显的地域特征，已经成为大连市非物质文化遗产保护项目，主要传承人为张可绣。

相传在很久很久以前，大海边渔村居着一家姓林的打鱼人家。这家共有五口人，夫妻俩生养了两儿一女，女孩乳名"天香"。天香降生时，满屋清香，香飘十里之外，月许未散。天香十七岁那年，有一天中午睡午觉，忽然在炕上脚蹬手舞，嘴里像叨着东西"唔唔啦啦"。母亲没好气地抽了天香一扫帚把。天香睡梦中突然被打醒，她"哇"的一声，开始大喊大叫："俺爹落水啦! 你倒打我干什么呀……"说着，天香"呜呜"地哭起来。原来，天香在睡梦中，分身乘云飞进了大海，看见一条渔船被风浪掀翻。天香按下云头进海施救，她救的正好是她的爹和两个哥哥。她一只胳膊挟着一个哥哥，用嘴叼着爹的裤腰带，刚浮上水面，被她妈一扫帚把打来。天香的分身"哇"的一声，嘴一张，她爹又掉进海里。天香的妈妈不信她能在睡梦中去大海里救人，就劝天香说："你别哭，那是做梦。你爹使了一辈子船，上了一辈子海，什么样的大风大浪没遇上？"天香妈的话音刚落，天香的两个哥哥就跑进了家门，哭喊着："妈呀，俺爹落水啦！"

打这以后，天香睡梦中屡次海上显圣，渔民都敬重天香是大海上活女神。十年之后的一天，天香吃了午饭，穿了一身红衣服，叫妈帮她梳好了头。天香对她妈说："女儿要走了，您别伤心，要是您想我就到海边那庙里去找我。"说完，她跪在炕上给妈磕了一个头，起身就飘出家门，一朵彩云托着天香飞向海边。

骨肉难离。妈妈把天香的行李、洗脸盆、手巾、胰子包好拿着，边哭边跑，撵进庙里。只见天香端坐庙里的正殿正位上，一动也不动。妈妈只好将带来的东西放到后殿。因想女儿心切，第二天大清早，妈妈又来看女儿。天香妈妈惊喜地发现，原先她放在后殿的伸腿褥子板板正正地叠了起来，脸盆里有用过的水，水中还有两根头发丝。天香妈心里明白，女儿没死，她是成仙啦。从此，天香就成了渔民们救苦救难的海上女神——海神娘娘。

从那时开始，在庄河乃至黄海、渤海海域，经常见到天香出没在波涛之间。几世几代渔民中，都有亲眼目睹"娘娘送灯"使迷航之船顺利归港的奇事发生。

清乾隆八年（1744年），当地一艘商船在大海里遭到了风浪，商船犹如一扇小瓢，在狂风巨浪中挣扎着。想落下帆篷已经来不及了，船上的人只好抱住桅根、船帮。就在这危难之际，从东南天上飘来一朵彩云，云朵上站着一位红衣仙女。船上的人们齐喊："娘娘来搭救我们啦！"话音刚落，红衣仙女已飘落在波涛之上。只见她挥起红衣袖，朝商船一甩，商船立刻停止了颠簸，并一直朝北面海域驶去。商船平安地回到青堆子海边，避免了一场船破人亡之灾。船主为了报答海神娘娘救命恩惠，出资在青堆镇南端修建一座天后宫庙。

民国年间，山东客商邵长弘从山东发货去安东（现丹东市），随船领着八岁的儿子小宝去安东看风景。货船跑到辽南半岛南面海域时，遇到"风浪海"，又赶上深夜。一个大浪扑上货船，把小宝打进汹涌的波涛中。船工们执意要在风浪中搜救。邵长弘为了船上八名船工的生命安全，忍痛作罢，命令船工落篷拔桅。正在这时，船工大喊："娘娘送灯来啦！"于是篷没落，桅也没拔，就跟着大桅前上方的灯一直跑到大海边。人们到海边下船一看，有个小海岛，岛上有座庙（原南尖镇龙凤阁）。邵长弘领着船工去拜庙。邵长弘跪在娘娘像前，一边磕头，一边叨念："多亏娘娘显灵，保佑了一船货物和八条人命。虽然我儿小宝落水，也许他命该如此。"

一声"爹爹，我在这里哪！"惊愕了邵长弘和船工。邵长弘一把搂起孩子，热泪满眶："小宝，你怎么跑到庙里来啦？"

小宝指了指娘娘塑像和悬挂在娘娘座位上方的小木船："是她划着这只小船把我救到这庙来的。"邵长弘一看那悬挂的小船，小船底部还在滴着水。

民国时期，东沟（现为东港市）几家渔民驾着三杆桅大船搭伴去南海打鱼。路经王家岛以南的海面，突然来了大雾，几条大船迷失了航向，在大海里打起转来。天渐渐黑了，能见度更低，接着又起了海，小山一样的大浪把渔船掀到浪尖又摔进波谷深底。渔民们吓得哭爹喊娘。就在这时候，一盏灯出现在浓雾中。有经验的老渔民说："我们有救了，娘娘送灯来啦！"渔民们就跟着灯驶船。无论船跑得快还是跑得慢，闪烁在大桅前上方的灯始终与渔船保持一定距离。渔船跟灯跑着，渔民感到水浅了，打下捞子一试，已到海边。天亮后一看，渔船跑进王家岛林疃屯后海边上，巧的是一只也没跑到礁上。渔民们上岸一打听，这里有两处娘娘庙，一处叫东庙，一处叫西庙。他们去东西庙祭拜时发现，庙里娘娘（雕像）身上还流着水。[1]

海神娘娘的神奇故事，在沿海、海岛、渔民中广为流传，有些故事据说竟是他们祖辈的亲身经历，一代传一代，传承至今。

## 7. 石城岛海丰寺

在明末，石城岛是距离金州卫城东北270里的大岛，天后宫（海丰寺）建在石城岛东北的端头港。据民国《庄河县志》记载："天后宫庙后有明时石碑一座，碑文字句模糊不清，土人相传为毛文龙镇守皮岛（今朝鲜境内）时所建。文尾列有钦命官衔六行，下截

**海丰寺残碑**

1 张可绣整理，庄河海神娘娘传说。

石城岛天后宫　　　　　　　　　　　　　　　　　　　　天后宫所设神像

文字不可辨认。碑阴上首刊有'同感灭夷'四大字，末为'天启七年（1628年）七月'。以下亦难辨认。"

　　碑文记载"明天启七年重修"，当时寺中供奉的就是妈祖，何时始建不可考。海丰寺是当地渔民及过往船只祈福祭祀的寺庙，香火曾盛极一时，后毁于"文革"。为恢复这一人文景观，打造旅游品牌，由石城乡工商联合会牵头实施海丰寺恢复工程。2004年9月，石城乡举行恢复海丰寺工程奠基仪式，现名"天后宫"。从2007年开始，石城乡政府每年正月十三举办海灯文化节，其内容除了传统的项目，还增加了海灯制作展览大赛：把群众自发扎制的海灯在海港广场集中展示，庄河市领导及石城岛邀请的专家组成评委，对参展的海灯进行评审。参展海灯的数量和质量在逐年提高，参展群众的热情和设计灵感也在逐年提高。

## 8. 大长山岛天后宫

　　在长海县大长山岛镇长海电影院后面的县直职工家属住宅小区，是原天后宫所在地。此天后宫建于明末清初，为长山群岛宗教活动中心。有正殿5间，中间为中央殿，中央阁内为天后圣母塑像。阁眉上悬一幅巨大的横额凸型木刻浮雕，雕刻二龙戏珠，屋梁上挂满了木帆船模型。同此相连的是"天后圣母"的卧房，映着便门，坐着一位头戴冕旒以檀香木雕刻而成的5尺高天后圣母坐像。木像身披黄锦绣斗篷，卧榻上以毯为席，锦衾鸭裀、绣枕纱帏。

殿内山门平日紧闭，只在初一和十五或庙会敞开，逢初一、十五挂"天后圣母"大旗。1949年春，庙内泥塑偶像拆除，开办渔网工厂。1966年，庙宇建筑全部拆除后建了住宅。

## 9. 大长山岛祈祥园海神娘娘像

大长山岛南海坨南端祈祥园有一尊海神娘娘汉白玉雕像。只见"海神娘娘"托举红灯，身缠红绫绸，双眸遥望。塑像基座刻有"通灵圣女"四字，前置石凿香炉。

在长山群岛、大长山岛、石城岛、王家岛、獐子岛、小长山岛等地，渔民、船民中广泛地流传着"海神（天后）娘娘挂灯"的传说，许多船民知道出海迷航依靠"娘娘灯"

大长山岛祈祥园海神娘娘像

平安回家的故事。传说天后娘娘生前酷爱红色，"尝衣朱衣，飞翔海上"，死后屡显神灵，遇险船户只要向天后呼救，天后娘娘便化为神灯示佑于船桅顶端，或化为一条小红船，或一根红缆绳，或一片红云，引导人们脱险。因此，各岛所塑海神娘娘雕像都是手托灯塔。人们在正月十三祭拜海神娘娘时要披红，常常是石塑的娘娘身上缠满了红布，岁岁如此。

## 10. 獐子岛海神娘娘像

獐子岛渔民于每年正月十三给海神娘娘过生日。人们白天到海神娘娘庙祭拜，傍晚到海边将纸质或木质的渔船模型、渔灯放入大海，燃放鞭炮，面海祭拜，以求海神娘娘保佑渔民一帆风顺。2000年，獐子岛新塑了一尊海神娘娘像。这尊海神娘娘塑像高6.8米，由一整块汉白玉雕刻而成。海神娘娘手托莲花灯，双目遥望大海，迎接出海渔民平安地满载归来。娘娘身边的吉祥物是獐子岛的獐子。2000年7月30日举行开光大典。当天早晨一直下着暴雨，刮着大风，海上波涛汹涌。可当宣布开光的时候，天空突然放晴，阳光高照，人们连连称奇。

　　獐子岛流传着这样的传说：相传海神娘娘是龙王的女儿，有一日在狂风暴雨的夜晚，在大海里救下了石福、石秀渔家父子，并以莲花灯指引他们来到了这座宝岛。父子俩来到岛上一看很是惊奇，岛上漫山遍野是獐子，大海里到处都是活蹦乱跳、又肥又大的鱼虾。因此父子俩便定居下来，过着富裕的生活。海神娘娘多次在海难中将遇难的渔民救助到宝岛上来，渔民们敬拜她、信奉她。海神娘娘为渔家人保驾引航的故事至今流传。渔家人将海神娘娘供奉为自己心中永远的神。

## 11. 长海海神娘娘传说

　　在长海，有关海神娘娘的传说还是源自福建省蒲田县的林默娘。相传她为人心地善良，乐于助人；风浪天，独驾小舟，为渔家抢险排难、救死扶伤，深受渔村人家的爱戴，被奉为"海神娘娘"。

　　在长海，传说最多最广的当数海难中"娘娘赐灯"保佑的故事。每当狂风肆虐、恶浪排空，天海难分，黑暗无边的危难时刻，遇险船只只要连喊三声："娘娘保佑！"那船头的不远处，准有一盏红灯，仿佛是默娘擎灯引路；船头前面，即刻闪开一条金光平静的海水通道。跟着红灯走，沿着金光行，总能化险为夷，安全抵达海岸；就是再大的风浪，也保准平安无事。在无数海岛渔村里，更有"娘娘歌舞镇风浪"的传说。每当海上风起浪涌，海难天灾临头，船只遇险未归之际，渔村老少便拥向海边，跪拜滩头，焚香烧纸，为出海亲人祈保平安。人们高声喊着："娘娘保佑！"海神娘娘便乘风驾云，赶到海边，轻声吟唱，翩翩起舞。说来也怪，海神的歌声传开，风便悄悄地息了；海神的裙裾飘过，浪便慢慢地平了，海上的亲人便好生生地回岸归港了。类似的传说故事，数不胜数，与日俱增。在船家渔民中，祖祖辈辈，延绵不断，越说越多，越传越广，越讲越神。[1]

## 12. 大连天后宫

　　大连天后宫俗称"东关大庙"，也称"西岗大庙"，位于现西岗区庆云街 34 号。天后宫

---

1　潘龙收集整理。

大连天后宫　　　　　　　　　　　　　天后宫内，悬挂"天后圣母"的牌匾，恢宏肃穆

占地面积 9000 多平方米。庙前为场地，山门前有旗杆 2 根，两旗杆曾遭雷击，后修复。三开间高大的山门，建筑面积 62 平方米。中间朱门两扇，平日紧关。门洞东西墙壁上绘《玉历宝钞》，凡十殿阎罗、地狱恶鬼，无不齐集。左右间便门为日常出入通道。山门之内地处冈陵，门之东为鼓楼，西为钟楼，皆两层，置钟鼓于楼上。

进入山门为主院。主院正中央基地高筑，为天后圣母殿，建筑面积 155 平方米，殿高约 6 米，以青砖瓦构筑。屋顶复瓦仰卧，屋脊两端有蟠龙鸱吻。其下坡脊列兽，飞檐出厦。蓝底斗大金字匾额悬于檐下，题有"天后宫"。殿内正中宝座之上泥塑金身天后圣母坐像一尊，俗称"海神娘娘"。金童玉女侍立左右。主殿及耳房尚有从祀诸神。天后宫建筑群，神殿、佛堂以及十方宝等共有房间 133 间，是大连首屈一指的大庙宇。其建筑石阶梯级、磨砖到顶，室内壁画精工，塑像俨然，不失为艺术佳品。

清光绪年间，大连华商公议会负责人刘肇亿（山东福山人，字子衡，资本家），偕同会董等人倡议修建庙宇。他们为了继承中国传统的道教信仰，尊重并满足广大渔民的积习和愿望，使在海上作业的船户安心生产，决定仿效其他口岸码头奉祀天后圣母。

筹款之初认捐者并不多，加上零星布施，捐款共凑得现金 12 610 元。后经刘肇亿筹措，计得基建经费 56 102 元。1908 年 3 月开工，于同年秋季全部竣工。

天后宫属于传统道教寺院，但是其后接收了宏济善堂，在"大庙"西邻开展社会救济；在善堂内增建了大祀堂，兼营殡葬等项目；又接收了龙华寺。它的活动超出了一般的寺庙，成为一个兼办社会慈善事业的宗教法人场所，由公议会管理。

天后宫虽为一座道观，但所祀诸神很杂：龙王、财神、火神、菩萨、狐仙等。每年农历三月二十三，按习俗是海神娘娘生日，即"圣母诞辰"。这天大办庙会，在山门之前的空场上高搭席棚为舞台，演戏 3 天酬神娱人，是天后宫香火最盛的日子。据估计，每年"圣母诞辰"前来进香和观光的游客在 10 万人次以上。天后宫在每年农历七月十五盂兰盆会举办道场。

1945 年天后宫有道士十余人，1951 年只剩一名道士看管庙宇，同年该庙被旅大市民政局接管。后来这里成了东关小学(抗大小学)。"文革"时期，古庙里的佛像都被砸碎。之后，在建大连市西岗区青少年宫时，庙宇的钟楼、山门、耳房、过堂等也相继被拆掉，仅留下大雄宝殿。再后来，这里又成了第 37 中学。大庙最后的主人是 1978 年搬到这儿的大连家用电器七厂。2006 年 11 月，第 37 中学翻新校舍，东关大庙不复存在。

## 13. 旅顺天妃庙记碑

旅顺口自古以来就是辽东半岛重要港口，金、元以后出入旅顺口的海船日益增多。为求神佑航海平安，人们早在明代以前即于旅顺修建了天妃庙，明永乐初年又重修此庙并立碑记载。

旅顺天妃庙记碑，刻于明永乐六年（1408 年）。花岗岩石质，圭首，无座。碑身高 166 厘米、宽 79 厘米、厚 21 厘米。碑首题篆书双钩阴刻"天妃庙碑"2 行 4 字，碑文阴刻楷书 17 行，满行 30 字。碑身右上角残，缺字 4 行 27 字。旅顺天妃庙可能是辽宁乃至东北最早的天妃庙。此碑现藏旅顺博物馆。

立碑之人孟善，《明史》卷一百四十六有传。孟善为海丰（今山东无棣县）人，元代任山东枢密院同金。明初归附，从大军北征，授定辽卫百户。后以军功累迁至右军都督同知，封保定侯。明永乐元年（1403 年）镇辽东，三岁（岁在乙酉）巡边至旅顺口，谒天妃庙，次年兴工重修此庙，逾岁落成，永乐六年（1408 年）立碑。七年还京，"须眉皓白，帝悯之，命致仕。十年六月卒。赠滕国公，谥忠勇"。其子孙皆为武官。另一立碑人为都指挥使徐刚，《辽东志》卷 5《职官》载其为金州卫人，是望海蜗抗倭大捷的功臣之一。以辽东镇总兵官、侯爵这样高的身份修复天妃庙并立碑，足以说明旅顺天妃庙在当时官民心目中的地位是何等崇高。而碑文中又称天妃庙为"天妃圣母灵祠"，"渡鲸波而历海道者，莫敢不致祭敬于祠下，咸蒙其佑"云云，盛赞天妃护佑之无量功德，并强调人神关系是"神依人而灵，人依神而立"，等等，这些也都进一步说明当时官民对天妃的虔诚崇敬。后人瞩目旅顺天妃庙碑文，自然会对此予以充分注意。

天妃庙记碑的碑阴刻名不仅有辽东都指挥徐刚和参与修庙立碑的千户（包括退休千户）、百户诸官，而且也有参与修庙立碑的镌石匠、木匠、泥水匠、塑匠、画匠等平民。将当时社会地位低下的匠人姓名与社会地位很高的军事长官姓名并列一起，而且将两位镌石匠姓名列在提调百户（百户为正六品官）之上，将木匠、泥水匠、塑匠、画匠共 8 人的姓名列在致仕千户（千户为正五品官）之上，很有一点冲破官民尊卑、身份等级森严之制的意思，透露出"天妃面前众生平等"的含意。

《旅顺口区志》还记载了旅顺日俄监狱旧址博物馆所藏的一块"重修天后宫碑"。

"重修天后宫碑"碑文中提到的心一和尚，据《旅顺口区志》记载俗姓李，俗名和生卒年不详，今安徽省寿县人。心一和尚原是清军哨官，为人正直刚烈。清光绪二十年（1894 年）中日甲午战争后，他到黄金山脚下的旅顺天后宫落发。俄国强占旅顺后（1898 年），准备在天后宫一带建海军俱乐部，逼迫主持心一禅师拆毁寺庙。心一坚决反对。为表示抗议，他将干草木柴置于寺庙周围，并声言如若强行拆庙，便点燃柴草，自己与大庙同归于尽。俄方见心一态度强硬，怕惹起众怒，便拿出 2 万卢布作为搬迁费，心一勉强同意。

清光绪二十五年（1899 年），心一在教场沟西（今市场街道附近）重建天后宫。因搬迁费不够用，心一便"日夜经营"向"善人君子"募捐，以补其缺。新建的天后宫焕然一新，基本保持了原貌。新庙建成后，香火四时不断。每年农历三月二十三日庙会，四乡赶庙会的善男信女更是络绎不绝。1950 年建大连市 55 中学校园时，旅顺天后宫被拆掉。[1]

## 14. 旅顺龙王塘海神娘娘传说

旅顺地区传说海神娘娘原本只是一个普通的渔家女。一次，她的丈夫出海打鱼，遇上暴风雨再也没有回来。渔家女不相信自己丈夫已死，夜夜在海边为丈夫点燃一盏明灯盼夫归来。就这样日复一日年复一年，她的诚心感动了上天，她变成了造福渔人的海神娘娘，夜夜点着一盏明灯为出海的人们照亮回家的路……正因为这个美丽的传说，每年正月十三，海上工作的人家都会到海边放海灯祭祀海神娘娘，向大海祈福，为家人求平安。

---

## 15. 金州天后宫

据泉州海外交通史博物馆调查组的调查报告，金州天后宫建于清乾隆五年（1740 年），后重修两次。据加藤繁先生的记述，金州天后宫正厅的屏风上刻有各种商货名称和捐银比例，末尾题有"乾隆三十六年九月十五日（1771 年）众商公立"字样，可以看出其重建的集资方式，是由当时来此贸易的客商按照各自所贩货物的品种和数量捐银；此外，"南船每只照梁头二钱、四钱、六钱、八钱，则是按船只的大小捐银"。从这一集资方式来看，金州天后宫应不仅是船户捐建，而是船户与商人共建，其地域范围似也不只限于山东商人。

据《金县志》载，金州天后宫位于金州城内西南隅，是一组规模宏伟的古建筑群，也是我国北方沿海地区最大的海神庙宇。庙宇坐北面南，占地 6160 平方米。全部建筑分三部分，对等排列于中轴线上。第一部分为山门和前戏楼。第二部分为前大殿和东西配殿。全部大殿九楹二十柱，殿前有高 1 米、宽 5 米、长 12 米的明台。主要供奉天后，雕像为紫檀木。第三部分由后戏台、包厢、万寿宫和东西禅房组成。后戏台北对万寿宫，东西两侧配以回廊，与高 12 米、宽 20 米、进深 23 米、有 18 个楹柱的万寿宫大殿组成一个玲珑古雅的庭院。

金州天后宫不仅是一座海神庙宇，还是一座规模宏大的会馆。它是由山东船商集资建造的，所以又称"山东会馆"。它是当年来大连地区的山东船民酬神、聚会、办事、落脚的场所。大连历史上，也曾有过大量的山东移民。清朝末期，由于战乱，海运时增时减，金州天后宫逐渐变成联络同乡的场所，其间香火不断。"文革"前期，该庙前戏楼被拆毁，寺院收藏的文物损失殆尽。1982 年 7 月，除前大殿外，其余全被拆除另建学校。现仅存的前大殿已列为市级文物保护单位。

金州天后宫戏楼

## 16. 庙下屯海神娘娘庙

大连经济技术开发区（现称"金州新区"）银帆广场和金窑铁路火车站附近，当年是刘家村于家屯，因为屯子里曾有一座海神娘娘庙，所以于家屯也叫"庙下屯"。据传很久以前，于家屯一位渔民出海捕鱼，海上突遇风暴。当他万念俱灰时，海面却又突然风平浪静，使其得以侥幸生还。这位渔民回来后，为感恩集资建了这座海神娘娘庙，庙中供奉着海神娘娘塑像。海神娘娘庙里还有一艘大帆船的模型，又称"许愿船"，象征着保佑渔民出海安全。每年农历正月十三这一天，是传说中海神娘娘的生日，附近的渔民要在这里举行祭海仪式，燃放鞭炮，以求保佑。

## 17. 复州娘娘宫

民国《复县志略》卷四十三和《奉天通志》卷九十二都对复州天后宫进行了记载。庙宇始建于明万历年间，位于复州半岛与长兴岛之间小岛的娘娘宫建筑群，清代以后称"天后宫"。这里是海运的重要停靠点，从旅顺到牛庄必然途经此处，开海禁后复州货物在此吞吐，全国各地商船来往频繁，妈祖信仰也逐渐兴起。

复州娘娘宫坐落在瓦房店市西海岸（渤海湾东岸）三台镇石佛寺村的一个小岛上，与长兴岛隔海相望。据《明通鉴》与娘娘宫内的碑文记载，明朝万历年间开海运，通商辽东，于此地设港，就提到了"娘娘宫"的名称。明朝于娘娘宫建港后，福建、浙江、江苏、山东沿海一带的商船，到北方辽河口内的牛庄和田庄台进行交易；或北方商船到南方经商时，都要在这里停泊。清朝时，每日停泊和过港的大小帆船达上百艘。航海、捕鱼经常遭到飓风袭击，面临翻船覆舟的危险，如能脱险，都归功于神的保佑。因此，在岛上首先建成一座天后宫，供奉天后圣母。不久，又建成娘娘宫。当地人称天后宫的娘娘为"老娘娘"，娘娘宫的娘娘为"小娘娘"。修建娘娘宫除石料就地取材外，其他如檩柁、门窗、砖瓦等建筑材料，都是从山东事先做好运来的。

娘娘宫建筑群占地面积约40亩，坐北向南，从西往东共分4个院落。第一个院落是娘娘宫。宫前是三开间的山门。山门里东西两侧，有四大天王塑像。进山门，沿着砖铺甬道直达宫前。宫殿建筑在1米高的台阶上，是一座5间飞檐高脊琉璃瓦房，花格门窗，黑地竖额，写着"娘娘宫"三个金字，高悬在屋檐之下。宫内有3尊像，正中供奉的是林娘娘，神像是用檀香木雕刻而成。雕像设有机关，如触动木钮，神像会立即起舞。林娘娘像的两侧，各有一神女塑像。香案上原先使用的是"宣德炉"。据传是明朝宣德皇帝知道了林娘娘救佑渔民的故事，送给娘娘宫一个金香炉。1947年，香炉丢失。

娘娘宫的正后方是天后宫，建筑年代不详。据口传资料，天后宫建于明初，早于娘娘宫。天后宫是一座5间古式瓦房。宫内正中是天后圣母神像，左右两侧塑有侍女。娘娘宫左侧院落是佛殿，佛殿后有小花园。

在娘娘宫的山门左右两侧，建有钟鼓楼各一座，均以长条巨石为柱支撑屋顶。每月初一至十五早晚都敲钟警世，方圆十余里都可听到钟声。山门前的西南角，建有大型戏楼，高粱翘檐，在东北沿海一带颇为少见。戏楼正面两根石柱上，镌刻着"一曲雅韵扮演就千古兴亡胜负　数声越调妆点出百年悲欢离合"的对联。前后台中间隔壁的两个初入门上，分别写着"云出岫""月沉湖"两个横批。

娘娘宫和佛殿院内，计有历代重修庙宇的石碑十余块，碑身皆有4米多高。由于年代久远，碑身遍布青苔，字迹模糊难以辨认，只有邑人张时宗于1915年撰写的《重修北滩石桥碑》，字迹尚可识别。另外，在娘娘宫西墙外有关帝小庙；后墙外，有一座玲珑宝塔。娘娘宫经过几百年的修建，规模宏大，布局壮观。每年春季百花盛开的时候，成群海鸥飞鸣长空，白帆点点，游动海面。娘娘宫庙群里的苍松古柏和园中花草相互辉映，显得非常优美，恬静幽雅。

民国年间，在此地除设县佐外，还设警察机关和小学校，形成了复县西部政治、经济、文化的中心。清光绪二十七年（1901年），沙俄修成东清铁路南满支线后，复州的物资交流，即由昔日的水路转向铁路，来港商船逐渐减少，东西两岸的商业随之萧条。到了1931年后，娘娘宫海港往日的繁荣景象就全部消失了。1946年，娘娘宫的庙宇逐渐拆除，现已根基全无。

2011年4月，经大连市文化局、民政局批准，成立了大连市妈祖文化交流协会。会长陈贵福先生多年来热衷妈祖文化并且进行了大量的交流与传播工作，积极筹备重修复州娘娘宫。

## 18. 营口天后宫

清雍正初年，营口商贸十分发达，闽、浙等地客商大批拥向营口。营口天后宫，全称为"天后行宫",因该庙坐落在埠内西部,建筑面积宽阔,人们习惯称之为"西大庙"。该庙建于清雍正四年(1726年),由闽、浙商人与本地士绅联合集资,在龙王庙旧址的基础上修建起来的。据《满洲古迹古物名胜天然纪念物汇编》中记载:西大庙共占地22.5万平方米。由此可见,西大庙非常宏伟、壮观。西大庙正殿前有石狮一对,石狮上有"没沟营天后宫""同治十三年岁次甲戌仲秋吉立"等刻款。院中心有铁铸三宝鼎香炉一个,香炉上铸有"天后圣母""嘉庆二十五年立"等文字。院内石碑林立,各俱碑文,分别记载着营口的往事。其中一方是雍正四年的"重修天后宫碑",该碑现已丢失,只有"舳舻云集,日以千计"等字样的石碑,描述了营口早期繁华的景象。每年四月二十八日为祭日,届时,各地的善男信女,蜂拥而至,祈拜神灵护佑众生。庙中碑文是研究营口历史的重要资料。

民国年间的《营口县志》有关于营口天后宫的文字记载:天后宫,一称"西大庙",在埠内西大街,于前清雍正四年创建。正殿三楹,左右配殿各三楹,东西廊各五楹,前殿三楹,两翼钟鼓楼各一。院前戏楼一座,东面树牌坊一方,巍然高耸,上书四大金字,文曰:"紫气东来",西面书"慈光普照"前后辉映。西面有观音阁一座,台基崇高,遥遥相对。其中名人匾额楹联颇多。石碑矻立,规模宏壮。山门外悬有匾额一方,上书"天后行宫"四大字。咸丰九年巳未孟秋,系山海钞关道诚明所立。民国19年经该院住持莱山禅师募化重修,绘塑神像,丹楹刻桷,金碧辉煌。集款达七八千元之谱。考天后,俗称"海神娘娘",为宋莆田人林愿第六女,幼而神异,年二十九卒。屡显灵异于海上。相传轮船在海洋中遇险,往往见天际雾中有红灯出现,叩为天后来救必能脱险,屡见不爽。渡海者多祷祀之。明永乐中封为天妃,立庙京师。清康熙二十二年晋封天后,以每年阴历四月二十八日为致祭之期,迄今香火犹盛。

清咸丰八年(1858年)在广场南面建有天后宫戏楼,又称"西大庙戏楼",坐南朝北,对着山门。每年农历四月二十六至三十日为庙会祭祀日,酬神唱戏五天。营口渔民和"三江"(江苏、江西、浙江)来营商人,到此许愿唱戏,祈求天后娘娘保佑渔民、客商出海安全。营口开港后,戏楼演出盛极一时,曾有"一年三百六十日,唱戏三百六十天"之说。台上热热闹闹,台下人山人海。1954年秋,该戏楼被拆除。到1966年,具有240余年历史的天后宫绝大部分殿宇被拆掉。

原有的天后宫在20世纪60年代经道路改建和"文革"摧毁已面目全非,唯有海神娘娘殿、龙王殿和药王殿幸存。1998年,营口市决定重修西大庙,将庙址整体后移后重新修建。历经3年,在保持原貌的基础上,增修了大雄宝殿。大雄宝殿后面是藏经楼,东角是魁星楼，西角为财神阁，里面供奉着财神和观音，原广场西侧观音阁里面的诸神被请到了新的财神阁。现在的西大庙属市级文物保护单位。

营口天后宫（西大庙）

盖平县（现称"盖县"）有三座天后宫：清嘉庆年间修建的福建会馆，位于城内南门里偏西；清末时建的三江会馆，位于县署前街路北；山东会馆，位于北马道偏东路北。另有清康熙五十五年（1716年）建天后祠，在县治东南。盖平县内的三座天后宫会馆庙一方面说明了盖平县商业之繁华，更反映了在当地进行贸易的海商势力及信仰。

## 19. 牛庄天妃庙

明洪武年间(1368—1398年)，辽河东岸亦有天妃庙。辽河源出北鞑鞨北建州城东诸山，经金山至牛庄，出梁房口入海。辽河东岸天妃庙建于海州牛庄。牛庄港当时没有淤塞，是渤海海运船只进入辽河后的第一站，也是向辽东转运物质的重要港口。明军的漕船常常从"直隶、太仓海运至牛庄储支，动计数千艘"。明廷在此设驿，漕粮运至牛庄后，再转运至辽阳、海州、沈阳、开原等地。明正统八年（1443年）的《辽东志》海州卫山川地理图中，牛庄驿附近有三座天妃庙，皆沿河而建。

牛庄的繁华很大程度上源于水路和陆路交通的发达。地处太子河下游左岸的牛庄，因东北最为古老的太子河枭姬庙码头坐落此处，使得牛庄逐渐成为一个商贾云集、贸易发达的小镇。据《奉天通志·山川志》中描述，最先在三汊河设有渡口一处，清康熙二十一年(1682年）设三汊河巡检，管辖该地区船渡事宜。而明朝时经由牛庄渡口运送往来的货物，主要是产自山东的花布，供应给辽东驻扎的军士。明清之战，曾有清军在枭姬庙渡口受水势所困而被迫停止前进，因此1609年特设枭姬庙渡口一处。清宣统年间的《海城县志》中记载："枭姬庙在县西四十里，有民间公设渡船两只，附近牛庄贸易商船，多在此停泊。"而在《营口县志》中也有记载："嗣有闽、浙雕杉各船，渡海东来，不泊营口，皆由三汊河入港，至枭姬庙河口登陆，以牛庄为贸易市场。"把枭姬庙为海港码头，牛庄的贸易也渐渐兴旺起来。

后来，清朝的官运物资也利用牛庄码头，康熙年间之后，即以牛庄为关东重要的贸易场所了。

当年牛庄最具代表性的寺庙当属枭姬庙，后俗称为"小姐庙"。据1924年12月8日《盛京时报》载：（海城）县西四十里，牛庄城西关有天妃小姐庙，俗呼"娘娘庙"。老庙中碑碣系清顺治二年（1645年）建，当时天妃尚未晋封天后，俗呼天妃为"海神娘娘"。庙究竟建于何时已经无据可考，清康熙六十一年（1722年）已经对其重修一次。

## 20. 枭姬庙的传说

古时候，太子河就是通往京城的水路，关里关外运往货物的船只都打太子河上航行。有一天，一个买卖人雇了一条船运货物，走到太子河岸边的牛庄城北就天黑了，船只好靠岸停下。买卖人置办了一桌酒席，请两个撑船人喝酒，撑船的人一见这里都是大草塘，离人家也远，这一船货物只有这个买卖人自己跟着，便起了贼心。两个人趁买卖人到船舱外面去的工夫，小声附耳嘀咕了几句，订下一个圈套。买卖人进来了，他俩就左一杯、右一杯地劝酒，喝了足有一个时辰，把买卖人灌得熏熏大醉。到了半夜时分，两个人闯进买卖人住的船舱，拉出买卖人就要杀。正在这时，就觉得一股清风刮来，随风飘来一个女子，她穿一身白色的衣裙，站在月光下，像天仙一般。只见她冲着两个撑船的一甩袖，这两个人"哎呀"一声扑在船头，手和脚都被钉在船板上。等买卖人转过身来，没弄清是怎么回事的时候，那个女子已经站在太子河当中的水面上。买卖人明白过来后，急忙跪倒磕头，问那救了他命的女子是哪位神仙。女子答道："我是枭姬娘娘，特意前来惩处恶人。"说完，一闪身就不见了，这个买卖人急忙到村里找人，把那两个图财害命的撑船人送到官府，又把一船货物运到牛庄城卖了。

为了报答枭姬娘娘的救命之恩，买卖人用那船货物所卖的钱，在他出事的地点修了一座庙。因为枭姬娘娘是一个年轻女子，"枭姬"和"小姐"发音相近，所以在塑像时，就把这位枭姬娘娘雕成一位美丽的小姐。传说这位枭姬娘娘，其实就是海神娘娘。

## 21. 红海滩天后宫

盘锦红海滩风景区在红海滩码头建有一座天后宫。天后宫全部由木质构件营建，以木

红海滩天后宫牌匾　　　　　　　　　　　　红海滩天后宫供奉的神像

桩为基础、屋顶、墙壁、梁柱、檩椽、门窗、栏杆等紧密组装成一体，连宫前庭院、四周过道皆由木板铺成。到这里参观祭祀，别有一番神风神韵。宫内供奉海神娘娘，塑像由檀香木雕成，慈眉善目，栩栩如生，仪态端庄宁静。东西墙壁彩绘妈祖故事，情节生动感人。天后宫屹立于水上平台，临水而居，守望着渤海湾，护卫着渔民平安归来。

## 22. 锦州天后宫

锦州天后宫又称"天后行宫"，俗称"娘娘宫""妈祖庙"。坐落于锦州市老城北街广济寺古建筑群西路。广济寺建筑布局分为东、中、西三路，按建筑年代序列从中路以观音阁、广济寺塔、广济寺为最早，次之为西路天后宫，再次为东路昭忠祠。1963 年 9 月，被辽宁省人民委员会公布为省级保护单位。2001 年 6 月 25 日，被国务院公布为全国重点文物保护单位。

锦州自辽天显元年（926 年）设临海军管理和控制海运事宜，而后历朝锦州港均为漕运之中转站。明清时海上交通尤为发达，来锦的商贾多为江浙、福建一带。锦州天后宫即为江浙、福建一带的商人捐资修建的。据清乾隆二十八年（1763 年）《重修天后宫碑记》载："雍正二年（1724 年）锦府李公会讳大受劝捐。三年择地鼎建正殿，妆塑圣像，大殿三间，东西配殿四间……"而后，每隔几年均由江浙、福建捐资扩建或重建。清代北洋大臣李鸿章曾到此，并作对联悬挂在大殿楹柱之上，文曰"俎豆重辽西舞德颂功鸾凤恍从天际下 歌播如山海扬帆鼓棹轴舻如在镜中行"。

原始建筑群有"正殿七楹，东西廊各三楹，东西耳房各二楹，中门五，西廊七楹，正门三楹，戏楼一座，东西碑亭各一座，东西外门各一楹"。历经多年风雨，现存建筑群有

广济寺古建筑群

正殿七间，东西配殿三进，东西耳房各二间，中门五间，东西二进配殿七间，正门三间，东西碑亭各一座。锦州天后宫配殿共有二进，位于正殿南侧，其中二进东配殿兼为泉州会馆。天后宫为四合院式二进院落。由山门与过厅、东西朝房（东朝房与广济寺西配殿共用）各组成第一个四合院。过厅与大殿、东西配殿组成第二个四合院。山门两侧为碑亭。碑亭位于山门两侧，上有清嘉庆六年《天后宫碑记》《陆放翁诗云神灵祖宗如我》《天后宫捐修费碑记》《安澜郎补天》及嘉庆九年《天后宫碑记》。

大殿亦称"天后殿"，是天后宫的主体建筑，建在高大的台基上，台基各面建有石造勾栏 3 重，逐次升高。望柱柱头各雕有石狮，计 72 个，石狮形态各异，栏板透雕吉祥图案。木雕、砖雕、石雕是为天后宫大殿三绝。妈祖圣像在殿内居中的神龛内垂帘端坐，仪容秀美，服饰华丽，两侧各站立两位侍女。在妈祖神龛东西两面塑有四海龙王的坐像。天后宫正殿山墙上有一幅砖刻：一头鹿翘首对着枫树枝，下面有一只巨大的灵芝，后面是一丛万年青花卉，寓意丰年乐寿。

锦州天后宫可谓设施齐全。它不仅有着严整肃穆的四合院，而且在山门前还建有供信众和市民们娱乐的戏楼。天后宫戏楼是清乾隆二十四年（1759 年）天后宫全面维修时增建的，它是锦州地区目前所知最早的固定娱乐场所。天后宫戏楼自落成之后，每逢重要节日都会有精彩的演出，比如春节、上元（正月十五）、三月二十三（妈祖诞辰日）、中元节（七月十五）等。同时还举办盛大的庙会和商贸活动，有时甚至一连活动数天，锦城父老届时都欣然前往，热闹非凡。锦州天后宫在盛极一时之后，终因民国时期的政局不稳、社会动乱而年久失修，于 20 世纪 40 年代末拆除。

如今的天后宫，已从福建湄洲祖庙分灵过来，供南来北往的游人瞻仰，让世人发扬妈祖"扶危济困，助人为乐"和"弘仁普济护国护民"的优良传统。锦州天后宫保存完整，较好地保全了原有的面貌，在辽宁境内非常少见。2003 年 2 月，锦州天后宫的首次"妈祖祭祀大典"举行。祭祀典礼由 69 个人表演，他们穿着宋朝的服饰，在四声锣响后，徐徐步入过厅，16 个彪悍武士分列两侧。当主祭人为妈祖上完香后，全场九叩首，行兴盛之礼。主祭人接着向妈祖献寿酒、寿桃、寿面，最后焚祝箔、礼成。整个祭祀持续约 30 分钟，祭祀活动一结束，近万名朝拜者相继簇拥进入大殿，祭拜妈祖。

## 23. 锦州笔架山三清阁

锦州笔架山古建筑群中的三清阁据传还是海神娘娘点化修建的。

那还是笔架山修山的初期，比丘尼朱洁贞接受师傅的委托设计三清阁。朱洁贞自幼聪明伶俐、识文断字。父母因为小儿子一下生就有病，便许愿朱洁贞拜笔架山比丘尼妙善为师。妙善传授朱洁贞佛理知识之后圆寂。民国初年，锦州市社会名流纷纷捐出善款，筹备在笔架山修建庙宇。朱洁贞虽然已是 60 多岁，仍欣然地应允了设计图纸的工作。朱洁贞在静室里冥思苦想，总是不满意自己设计的图纸。

一晃一年过去了，筹建三清阁的善款和石料全部备齐，可朱洁贞的图纸设计还没成功。无奈，朱洁贞晨钟暮鼓诵经念佛，诚心祷告，保佑图样早日画成。这一天，朱洁贞在坐禅之中，见到海天一色，苍茫氤氲，身穿红衣的海神娘娘，伴随着天上的红霞缓缓来到了朱洁贞身边。朱洁贞知晓这是观世音菩萨派海神娘娘来点化她的，急忙下拜。海神娘娘谦和地躬身搀扶，从红衣龙袍长袖里拿出一张画来，送给朱洁贞。只见画面瑞气腾腾，海波澹澹，天上琼阁玉宇赫然纸上。朱洁贞一看画稿，心领神会，灵犀通透。朱洁贞向海神娘娘顶礼膜拜，海神娘娘留下了画稿，深情地颔首示意，冉冉向大海深处飘去……拜过之后，朱洁贞连忙取出墨宝，奋笔疾书，等到画稿上的楼阁慢慢地隐去，一个六层封顶八角外廊式的三清阁阁样儿便完美设计出来了。大家拍手叫好，朱洁贞细细讲述海神娘娘亲临笔架山，点化她设计三清阁。在场信众深深敬畏，虔诚跪拜海神娘娘。

## 24. 锦州妈祖传说

据史料记载，早在唐朝时，锦州西海口码头即已开通。到明神宗万历年间，锦州西海口已成为东北最大、最繁华的通商口岸，是东北地区进出口物资集散地。在锦州凌海市西南滨海处，早就建有渔民祭祀海神的娘娘宫。关于这座娘娘宫，当地还有许多传说。当年徐敬业起兵讨伐武则天，骆宾王为其写檄文。相传事败后，骆宾王乘船逃往日本，不想在海上遇到风暴。他危急中祷告海神娘娘，顷刻间风平浪静。骆宾王上岸后，就在登岸之处修建了娘娘宫。以后此地以宫为名，就叫"娘娘宫乡"。

此外，在渔民中还流传着海神娘娘陈珠珠的故事。

传说很早以前，一户姓陈的渔民，有个女儿叫珠珠。珠珠的未婚夫叫石海，与珠珠的父亲和三个哥哥驾五条小船在海上捕鱼。一天中午，珠珠正在午睡，梦见海上起了风浪，五条小船正在危难之中。珠珠连忙用两只手、两只脚各揽一条小船，嘴上又叼住一只小船与风浪搏斗。正在这时，珠珠的妈妈进门看见女儿睡梦中牙关紧闭，连忙叫醒女儿，催问怎么了。女儿醒来一张嘴就哭了："不好了！"原来她梦见嘴叼的小船因她一松口，就被海浪吞没了。果然，当渔船归来时，只有石海的船没回来。珠珠跑到海边的山头燃起火堆，希望石海能循着火光归来，天天如此。以后渔民就把山头上的火光当作航标，把珠珠奉为海神娘娘。[1]

海神娘娘北巡在锦州市还有两个落脚点：一是笔架山上的王母宫；二是西海口砚台山上的天后宫。西海口砚台山上的天后宫也是三江会馆建的，内设有戏楼，每年还要给海神娘娘演一两次酬神戏。把海神庙建在海边的山上，这与民间海神陈珠珠的传说似乎有相互影响的关系。

## 25. 兴城天后宫

据1926年版《兴城县志》记载：在兴城海口山上距县城东南十二里有座天后宫。位居海滨，面临大海，正向朝东。始建年代无考。相传，清代一商贾行至深海，遇滔天恶浪，危在旦夕，遂跪船头祈求海神娘娘庇佑。三昼夜后，商船奇迹般靠岸，泊于兴城。为谢神灵，商人筹资在兴城海口（现址地）修建了天后宫（妈祖庙）。据寺内现存铸铁大钟上

1  http://blog.sina.com.cn/s/blog_4c2a067b0102dwb4.html.2012-03-14。

的铭文记载，经"道光二十三年重修"。原有正殿三楹，南北厢房（禅房）各三间，山门一座。除两厢禅房（南厢房已无存）为前廊式平房外，均为青砖硬山式小木架结构，基本保留原貌。正殿前后被古老的高大杏树和榆树遮掩着，与院内山门里的翠柏相对映，显得古刹荫森，葱茏碧翠。这座古刹规模不巨，建筑无奇，难得的是

兴城天后宫正殿

正殿中尚存两幅各 10 平方米的彩色壁画，有的仍清晰可观，唯以南房山内壁的一幅写实风物彩画颇有研究价值。其上画着以此"天后宫"为中心的海滨实际面貌：庙前面有两家大栈店，靠南一家是"兴隆海栈"，靠北一家是"茂成海店"。这两家客栈、商店的商号显得醒目，字迹大方。临海开业，生意兴隆，海商云集，舟帆林立，贸易繁荣，车水马龙，热闹非凡。从这幅写实的壁画中可以想见，在清朝道光至光绪年间，兴城海滨作为通商口岸兴旺发达、繁荣昌盛的景象。为祈求幸福，当时的渔民还在天后宫周围栽种了柏树、杏树和榆树，寓意"百姓富裕"。

1987 年，因长年风雨剥蚀，天后宫神像损毁，殿宇倾颓，在兴城海滨择址复建。其遗址也由沈阳军区八一疗养院进行了保护性挖掘、重建，在原址重修山门，清理出了通向正殿的部分道路，挖掘保护了殿宇基础，并新建了钟楼，保护了古树，又新栽植了很多树木。

## 26. 辽阳妈祖传说

明代的辽阳，也流传着妈祖传说。《集说诠真·水神》引《古今说海·辽阳海神传》："程宰世贤者，徽人也。正德间，夹重资商于辽阳。数年所向失利，辗转耗尽，受佣他商，为之掌计以糊口。戊寅（1518 年）秋，一夕风雨暴作，程拥衾入枕，忽尽室明朗，殆同白昼，见三美人，朱颜绿鬓，翠饰冠帔，前后左右侍女数百。俄顷，冠帔一人向前逼床，诱程相接，二美人暨众侍女俱退散。美人谓程曰：'吾非仙也，实海神也。与子有夙缘，故相救耳。'迨邻舍鸡鸣，美人辞去。自后夜静即来，鸡鸣即去，率以为常云。"这一传说表明，海神传说和信仰已经被商人带到辽东半岛的腹地。

## 27. 沈阳天后宫

清乾隆时期，奉天（沈阳市的旧称）已发展成一个重要的南北通衢的大商埠。据《奉天通志》记载："天后宫在地载关山（小北关）三皇庙西，清乾隆年建。为闽江会馆。"又据《沈阳市志》（卷十六·宗教）记载："首都宫观天后宫，创建于清乾隆四十七年（1782年），位于大东区小北街，创建人为闽人（具体为福建旅沈商人陈应龙），住持周宗岐，其用途为伙居道，居此住用。"早先盛京城（即今沈阳）商贾行市兴起，关内南方各省的买卖人纷纷奔赴东北经商，把南方的丝绸、水果、海鲜与东北的人参、鹿茸、皮毛、蘑菇通过海陆渠道交易。当时有一些福建、江浙籍的旅沈客商经常往来此地，他们在古城的地载门（小北门）外的地载关（小北门）街修建了一处闽江会馆。其中有一个叫陈应龙的福建人多次经商失败，遂发愿斥巨资在沈阳捐建一座天后宫礼事，祈求过海往来平安，生意兴隆。果然。天后宫建成后不久，陈应龙一直生意兴隆，财运亨通，祈愿十分灵验。

沈阳天后宫占地达20多亩，四周砌青砖围墙。宫院内的建筑群由天后殿、寝宫、配殿、戏台等组成。天后殿居中是妈祖，两旁是雷公、电母的泥塑像。院里有一块石碑，上面刻着妈祖的生平和事迹。山门后有一座大戏台，闽江会馆每年都有集会，庙会日期是妈祖诞辰、农历的三月二十二日。每逢庙会，南方同乡会都要大摆宴席，请戏班子唱三天大戏。是时，天后宫内外人潮涌动，摊贩杂陈，热闹非凡。清末这里香火冷落，后来毁于大火，现在只留下一条街道名字——沈阳天后宫路。它位于沈阳大东区西部，西段跨沈河区。1957年，沈阳市有关部门在规划全市街路地名时，以清代此地曾建有一座天后宫而命名并沿用至今。今天的沈阳第26中学，即为原天后宫遗址。

## 28. 桓仁天后宫

本溪地区的桓仁天后宫，未见《奉天通志》等史料记载，常常为外界所不知。

现在所能看到的相关材料主要是庙内所立《天后宫碑记》和该县地方志办公室编写的当代史书《桓仁史话》。该庙修于清光绪八年（1882年），当时为关帝庙。光绪十四年（1888年），县内大水为患，村庄、民宅、土地惨遭淹没，城南原建庙宇亦遭水害。灾后，"水毁斯庙，逼走神明"。第二年，"县令遵奉清朝先制：'凡疆土通海要隘皆立天后圣祠，以示祭神庇佑兴发水运'的诏谕，报请盛京府批拨八千络巨款，联同商民募捐集资，兴工重建天后宫庙院。"关东道教组织对桓仁修建天后宫之事也极为重视，特"派太清官方丈葛月潭，远涉山路，由奉天（沈阳）城启行来桓视察指导。光绪十七年(1891年)重修庙宇，设正殿名为'灵慈殿'，塑天后圣母等金身"。庙宇竣工后，按旧俗，例备三牲（牛、羊、猪）祭祀，并筑坛举办"社戏"，以欢庆开光。由于桓仁县令为附生出身的浙江人金作勋，酷爱南方戏曲，他顺应民心又兼自身爱好，便请莆仙戏班，到桓仁演出莆仙戏。莆仙戏就这样由水路从江南传入桓仁地区。

　　清光绪三十二年(1906年)，位于鸭绿江口的安东（今丹东）开办为商埠。民国3年(1914年)，同盟会辽东支部成员黄氏琪出任桓仁县知事期间，开发浑江水运，建立沙尖子、桓仁南江沿两处码头，组织南方船工造船200多只，打开了通向渤海的航道。桓仁有了水上运输，成为通海之城，由浑江抵安东（今丹东）沿海。20世纪20年代末至30年代初，桓仁水上运输达到鼎盛时期，沙尖子、桓仁两地粮商云集。民国18年(1929年)，通化、桓仁两地的商号、船号竞相捐资，在灵慈殿的基础上，恢复了原关帝庙的规模，修建了前后殿、东西两廊和钟鼓二楼，正殿主祀海神娘娘，前殿主祀关帝，两廊供道士起居和接待香客。历时两年，民国19年（1930年）建成，庙宇的名称改为"天后宫"。至今，该县文物局管理所还保存着当时仅剩的一块天后宫后殿木匾，自右而左楷书"孚佑圣宫"四个大字。右款竖书"民国十九年仲秋"，下款为通化县商号名称。

　　桓仁县解放后，天后宫建筑逐渐荒废。"文革"期间，这里被拆毁。1988年，县人民政府拨款重建天后宫，3年建成，并立碑为纪。重修后的天后宫，大殿、两廊、钟鼓二楼在原有基础上加高1米以上。山门外添置两座石狮，后殿门额挂匾"灵慈殿"。殿中，海神娘娘塑像位居正中。左右分列眼光、子孙二娘娘。前殿，关羽居中，左为吕洞宾，右为财神爷。东廊奉祀观世音菩萨。前殿外两侧排列着数十通石碑。

元神祭祀

## 1. 元神岗（现蛤蜊岗）

渤海湾在北纬40°37′—40°39′、东经128°04′—128°55′的交叉点上，有一片面积约40万亩的水下沙洲，其中11.5万亩在潮水涨落间时现时隐。这片沙洲主要是辽河（双台子河）日夜不停地奔流而下，将大量河流裹挟物注入大海而形成。这些裹挟物中不仅有泥沙，还有大量的动植物，经过一段时间的悬浮，慢慢沉积下来，便形成了细沙堆，也成了鱼虾、贝类的营养堆和温床。这个细沙堆先后有过四个名称：元神岗、过鱼滩、盖州滩、蛤蜊岗。细沙堆为纺锤形，颇像一只卧在辽河口的大鼋鱼，故称之为"鼋神岗"（当地俗称"鼋"为"元"，本文随俗称），一方面是取其形似，另一方面也折射出古老的元神崇拜。称"过鱼滩"，因鱼虾麇集而得名；称"盖州滩"，是因隋朝之后这片海域曾归盖州管辖。称"蛤蜊岗"，是在1949年之后，因这个细沙堆主产文蛤而取此名，并沿用至今。在距离这个细沙堆最近的海荡之地，出现了二界沟渔村，出现了最早的网铺。清乾隆年间，有山东移民曾兆富之始祖曾元亮在二界沟西大井处经营挡网渔业，开始有挡沟截汊的陆原捕捞渔业。从陆原捕捞到海上捕捞经历了一段很长时间。在大批移民进入之后，到了1936年时，这里已有网铺50余家，皆属"伪满"盛京省奉天府海城县田庄台乡二界沟铺。

## 2. 元神传说

据传很久以前，北方大地上有一条兴妖作怪的黑龙。它头一拱，尾一摆，就在大地划下了蜿蜒曲折的深沟。它口渴时吸海方能解渴，在它左挪右滚地奔海去时，洪水暴涨，淹没了两岸的村庄和田园庄稼。玉皇大帝派了诸多神仙去降妖捉怪，无奈这黑龙道行太大，众神不是被吞食就是战败而归，后来便派了驮蓬莱三岛的元龟大帅亲自前往。元龟大帅生性喜静，趴在海中数月，等待多时。时至八月，赤日炎炎，大地欲燃，黑龙张牙舞爪地来饮水，于是一场龟龙大战发生了。黑龙憋足劲，挺着尖角在龟背上撞出很多凹坑。这龟背经年历月，已坚硬无比，刀枪不入，黑龙的尖角反而撞折。就在它嗷嗷叫的时候，元大帅乘势跃起，前脚把龙头摁进泥中，死死地压住，疼得龙身左扭右弯拧成了麻花，直到憋死，从此，北方大地绝了黑龙之害。龙身荡出了清沟，流的是北方山巅融化了的晶莹的雪水，滋润了河岸上的庄稼，又注入了海洋，喂养着洄游的鱼虾。

## 3. 不犯元神尾

元神岗是整个辽东湾鱼虾生物链的一个核心，每年不同的季节有不同种类的鱼虾在这里洄游，形成了固定的鱼道、虾路。游动捕捞渔业便围绕着元神岗展开。定置捕捞的渔具——槺张网都在元神岗的东面排满，很难找到空处插槺挂网。于是有人试着向元神岗的南面，即元神尾的地方插槺，那里的鱼虾很多，可是沉淀物在这里不能坐实，岗子北、东、西日渐隆起，沉淀物滑过硬坡后在这里悬浮，槺插在上面被风浪一冲，便立不住脚。头一天插下，第二天就漂了起来；如果插槺的船摊上坏天气，就容易发生海难事故。渔民在这几次插槺不成后，便"悟出了天机"：元神蛰伏在辽河口，降服黑龙之后，是在龟缩头足、颐养天年呢；它背上驮着的宝物，你海边子民可尽情地享用，但它藏不住的尾巴不许你动，你动它就摇动起来，造成槺倾楫摧的悲剧。元神尾在多次"给"了渔民以"警告"之后，便成为世代打鱼人不敢问津之处了。

## 4. 元神祭祀

元神祭祀一是在海上。清朝时，海上的网船追踪鱼群，主要是"靠元神领航"。船上的瞭望哨被人用大筐吊到桅杆上去瞭望元鱼，在其导引下前行。在没有天气预报和鱼汛预测的年代，渔民们仅凭经验在海上获猎。当海面上有元鱼(即鼋鱼)挥动双鳍，拍打出水花来，就是混迹到鱼群里去了。风网船在下网前，首先要放开元鱼，往海里抛些猪头、寿桃、米糕、面糕，并且口唱颂歌，等元鱼过去之后，风网船在鱼群头前撒网。头船拖带网纲向远处驶去，网船顺着那网纲的拉力，将网撒下去。当"大忙子"(浮漂)浮起来时，有号头喊起讨口彩和吉祥的号子："大—忙—子—下—河！"众船员捋顺网纲，边撒网，边应和着号子："网—够—驮！"网撒下去之后，网船上的船员在船长的指挥下升帆，要和头船并行一段，号头又喊："大—篷—摆—扇！"众船员使劲拽动帆索，应和那号子："网—两—载！"头船早已驶出走远，网船的船头也压起了浪花，两船拖着的大网绷成弓，打成弧。网船上的人开始敲锣打鼓，唤头船并网。头船调头回航，网船也对开过去，两船并拢，收网。

二是在陆地上祭祀。听当地老渔民讲，这里过去祭祀海神的活动主要是两种：一是"五月十三档"，二是"状告海蜇"。"五月十三档"，即毛虾在阴历五月十三前后性腺成熟，脊背上普遍挂梃，个体最大、最肥，也就是档张网的捕捞进入了黄金季节时，村子要举办祭海神活动。"状告海蜇"是在阴历七月十五左右。因海蜇出得太多，混迹到渔网里污染鱼虾，撑破网具。状告海蜇是通过上告的形式，祈求海神绝此恶种。"五月十三档"和"状告海蜇"的场面非常隆重，全村的男女老少都集中到村内广场上，由渔会出面主持，敬请九沟八汊的神灵到位，请上、中、下三路八仙光临，向海神上香、上贡品（猪头、寿桃、面糕、米糕），申明办会的意图，敬请海神答应人们的要求，并当场向海神许愿：如能满足愿望，毛虾出得多，让海蜇灭绝，就给海神献大戏三天；为了表示诚意，提前请来的剧团马上敲鼓打锣开场。民国时期，这种许愿戏唱过《刘翠哭井》《打狗劝夫》《小佬妈开谤》《王二姐思夫》《秦香莲》等二十个剧目。

**龙王崇拜**

古代中国和印度等国传说中，以龙王为司兴云降雨之神。佛教《华严经》说有无量诸大龙王勤力兴云布雨、令众生热恼消灭云云。道教亦有此说，谓有诸天龙王、四海龙王、五方龙王等，遵元始天尊、太上大道君旨意，领司雨、安坟之事。道教《太上洞渊请雨龙王经》载：遇天旱或遭火灾，诵经招龙王，即能普降大雨。《太上召诸神龙安镇坟墓经》载：安置先人坟墓若犯"天星地禁"，子孙会遭祸殃，诵经请龙王即可消灾致福。在佛、道两教（特别是道教）传播的过程中，龙王信仰之风也越来越盛。

## 1．金州龙王庙

明代大连各地特别是海滨村邑，一般都建有龙王庙。存留至今的龙王岛龙王庙，相当有代表性。

该龙王庙在金州城西北三里左右，其西、南两面临海，悬崖峭壁，无法攀登，而东、北两面则有路可通。龙王庙高矗山巅，"旁筑精舍三楹，洞出西牖。每当晴日，波涛上下，风帆往来，一览而尽。室悬额三，曰'咫尺蓬莱''海天无际''目朗心开'皆名笔也。甲午之役，毁于兵焚，近则重修"。除夕子时，渔民到龙王庙摆祭品、烧香纸、放鞭炮，祈祷来年渔业丰收和一帆风顺。春汛首次出海之日，同样到龙王庙祭拜，祈求免灾，祈求丰收。农历六月十三，渔民要到龙王庙，烧香纸、放鞭炮，拜祭龙王生日。新船下水之日船上挂红布，渔民到龙王庙拜祭，祈求一帆

金州龙王庙

金州龙王庙龙王像

风顺。春汛第一网鱼，要烧纸鱼或两尾鲜鱼，挂在桅杆根部，上香、烧纸、放鞭炮祭拜。

## 2. 旅顺龙王塘传说

据《大连宗教志》记载，旅顺解放前共有龙王庙 17 座，数量为大连沿海之首，可见当地对龙王崇拜之盛。这也跟旅顺龙王塘传说有关：

很久以前，该地突遇大旱，田地龟裂，庄稼枯萎，人畜干渴，百姓结队上山祈祷龙王降雨。龙王大怒，责问是谁的辖区。受父训斥的龙王三太子怨恨百姓，授意虾兵蟹将兴风作浪，连降暴雨十八昼夜，又兴三天大潮，意图淹没此地。正在危难之际，幸遇龙王二太子与南海龙王女儿完婚归来。夫妻二人见三弟作难黎民，相劝无果，龙威大作，一时间天空电闪雷鸣。只见一道电光直劈下来，深山沟间一堵石墙拔地而起（即龙王塘水库大坝），挡住了汹涌潮水，百姓得救了。得报后的龙王怒抛神索，缚三太子交由二太子夫妻管制，并将该地界转他夫妻二人监管。夫妻二人谢过父王，受命前来巡视，于云头彩虹间俯视刚摆脱灾祸的凡界，却见坝内积下一湾清水。心悦之时，夫妻携手双双隐入水中安顿下来，并责令海参姑娘和鲍鱼大将长年镇守。

至此，年年风调雨顺，百姓安居乐业，而那个传说中百姓上山祈雨拜祭的神树，至今还在。

后来，人们捐款在八步岭下修起了一座龙王庙，为龙王二太子夫妻塑了金身，长年香火不断。人们管那湾清水叫"龙王塘"；也有叫它"老鳖汀"的，因为有人经常在月明星稀的夜里，看到一只大乌龟游出水面东张西望。据说，那是二太子委任的龟元帅出来放哨。后来重修龙王塘，据传开工那天，从土里挖出了一大堆龙骨，足足装了 99 个抬筐。俗语说："蛇蜕皮，龙蜕骨"，民间便认为龙王塘里有龙是名不虚传的。如今的龙王塘，变成了一个波光闪闪的淡水湖，成为大连地区的游览胜地。山上树木苍翠，山下草茂花香，堤内鲤鱼戏水，堤外莺啼燕唱，真是"山清水秀风光好，鱼游鸟飞稻谷香"。所以，人们把它称作大连地区的"八大景"之一。

马祖崇拜

## 1. 马祖传说

此马祖非"妈祖"。长海县广鹿岛上建有马祖庙，当地渔民有拜马老祖的传统。

相传马老祖又名"马痴子"，是长海县广鹿岛人（一说蓬莱人）。其父被渔霸逼死，他同兄嫂逃往山东蓬莱落户。后来，马痴子告别兄嫂，回到广鹿岛，栖身于南台里修炼成仙。相传"马痴子"每日都要早早在黄海、渤海巡游，特别是每当渔民遇到恶劣的天气，出现危险的时候，"马痴子"总是乘坐飞席腾云驾雾及时赶到，将每位渔民安然送至岸边。由于他救苦救难，普渡众生，使"马痴子"仙人的名字在黄、渤两海的渔民中逐渐传颂。渔民们觉得"马痴子"的名字不好听，便送他雅号"马老仙人"，也称其"马老祖""马祖"。

## 2. 拜马祖

明朝万历年间，为了纪念逝去的马老祖，广鹿岛人在他的居处原址上修建了马祖寺庙。每年农历六月十六马祖生日之时，辽东半岛的渔民们便纷沓而至，以庙会的形式祭奠他，祈求鱼肥粮丰、平平安安。人们把祝福写在红布上系于马祖庙附近的古树，在庙前点燃一挂挂鞭炮和烟火，然后悄悄地排好长队，等待进庙拜见仙人的神圣一刻。庙外锣鼓喧天，庙里却庄重肃穆。进香的人们虔诚地跪着，口中念念有词。他们坚信，唯有心无旁骛才能感动神仙。传说中寄托了渔家人渴求风调雨顺、年年有余的朴素愿望。如今，每年 7 月 16 日，广鹿岛都要举办马祖文化旅游节，举行祭海活动。

广鹿岛马祖庙　　　　　　　　　　　　广鹿岛马祖庙马祖像

中国海洋文化

第七章

# 风俗传说
# 蓝色寄托

伴随着海洋生产和生活，产生了许多渔民特有的民间习俗，鲜活地反映了沿海居民日常所念、忌、讲、传、唱、吃、住、行的特别风情。除了民间常见的节庆，沿海居民还有自己的特殊节日。辽宁沿海凡是信仰海神娘娘的地区，都有在正月十三放海灯的习俗；每年的开海日的隆重程度不亚于春节；民谣、渔家谚语、劳动号子、民间故事口耳相传，驶船习俗、饮食习俗年深日久。这些凝聚着劳动人民汗水、情感和智慧的习俗，都具有非物质特点，通过口耳相传、耳濡目染世代相袭。

辽宁省大连市，正月十三放海灯（CFP供图）

## 1. 正月十三放海灯

大连沿海、岛屿祭典海神娘娘的民间习俗中，最有代表性和最为普遍的活动是正月十三放海灯习俗。这一天，大连沿海各地及所有海岛的渔民自发给海神娘娘送船灯，祈求娘娘保佑，赐予平安和丰收。大连地区的妈祖信仰虽然几经起落，却深深地融入了当地的民风民俗，并且在不断地给予俗信力量——文化的认同、精神的凝聚和信仰的皈依。从目前可以找到的文字资料看来，大连地区在 20 世纪二三十年代，无论是官方修订的各地方志，还是日本人在大连所作的考古、勘查，皆记载天后诞辰为农历三月二十三日，天后宫或娘娘庙都要举办庙会，人们纷纷去祭拜；天后忌日为农历九月初九，这些与我国其他地区一致。然而在民间，大连沿海各地则认为正月十三是海神娘娘生日。据口碑传说，大连地区正月十三放海灯的习俗至少有二三百年的历史。这与大连地区流传的海神娘娘传说有关系。至今庄河地区还流传着许多海神娘娘海上送灯、搭救落难渔民的故事。

扎海灯

传统海灯制作技法主要在家庭成员间代代相传，没有任何文字资料，完全依靠口传心授。

每年的正月初七、初八左右，大连地区各海岛的渔民及沿海的百姓家家户户开始扎制海灯。传统海灯用木板、高粱秸扎制。用木板制作的海灯通常以刻出船形为主，刻出船体部分、船楼，安上船舵、桅杆即可，然后再放上蜡烛。使用秫秸扎法是将选好的秫秸、荆条取直，先打船体骨架，然后用五彩纸糊船体，描画和剪刻图案加以装饰。

制作海灯的工具包括剪子、锥子、线绳、彩纸、刻刀和粗布。其中，剪子用来剪线绳、秸秆、彩纸；锥子用于在秸秆上扎眼；线绳主要用来对海灯框架进行连接、固定；彩纸用来裱糊海灯外观，剪刻出装饰图案；刻刀用来在彩纸上刻画装饰图案；粗布通常用桐油浸泡过，用来制作船帆，比较常见的有"吉祥"实木船型灯、"大脚子"秸秆货船灯。

海灯模拟海船的典型特点并加以高度概括，海灯的形状还有鱼形、龙凤形、莲花形，造型简练、粗犷、色彩鲜艳，以红、黄、蓝为主。有的海灯在船两侧与船楼上粘贴、剪刻牡丹花，寓意富贵；龙凤寓意吉祥；十二生肖图案则被赋予祈福兆吉的内涵。在鱼形灯上画"花朵""云彩""水纹"，用简单、直白的表现手法，寓意着天地长久。还有的在海灯上描画花、鸟、鱼、虫以示大自然万物平安，风调雨顺。这些海灯体现了民间百姓朴素的精神崇拜，寄托着渔民祈福纳祥的美好愿望。

### 大长山岛抢零点

长海县正月十三祭祀海神娘娘的习俗由来已久，近年规模越来越大，参与的人数越来越多，而且还衍生出新的习俗。在大长山岛，人们认为谁在正月十三第一个到海神娘娘像前祭拜，谁就会得到更多、更好的保佑。于是，正月十二日二十四点刚过，就有人开始燃放鞭炮。早晨渔民以家庭为单位，带着香纸、贡品（水果、饽饽、酒、五样菜等）到海神娘娘像前烧香、磕头、祭拜、许愿、祈祷。倘若家中有遭遇海难的，额外多烧一些纸；同时还要给海神娘娘披红，用红布条系在海神娘娘的塑像上，或者把红布条系在周围的树杈上，祈求海神娘娘泽施四海，保佑渔民海上平安，一年之中能有更好的收成。因为渔民"抢零点"的心理，大长山岛在正月十三凌晨就形成祭拜海神娘娘的高潮：人们带着美好的心愿蜂拥而来，黑暗中人声鼎沸，香火缭绕，堪称奇观。

### 放海灯

放海灯习俗也由来已久，旧时以家族为单位进行相关的祭祀活动。1949年后，大家以家庭为单位进行祭祀。正月十三傍晚，家家户户门前挂上红灯，人们吃过"上船饺子"（正月十三海岛渔民要吃饺子，预示一年一帆风顺），或全家出动，或三五成群，带着自制的小灯船及竹竿、贡品、鞭炮等物品从四面八方聚集到渔港岸边，供品中必不可缺蒸鸡和鲅鱼，取"吉（鸡）庆有余（鱼）快（鲅）发财"之意。大人、小孩聚在海滩，对海神娘娘进行祈祷祭祀，并举行隆重的放海灯仪式。他们会把预先扎好的彩船、彩灯上的蜡烛点燃后放入大海，用竹竿把海灯推向深水，由海浪推动海灯漂向大海深处。海灯不灭漂得越远，放海灯者则越感到吉祥。之后，渔民们在海边摆设供品，焚香烧纸，祈祷一年的渔事活动平

大连龙王塘渔港内，千余名渔民在码头燃放鞭炮、烟花，摆上祭品，放逐海灯，祈祷新年风调雨顺。（CFP供图）

安丰收。最后，再将供桌上部分供品抛向大海，以供海神娘娘享用。同时，人们在岸上点燃鞭炮焰火，敲响锣鼓，挥舞彩带扭起秧歌。鞭炮齐鸣，礼花四射，场面隆重壮观。海面上，点点灯火如繁星倒映，顺着海潮漂泊而去，渐渐隐没在海天之间。人们坚信，海神娘娘的神力可以辐射广阔的海域和空间，亲人的船只则恰好在海神娘娘神力可及的地方。

## 四大海

早些年在小平岛地区的放海灯习俗中，还曾出现过舞"四大海"、扭秧歌等活动。"四大海"又称闹海秧歌，是一种反映水族生活的民间秧歌，属地秧歌一种，流行于沿海渔村，清咸丰年间随天津商船传入大连小平岛地区。那个时候，渔民对海神娘娘非常虔诚，每逢正月十三海神娘娘的生辰日，人们都跳秧歌祭祀娘娘。渔民按鱼龟虾蟹等形象用铁丝扎成模型，用白布缝好，再涂上色彩，就做成了扭秧歌用的道具。然后人钻进去，模拟水族动物姿态舞蹈，向海神娘娘祈求一个风调雨顺的丰收年。渔民出海时，为祈祷平安和鱼虾丰收，也表演"四大海"。"四大海"的道具形象生动，如一条"大鱼"由三个部分组成，鱼头、鱼身和鱼尾每个部分都可以自由摆动，活灵活现。人钻进模型舞起来的时候更惟妙惟肖。"四大海"舞步独特，一般是"大鱼"打头，"大龟""大蛤"始终在中间跳，而其他"动物"就两两不同成对跳。这种表演活动一度绝迹，近年在非物质文化遗产保护活动中，经热心村民自发兴起做道具、扭秧歌，渐渐在小平岛动迁的老渔民中又兴盛起来。

日本殖民时期，水上警察不准送海灯，不准在沙滩上烧香纸；后来送海灯，烧香纸又被打成"封建活动"，渔民们只得偷偷送灯。近些年，民众对海神娘娘的信仰不仅没有衰退，反而更加虔诚，流传得更为普遍。送海灯等祭拜海神娘娘的习俗也恢复起来。现在的祭拜活动，其热闹和声势远胜于春节。每年正月十三，不论刮风下雨，凡是海岛居民都从四面八方赶回来，参加放海灯活动。除了原有的祈福色彩，在鞭炮齐鸣中又增添了渔民欢度节日，安享太平的娱乐色彩。旅顺把正月十三定为"海灯节"，庄河石城岛在正月十三举办海灯大赛。

此外，大连地区还有出海祭拜、庙会酬神、定期祭拜等仪式。渔民出海捕鱼称"装网"。旧时，渔民每次出海都要举行隆重的祭祀仪式，主要有挂旗、杀猪、焚香烧纸。旗挂在桅杆顶上，称作"门旗"。旗上书写"天后圣母顺风相送"八个大字。祭祀所用的猪要选无杂色毛的纯黑猪，宰后用开水烫煮去毛，扒开内膛取出水油蒙在猪头部，用色染红。然后敲锣打鼓把猪抬到龙王庙供奉，之后再抬到船上供祭，供毕吃肉。新中国成立后，随着机帆船和机动船的不断增加，一度采取召开渔民出海动员会的形式代替装网出海仪式。1980年以后，渔船陆续承包到户、到人，旧俗出海祭祀仪式重新兴起，渔家无一例外，意在祈求出海平安、丰收。一些渔民还在渔船上供奉妈祖神位。早年的渔船上还设香童，专职给供奉在船上的海神娘娘像烧香上供，以示敬重。

旧时每逢三月二十三庙会日，都要举行规模盛大的海神娘娘祭典活动。渔民每逢农历初一、十五都要焚香烧纸进行祭祀。祭祀时渔船上要挂海神娘娘旗，旗为方形，红色镶白边；同时也要贴对联。

## 2. 丹东大鹿岛祭海

大鹿岛位于丹东东港市大孤山东南19海里的黄海北域，面积6.6平方千米，主峰海拔189.1米，是我国海岸线北端最大的岛屿。

大鹿岛历史积淀厚重，明末总兵毛文龙曾于此抗击后金，留碑文以铭志；1894年，中日甲午海战就发生在大鹿岛以南海域。这里还矗立着始建于1923年的英国航海灯塔，记载着签订不平等条约的耻辱。

1894年9月17日，震惊中外的甲午黄海大海战在大鹿岛海面爆发，民族英雄邓世昌及700多名将士牺牲，"致远"号等4艘战舰沉没在大鹿岛南附近海域。战后，这里的海面、岛边沿、树杈上，到处是爱国将士的遗体和遗物。大鹿岛人用几天时间，把这些遗体、遗物隆重安葬。1938年，日本人在大鹿岛盗窃中国沉船。被聘用的潜水员捞取"致远"号沉船的东西时，发现了一具遗骸仍坐在指挥舱的船长椅上，认为是邓世昌。他浮出水面扪心自问，羞惭成疾，病好后潜水捞出忠烈，与大鹿岛人一起举行了隆重的安葬仪式，修建了邓世昌墓。新中国成立后，有关方面认为认定遗骸为邓世昌的证据不足，该墓改为"甲午风云无名将士墓"。不管认定是邓世昌还是无名将士，大鹿岛人都坚持祭奠。每年9月17日或逢年过节，人们自发祭奠英魂，点蜡、燃香、撒花，往海里放灯，面对曾经的主战场默哀3分钟。

改革开放后，在岛前独立砣上塑建了6米高的邓世昌塑像和甲午海战战况介绍石碑，扩建了邓世昌墓和甲午英烈墓，重修了明代戍领毛文龙碑亭，维修了英国殖民者在蟒山上建的航标灯塔，并制作了国防教育宣传橱窗和宣传牌等，吸引无数游人。

## 3. 开海仪式

盘锦二界沟开海日是渔家重要的节日，要举行竖顺风旗、船上贴条幅、开案和祭祀等活动。在每年的开海日，渔家人认真地做好开端的第一步，以求得一个好年景。

### 树顺风旗

顺风旗，也叫"旗调""风标旗"等，是能随风转动的旗帜。在开海日，二界沟家家户户都要在自家院子和渔船上竖顺风旗，祈求风调雨顺，鱼虾满仓。顺风旗是网铺的标志，二界沟有专门的木匠师傅制作。旗杆高低不等，最高的能达十七八米，是一根较粗且刷有桐油的松木大檩做成。顶部有铁箍，紧紧箍住顺风旗。顺风旗形制像龙，龙头是木刻的，有两只龙眼，两条龙须，龙须的顶尖还有一个小红绒球。龙头镀金，在阳光下光辉耀眼。旗面最大的有 2 米多长，龙尾 5 米多长，是上等的绸布做成的，被风一吹"啪啪"作响。渔村里的网铺大户，人多，事业大，顺风旗也高大。在竖立的时候，提前在顺风旗旗杆上拴四根绳索。在号子声中，用绳索拉旗杆的前两排人，每排有八九人不等；后两排，一排

2016 年 3 月 15 日，辽宁盘锦举办二界沟开海节（CFP供图）

拉绳索的人擎着旗杆，还有人扛旗杆往上拥。在竖旗杆的号子声中，等到旗杆竖起，四根绳索被拉得绷紧，顺风旗便直接竖在地面上。固定顺风旗旗杆的是两条巨条石，巨条石一截埋在地下，地上部分上下有石眼，慢慢地找准坐标后，一插官耳（木棒）就巍然不动。这时有人爬上旗杆，解下绳索，顺风旗就竖好了。网东、船主带着各自的眷属和渔工，站在顺风旗下，仰望顺风旗片刻，求顺风、求吉祥，求有个旗开得胜的好开端。

顺风旗是网铺和渔船的标志，更是渔家人判断风向风力以及安排、调整走船和出海的依据。新中国成立以后，原来的网铺不存在了，渔村（二界沟）建立公社、生产大队、小队，就再也没做过开海日的庆典，也不再竖顺风旗了。1999年，二界沟还有一户渔家，院里竖着顺风旗，中央电视台播的《小院渔家》中就有此处一个顺风旗的镜头。

## 船上贴条幅

二界沟渔家开海日，大小渔船都要在桅杆上挂红灯，船头上贴"福"字，船头的龙口处（船头顶）扎大红绸花，寓意着红（鸿）运当头。人们还放鞭炮，在船上贴条幅。辽东湾及二界沟的渔船多是一根桅的船。开海日这天，渔家人要在船桅上贴"大将军八面威风"的条幅；要是两根桅的船，船家还得贴上"二将军头前带路"条幅。在一条船上讲求有位八面威风的大将军，是因为早年间船靠帆篷航行，只要有风就能走船，就能走到预定的目标，这就是"船跑八面风"的说法。早年间的渔船平顶船多，对联一般都贴在平顶的船头上。对联有"头压浪行千里，舵后生风越九州""海宁多锦绣，青皮卧渔舟""欲卜今岁海田好，喜望丰收鱼虾多""船身坚固载万担，众志成城捕鱼多"。还有的对联是求观音、求海神娘娘（天后）、求四海龙王保佑渔家风调雨顺、海田丰收，等等。横幅有"蓬（篷）展风顺""鱼虾满仓""船头压浪""满载而归""船得顺风"，等等。渔家人在船上贴好条幅、对联后，一个人端着一个瓷盆递给另一个人，接盆的人有意失手，瓷盆一下子摔在船上或地上（船在坞里就摔在地上）。"叭"的一声响，盆被摔碎，接着大家一起说："好！岁岁（碎碎）平安！"这也是渔家人在开海日求平安的一种习俗。

## 开案

开海日，在船上贴条幅对联、在铺里竖顺风旗后，网铺就开始开案。开案，就是网东与船工及眷属共同吃一顿大锅饭。这一顿饭，一年的开海日搞一次，时间按着贴对联和竖顺风旗的情况而定，或中午或晚上。大的网铺网东，手下一般都有船工和做陆地加工的百十号人。在 1931 年前，二界沟网东开的网铺、建的铺房几乎都是一样的格局，几间房的大铺，还有晒货场、炸货房，等等。开案时，渔工、网东们都一起在网铺里用餐。铺房都有南、北两铺大炕，人们摆好一张张桌子。四人一张桌，做满南、北大炕，很是热闹。开案前，网东特意安排有下海经验的老船工讲解在海上、船上、陆地说话、干活的一些规矩，还讲海域水深、水流、风向、潮向、潮汐的规律等，多是用顺口溜和民谣的形式来讲，让人易懂、好记、爱听。还要说一些吉利话，唱几段喜歌。其实，开案也是网铺开工前对渔工的一次简短培训。开案的餐桌上，一般是四菜一汤。四个菜都是猪、羊肉和鸡、鸭、鹅等。在开海日的餐桌上很难看到鱼虾，主要是因为渔船还没有出海，还没有捞上鱼虾。还有的老人说开海日开案吃团聚饭，不吃鱼虾，是老辈渔家人留下的规矩习俗。

**开海祭祀**

　　二界沟的开海日这天，在渔会的统一组织下，举办隆重的祭祀和庆典活动。成千上万的渔家人抬着供品、奏着音乐、敲着锣鼓、扭着秧歌、放着鞭炮；还有专门穿戴各色花样衣服、帽子的人，举着旗帜、抬着猪头、羊、鸡、牛头等供品，还有面食做的大寿桃，等等。在祭祀的活动中，首先祭拜的是祖宗：在"三祖庙"前给炎帝、黄帝、蚩尤等祖先上香上供，念祭拜词，不忘记中华民族的始祖造船、造网、造渔具，开辟四海渔场、远程航海航道等，不忘祖德祖恩。拜罢祖宗后，就去拜"观音庙""天后庙""龙王庙"，也都在庙前上香，做一番祭拜的仪式和念祭拜词。祭拜词主要是求吉祥、保平安、求海田丰收。几个庙拜完了，大半天过去了，最后将祭品扔进大海。

## 4. 兴城海会

　　兴城海会是兴城每年举办一次的大型娱乐活动，有海上体育竞赛、民间文艺演出、地方风味食品、商品交易等活动，吸引着大量国内外游人。

　　1966 年 7 月 16 日，毛泽东同志以 73 岁高龄畅游长江，此举震撼了神州大地，也极大地激励和鼓舞了数十万兴城儿女。自 20 世纪 80 年代起，兴城人民以自己特有的方式表达对一代伟人的崇敬和悼念。每到 7 月 16 日这一天，兴城全城出动，万人空巷，自发到海滨集会，举行游泳比赛。岸上游人观赏比赛，尽情鼓噪欢呼，整个海滨呈现一片沸腾喧闹的景象。从 1987 年开始，兴城市委、市政府牵头组织举办七月海会。从此，七月海会由民办走向官办，活动范围也从单一游泳比赛演绎为旅游观光、经贸洽谈、文艺演出等多项内容。迄今为止，共举办 19 届海会。"海为东海为媒牵长江黄河钱塘黄浦经济红钱蔚为壮观百川争归海；会有情会有趣聚海浴游园赏戏美食旅游项目不亦乐乎万众齐赴会。"这副颇有气势的长对，是当年兴城日报社开展海会征联活动时由总编室主任张志祥精心创作的，对兴城七月海会进行了概括和总结。

## 5. 獐子岛渔民节

獐子岛渔民节于 1999 年由长海县獐子岛镇人民政府主办，獐子岛渔民协会协办，迄今已经举办 12 届。其宗旨是：继承光荣传统，弘扬时代精神，激励广大渔民发扬"敢立潮头，勇为人先，创新奋进，求实发展"的獐子岛人的创业精神。渔民节已经成为对当地渔民进行科普教育及培训的渠道和渔家文体活动的展示平台。

每年的 8 月正逢休渔期，渔民纷纷上岸休息。獐子岛镇利用 8 月 8 日这一天，针对渔民设计了捕捞及养殖方面的科技培训、安全生产专项讲座，针对远洋渔民在国外长期作业的情况，还未雨绸缪地对渔民进行艾滋病防治讲座。节日期间，镇政府组织渔民代表与船东座谈，沟通感情，协调纠纷，并对渔民宣讲相关政策。为了增强趣味性，渔民节还开设渔民趣味运动会，根据渔民出海的实际劳动情况设置项目。特别是节日开幕当天，大型文艺会演吸引了几乎全镇老少参与。通过渔民节的开设，凝聚了民心，展示了当代渔民的精神风貌。

一代代渔民千百年来用心血和汗水打造的渔家文化中，包含着独特的民风民俗，有生活习俗、生产习俗、节日习俗、礼仪习俗等。在长期的生产、生活中口口相传、代代沿承。

## 1. 渔船喜联

长山岛渔民每逢出海都要把渔船打扮装饰一番。年节到来时，就把渔船拉上岸，在称为"大椎子"的渔船平面船头画一轮圆月，涂上红漆，在船头两侧和船尾两个燕翅以及船尾两侧对称的小柱子涂上红漆，作为装饰。贴上渔家特色的对联：船头两侧贴上联"前头无浪行千里"，下联"舵后生风送万程"，横批"海不扬波"；船尾部的两个燕翅贴上联"九曲三弯由舵转"，下联"五湖四海任舟行"，批"顺风相送"；船上大椎上贴"大将军八面威风"，二椎上贴"二将军协力相助"，三椎（头椎）贴"三将军开路先锋"。

## 2. 出海之前祭海神

早年，渔船出海之前，要备上香烛供品到海神娘娘庙祈求娘娘保佑，这样可以在海上打鱼时风平浪静保平安，娘娘保佑化险为夷。据传在很久以前，老渔民张泉和船上的四个渔民在海上遇到大风，把小船的椎杆折断了，帆、橹、椎杆全都让大风刮跑。五个人两手空空，渔船只剩空壳，只好在大风浪中漂游。眼见小船就要被淹没，突然海面闪起一道红光，小船在原地打起了转儿，没有被大风卷走。直到第二天，大家被海洋岛苇子沟姓胡的打鱼人救助回到岸上。张泉逢人就说："多亏俺出海前祭了海神娘娘，保佑我们死里逃生。"后来，故事传开，打鱼人为保平安，出海前都到海神娘娘庙去进香火，祈求娘娘保佑。于是，这个风俗就流传了下来。

### 3. 大船上设香童

早年，载重 50 石以上的木帆船上都有海神娘娘的神像，并有主管给海神娘娘烧香上供和"伺候老娘娘起居"的香童。为啥让娘娘神像上船，为啥用香童伺候海神娘娘呢？

传说在很久以前，尽管人们虔诚地信奉海神娘娘，但远海航行的船只仍有船毁人亡的事发生。有个南方老客在船上供奉海神娘娘，并用童子专门供香火，航行 40 多年，平安无事。后来各家船主争相效仿，此俗在大船上流传下来了。其童子被称为"香童"，以示敬重海神娘娘。香童一般几年一换，年龄都在 10 岁左右。

### 4. 洒酒祭海

大海里有许多奇异的巨兽，有些比渔船还要庞大。如果渔船遇到巨鲸、大海龟、大巴蛸、大乌龟等，为避免受其伤害造成船翻人亡的事故，船老大往往亲自站在船头，向这些大鱼、巨兽洒下三碗米酒奠祭，叫作"洒酒祭海"。之后，巨兽隐没于波涛之中，渔船遂得平安。

相传很久以前，有个叫魏二虎的渔民正划着小船钓鱼，突然有两条像小山似的巨鲸游过来。魏二虎急忙摘下身上的酒葫芦，向巨鲸倒去，口里祷告说："房鱼大人，你别吓唬俺打鱼人了，你喝了酒，快走吧！"那两条巨鲸喝了沾酒的海水，不但没伤害魏二虎，还一边一个护送渔船返回。遇到海匪拦路抢劫，两条巨鲸把海匪大船拱翻了。魏二虎平安到家，逢人就讲巨鲸保驾的事。从此，人们出海就带酒，遇到巨兽就洒酒祭奠、祷告。据说这么一来，都化险为夷了，有的还得了珍珠发了财。从此，渔船出海没有不带酒的。

### 5. 海上救助

打鱼人长年风里来浪里去，遭遇险情时有发生。在海上生产、通信工具设备十分落后的时代，一般用桅杆挂旗帜当作呼救信号。渔船除祭祀日外，平时一律不挂旗，一旦见到船桅挂旗，便知此船遭遇危险，邻近船立即停下作业，尽全力前去救助。有时情况危急，正在起网的渔船会砍断梗网，以救人救船为主。这是海上行船的一个通用规则。

## 6. 鸣锣惊鱼

旧时渔民船小网陋，除了恶劣天气的风浪危害外，渔民还经常遭遇鲸群在渔场游动袭扰，称为"龙兵过"。撞上"龙兵"，往往船翻人亡。后来渔民想出了敲击物件惊走鲸群的办法，十分奏效。由于铜锣敲击时发出的声响大且强烈，渔民们便在船中常备铜锣，用于驱走鲸群。近代，鲸群已不多见，鸣锣转而用于捕鱼。渔民发现鱼群后，便敲击铜锣，将鱼群惊得懵头转向，然后择地撒网，即可获得好收获。

## 7. "渔眼"瞭望

"渔眼"瞭望是指挥撒网的生产习俗。旧时渔船无探鱼设备，为了多打鱼，一些较大的渔船就在桅杆上吊个木桶。当渔船进入渔场后，选择眼神好、有经验的渔工攀悬梯登上桅杆，站在木桶里四处瞭望，发现鱼群跳跃，就用小彩旗指挥船老大（船长）转舵，驶向鱼群处撒网。这个站在吊桶里放哨的人被称作"渔眼"。"渔眼"具有丰富的航海和捕鱼经验，其本事的高低关系到渔船的丰歉，故待遇与船老大同等，可多得劳金。"渔眼"之俗源于明代永乐年间(1403—1425 年)。现代，捕鱼手段日趋提高，桅杆帆船多改为机动船，昔日"渔眼"已不复存在。渔民们为纪念这一段历史，祈求捕鱼丰收，在桅杆上仍保留一个方形箱状饰物，称作"桅斗"，沿袭至今。

## 8. 渔工分红

渔业合作化以前，除父子兄弟船外，插伙船的受益多是按"份"分红。一般做法是：船把头得两份，船老大得一份半；渔工得一份。渔业合作化后，实行集体分配，即按捕获鱼虾数量记工分，收后按工分折合钱分红。"文革"时期，实行劳动力评级，按出多少工付酬。改革开放以后，渔区实行责任制，渔船网具承包，按比例缴纳积累金购买，插伙承包船按劳或按股分红。1990 年后，渔船多作价由渔民个人或合伙购买，实行个体经营，渔工实行雇佣制，多是由船主与渔工提前商定年薪。

**敬畏大海的渔家禁忌**

## 1. 船上说话禁忌

　　和所有沿海地区一样，渔民们在船上都说吉利话，最忌讳说"翻""倒""扣"等字眼。如渔船上烙饼不能说"翻过来"，只能说"转"或"划一横""划过来"。船上吃鱼有个规矩，吃完上半片，吃下半片时，只能将鱼骨拿掉顺着吃，不可翻身。老渔民对刚出海的小渔民要求特别严，说话要说好听的、吉利的、有财气的话。如端着一筐鱼往船舱里面倒，要边倒边拖着长音喊"满了"，意思是渔船要装满鱼货满载而归了。鱼卸完了或者米面吃完了，要说"满出了"，不能说"完了"。打上来的鱼个头小，要说"鱼挺碎"，因为"碎"为多，小为少。饺子煮破了，要说"挣了"；器具打碎了，叫"笑了"。在海上遇到鲸要叫"财神爷""老兆"，不许用手指。不许在船头大小便，因为船头是船主的象征。[1]

## 2. 行船不得带长虫[2]

　　早年，渔船、货船出海之前，船老大总是黑下脸来检查上船的人是否带了长虫。如果谁带了长虫上船，不但会被毫不客气地赶下船，还可能遭到打骂。因为据说长虫过海能成龙，成了龙就会残害天下生灵。载着长虫的船航海，可能会给全船带来灭顶之灾。

　　这条戒律来自这样一个传说：从前，有一条大船装着一船鲜鱼到大陆去卖。行至中途，平静的海面突然掀起了巨浪，把大船一会儿抛上浪峰，一会儿又甩下波底，船上的人都紧紧抓住船帮或舵把才没被甩到海里。这时，一只十爪大乌鱼，从海里伸出十条比桅杆还粗的长腿，使劲砸向大船，把船上的一个持篙杆子的小伙子连篙杆一起卷了起来，抛向海中，篙杆子也被撅断了数截。这时，只见一道黑气从篙杆子里冲出来，飞到半空，化成一条大蟒蛇，足有盆口粗。蟒蛇盘到了桅杆上，张开血盆大

---

1　引自《长海县志》。

2　长虫：即蛇。

口用尖刀似的牙齿咬大乌鱼的腿，连着咬断了三根。大乌鱼痛得把腿抽回海里。又有一群海豚冲出水面，来战大蟒蛇，打了好半天也不分胜败。这时只听船下一声响，一个大虾精用虾枪撞船底，想把船撞漏，吓得船上的人哭爹叫娘一片呼喊。就在这时，天上突然电闪雷鸣，乌云像口大黑锅扣在天顶上，好像就要塌下来。只见几道白光从大桅上划过，接着是几声雷响，桅杆上的大长虫被击成数段，掉进海里。海面顿时风平浪静，天空乌云散尽，只是船上死了一个伙计，雷劈死了一条大长虫。众人都有些后怕，说这蛇要过海成龙，就会触犯神灵，遭到灾难。直到今天，还有人相信蟒蛇过海会成龙，行船不得带长虫。

### 3.忌"帆"而称"篷"

渔民把船上的风帆叫作"篷"，是忌讳帆与"翻"同音。海上行船的最大灾难是翻船，人们觉得这样叫不吉利，于是把帆叫成"篷"。

据说早年有一对渔船在海里打鱼，一艘是领船，一艘是跟船。两船在海上打鱼时，看到两条龙打架，一会儿从海里打到天空，一会儿又从天空打到海里，一直斗了三天三夜，不分胜负，搅得大海不得安宁。这两条龙一只是龙王，一只是恶龙。船老大答应帮助龙王，一声吆喝把大网撒下去，一下子把刚变成鲨鱼的恶龙罩住。往上拖的工夫，船老大把3升草灰撒下去，"鲨鱼"的眼睛就被迷住了。恶龙现了原形，用尾巴一扫，把船上的两张风帆全扫掉了。没等它缓过劲来抖威风，变作海豚的龙王爷也现了本相，把瞎眼恶龙按到了海里，一群虾兵蟹将钻出水面围上去，把恶龙打得片甲无存，转眼丧命。

龙王爷要海夜叉到船上谢恩。领船上的船老大说："俺船上的篷被恶龙撕坏了！"海夜叉又问跟船上的船老大："你要什么？""俺别的都不用，只要给船弄一张帆就行了。"海夜叉回去和龙王一说，龙王马上照办。

结果，这两个船老大就因为一个要篷，一个要帆（翻），返航的时候，那艘要帆的跟船半路翻了船。从此人们便把帆叫成了"篷"，防止向渔家报恩的精灵办错了事而帮倒忙。因此，风帆就有了"帆"和"篷"两种不同的叫法。

### 4.船头柱子不能坐

早年，上了木帆船，任何人不得坐船头上栓缆绳的柱子。柱子是一船之主，代表船主的头，谁敢坐一船之主的脑袋顶上？

这也源自鲁班造船时的传说。相传鲁班造船时，把木帆船造得又漂亮又结实。船主看了直叫好，问鲁班船体各部位都叫什么名称，并让鲁班在船上确定一个能代表船主的位置。鲁班听了一愣，问道："这艘船的船主是你，何必这样？"船主说："这艘船是我的，我将有更多的船员，所以，我是不能上船受风浪颠簸之苦的，我要雇一些船夫为我驶船，我要选个能代表我的东西在船上，让他们像恭敬我一样对待它。我看这高高耸起的家伙不错，就让它代表我吧，它叫什么名字？"鲁班说："这叫'桅'。"船主摇摇头。鲁班又提了"舵""舱""船帮"，船主都说不行，就问："前边这个木柱是什么？"

"这是柱子。""那好，就让这柱子代表我作为一船之主，任何人也不能在我的脑袋上坐着。柱子是船主，大桅是大将军，二桅是二将军，给我保驾；船上的舵手叫船老大，其余的都叫船夫，一切都要听我这一船之主的。"

从此，船上就把柱子当成一船之主了。有时船夫和船主闹僵了，背着船主去坐柱子，船上人便说这柱子是船主的象征，坐不得。日子久了，拴缆绳的柱子就成了"一船之主"，谁也不敢坐了。

## 5. 上船不得打海鸟

渔船出海打鱼时，成群的海鸟围着渔船飞。有时船上炖鱼，把鱼下水扔进海里，"海虎子""海猫子"等海鸟抢着吃。海鸟近在咫尺，但渔船上的人谁也不打不抓，据说这是早年传下来的规矩，因为海鸟救过迷航人的命。

渔船在海上打鱼，难免会遇到风天和雾天。相传有一年海上大雾，几十条渔船都迷航了，在海里随波逐流。后来人们遇见了迷雾中飞翔的"海虎子"和"海钻儿"鸟，还有嘴尖脖长的"海吃鹤"。鸟儿在雾中飞着、叫着，终于把渔船引到了岸边。

后来，这些打鱼人慢慢发现，海鸟在风暴来临之前性情与平日不大一样："海钻儿"也不贴着水面飞了；"海虎子"晴天在海上飞得少，越到阴天、风天它越欢腾，下雨前围着渔船飞，刮风前随着浪花飞。渔家人见了，赶快往回划船。海鸟成了渔船的好伙伴，好心的渔民谁也不肯伤害它们。

海鸟觅食（仝开健供图）

## 6. 头不顶桑，脚不踩槐

造船时有"头不顶桑，脚不踩槐"之说。旧时渔船主要为木船，在修造船时船头不能用桑木，脚下不能用槐板，因"桑"与"丧"谐音、"槐"与"坏"谐音，不吉利。

女人不能走上船头。旧时船家忌讳女人走上船头，外人脚不洗干净也不可踏上船头。七男一女不能共乘一船出海，类似"八仙过海"，恐惹恼了龙王而翻船。

平时渔民在船上不许背手，船上不能耷拉腿，舵手凳上忌坐两个人等，也不许吹口哨，不许蹦跳，因为这些是松弛麻痹的表现。渔民常年与风浪打交道，危险性很大，所以忌讳很多不吉利的言行。

独具特色的海岛婚俗

## 1. 新房挂三宝

海岛渔村逢男婚女嫁的大喜事，不但要在新房贴"喜"字和对联，而且要挂"三宝"：一个精心编织的筛子筐和弓箭、桃树枝。这叫作"新婚洞房挂三宝，驱妖辟邪保平安"。

据说很久以前，大海边出了个驴头海妖，在沿海渔村兴妖作怪。那妖怪长了个听风的耳朵、闻味的鼻子。谁家要办喜事，它都要跑去大吃大喝填饱肚子。更可恶的是，它晚上还要去糟蹋新娘子。渔家人举刀舞棍与驴头海妖拼命，都没把它镇住，它反而越闹越邪乎。渔家人心急火燎，眼睁睁地看着它作践人。

岛上有个叫王小的穷小伙子，单身一人过日子。他为人勤劳憨厚，和村里一个叫桃花的姑娘定了亲，两个人情投意合。可是，他俩等到快30岁还不敢办喜事，怕的是驴头海妖在新婚之夜来糟蹋人。

有一天，王小出海打鱼，在风浪里救出个白发老婆婆并背回家，做好了海味和小米粥请老婆婆吃。老婆婆喝了一碗粥就睡了。王小把自己的铺盖轻轻盖到老婆婆身上，自己坐在板凳上倚着墙壁睡着了。睡到半夜，他起来给老婆婆做好了饭，服侍老人吃了，就匆匆划着舢板出海了。后来在王小的婚礼上，海妖来搅和。只见它摇头晃脑来到屋里，一抬头，见新房门挂着一个筛子，就像一张大网，闪出耀眼的金光。金光中，有金弓宝箭和桃树枝。驴头海妖害怕了，不敢进新房，在门外鬼头鬼脑地往里窥探。忽听"哗啦"一声，那筛子像天网一样飞了起来，罩住驴头海妖，桃树枝变成了一把锋利的刀剑，一支宝箭"飕"的一声射中了它的脑袋。海妖怪叫一声，不一会儿就化成了一摊污臭的血水。

这时，人们突然看到白发婆婆。只见她用双手拢了拢头发，白发顿时变成了乌油油的长发；她把那身旧衣裳抖一抖，立即变成了华丽的新衣裳；她用双手往脸上一抹擦，脸上的皱纹马上消失了。白发婆婆变成了一个年轻貌美的俊姑娘。她对王小和桃花说："妖怪已除，你们好好过日子吧！"说完，她驾着一朵祥云，飘向广阔无边的大海。众人这才知道是海神娘娘显圣，立即焚香叩头。海神娘娘赠给王小和桃花的三件礼物——

筛子、桃树枝和弓箭，从此被渔家人视为驱邪避妖、保佑新婚夫妇吉祥如意的法宝。渔村谁家再逢结婚办喜事，洞房门框上都要挂上这三件宝。这个习俗代代相传，一直沿袭到今天。

## 2. 三六九瞻舅

新婚三日，新媳妇回娘家，小两口同行。这在大陆叫"回娘家"，在岛上叫"回门"或"瞻舅"。岛上不仅叫法不同，选择的日期也很特殊，如逢初一或十一、二十一回门，小两口一般都在女方家住两宿，逢三才回来，这叫"瞻舅回三，养儿做官"。如逢初九、十九、二十九回门瞻舅，一般都在当天回来，这叫"瞻舅回九，两家都有"。渔村这个风俗，源自巧媳妇和老公公斗智谋。

相传在很久以前，渔村娶了媳妇很少让她回娘家，看得紧紧的，怕媳妇跑了。尤其是从外岛和大陆娶来的媳妇，回家往往一去无踪无影，搭钱费工惹生气。公婆怕儿媳妇跑就不让回家。有一个姓郭的姑娘嫁到外岛，想妈想家，求公婆丈夫全没用。第三天早上，她说梦见海神娘娘，娘娘让她捎个话，要是不放儿媳妇回娘家，就会遭报应，养几个儿子都是光吃饭不干活的白痴！要是在新媳妇过门三天让回家看娘亲，尽人伦，就能生个能打鱼、能当官的好儿子。媳妇回家，也得在三、六、九这三个日子回来，这样才能两家都发财！

公婆一听是海神娘娘托梦，赶紧让儿子划着小船把儿媳妇送回娘家。到了娘家，爹娘乐得够呛，一再要留女儿多住，可打鱼人不能误了汛呀！女儿就把海神娘娘托梦的话说了，爹娘和娘家兄弟听了，也不多留。渔家人最信服海神娘娘，自此谁也不把儿媳妇当笼中鸟关在家，都打发儿子送儿媳妇回门瞻舅，逢三、六、九回来。让儿子去，一是奉了海神娘娘的旨意，二是防备儿媳妇跑了不回来！真是一举两得，难怪这风俗一直传到现在。[1]

---

## 1. 渔谚

蕴藏海洋知识的渔谚、渔谣和号子

沿海渔民在长期的海上生产实践中，总结出潮汐、气象、渔汛等规律，并用形象化语言概括表达出来，形成海味浓郁的渔家谚语。

例如有关潮汐规律的谚语：

> 月出东山，潮涨半滩。
>
> 潮涨八分满，急流缓一缓；潮退八分枯，海面平乎乎。
>
> 早潮快似马，晚潮慢如牛。

有关气象规律的谚语：

> 燕鱼展翅，不是雨就是雾。
>
> 蟹子起空，有日不晴。
>
> 山戴帽，海鼓泡。
>
> 海水冒泡，大风要到。海水发腥，主雨最灵。
>
> 无风来长浪，不久狂风降。
>
> 海鸥飞上船，风雨在前头。海里鱼探头，大雨在后头。
>
> 海火现，风雨见。
>
> 人冷穿袄，鱼冷穿草。东风西流水，越跑越伸腿。西风东流水，越跑越顺腿。

有关渔汛规律的谚语：

> 桃花水翻，劳板鱼鲜；菊花浪飞，毛腿蟹肥。
>
> 马莲开花，鱼儿还家。
>
> 黄花满山开，牙片靠岸来。
>
> 腊月十八，黄鱼嘴麻。
>
> 风前风后，鱼虾成球。

高粱晒米儿，黑鱼张嘴儿。

麦穗黄，蟹子胖。

大麦上场，波螺上床。

清明在头，鱼在后；清明在后，鱼在头。（清明一般在农历三月上旬，倘逢清明提前，说明鱼汛要在清明以后，否则，就在清明之前。）

有关捕捞生产的谚语：

一九二九，在家死囚，三九四九，棍打不走，五九六九，隔河望柳，七九八九，人网凑够，九九加一九，捕鱼在外头。

韭菜不怕割，蚬滩不怕翻。

潮涨吃鲜，潮落吃盐。

打仗占高山，捕鱼占上水。

捕大养小，吃用不了。

七月八月，青蟹换壳。

大网头捕不到，小网头稳牢靠。

海里鱼多浪不静，路上石多路不平。

三月三，九月九，小船不临江边走。

初一、十五，巳时满。十二、三，正晌干。十八、九，两头有。二十四、五，潮不离母。初五、六，两头凑。七死八活九不退，初十赶海净遭罪。

绕边追鱼，迎头撒网。

钓鱼不撒腥，等于白搭工。

春钓湾，秋钓边。

蒿子伸腿，黄鱼张嘴。

大船见山如见虎，小船见山如见母。（大船在雾天或黑夜航行，见了山就像见了老虎那样害怕，因其大而笨重，容易触礁。小船在雾天或黑夜航行时，见了山就像小孩见了母亲那样欢喜，因其行驶灵敏，不但不易触礁，且可靠岸休息，有归家之感。）

还有海上生活谚语及歇后语：

　　　　鱼鳃血水红，只管放心称。

　　　　苦似虎鱼胆，鲜算黄鱼眼。

　　　　生吃蟹子活吃虾，不想活了吃廷巴（河豚）。

　　　　只有懒人，没有穷海。

　　　　清水捞白银，全靠渔人勤。

　　　　天上多少星，船上多少钉。

　　　　宁叫洋鱼打一针，不叫"先生"占一卦。（"洋鱼"指赤魟，"先生"指另一种毒鱼，
两种鱼都有毒，若不注意触碰其针，创口就会腐烂。后者毒性尤大。）

　　　　龙王爷的哨兵——虾（瞎）精。

　　　　属海蜇的——好割不好胶（交）。

　　　　蟹子过河——瞪起眼来。

　　　　武大郎矾海蜇——人熊活计孬。[1]

## 2. 渔家音乐：号子和民谣

### 长海船（渔）民号子

　　长海船（渔）号子是流行在大连长海地区的一种富有海岛特色的劳动号子。长海由 100 多个岛屿组成，千百年来居民以渔猎为生，在与风浪的搏斗中，船（渔）民需要用号子统一劳动节奏，提高劳动效率，于是产生了长海号子。长海号子内容丰富，调式各异，是渔民们在从事渔业生活的艰苦劳作中创作出来的，反映了广大渔民乐观主义精神，是我国民族民间音乐宝库中的珍贵财富。

　　远古时，因为生产力水平低下，所用的船只都很小，开始只有一些拉网小调。东汉中期开始出现比较大的船只。隋征高句丽和唐征高句丽时，途经长海海岛。当时薛仁贵率水师攻打平壤，所使用的船只较大，需要十几人共同操纵，长海号子便逐渐兴盛起来。到了日伪占领时期，为了支援胶东抗日队伍，需要将东北的钢材、粮食、药品运往抗日根据地，

---

1　《长海县志》，第 707—709 页。

海上运输更加发达。那时船只吨位大，操作程序复杂，只有统一号令才能完成，长海号子自然处于鼎盛时期。

长海号子分为两类：一类是船民号子，主要是运输船上用的号子。船只较大，号子内容也比较复杂，包括蹬挽子号子、拉纤号子、撑（长海地区称"掌"）大篷号子、打锚号子、推磨关号子、勒锚号子、抽滩号子、捞水号子、拔筐号子、摇橹号子等。蹬挽子号子是指船到浅滩后，需要人力将竹篙或木杠推到滩涂上用力蹬，使船离开滩涂，或者使其靠港，这种号子往往是七八个人一起使劲喊的。拉纤号子，是指船到河套逆流而上时，人在陆地上拉纤使船行走而喊的号子。撑大篷号子是指把大篷从桅杆底部撑到桅杆顶部，这种号子还分三起头号子和老号。三起头号子是一般常用的撑大篷号子，老号则是大篷撑到一半使用的号子。打锚号子是将锚从海底打捞到船上使用的号子。推磨关号子，是指用人力推动磨关（类似于绞车），将锚拉起时所使用的号子。勒锚号子，当锚被拉到船头时，需要将锚拉到船上来，是勒锚时使用的号子。抽滩号子是帆船进港或出港，将锚用舢板装到船行进的前方并扔进海里，然后再拔锚使船向前进时使用的号子。捞水号子，船航行到浅水时，需要有人在船头测量水深，高声报给船老大和其他船员，这时用的就是捞水号子。拔筐号子是将货物从船舱底部运上来时喊的号子。摇橹号子，船航行无风或逆行时，需要船员一起摇橹时用的号子。

另一类是渔民号子，包括推船号子、拉船号子、打锚号子、起网号子、撑篷号子、捞鱼号子、拔鱼包号子、摇橹号子，主要是渔民捕鱼用的。渔船小，号子也比较单一。不管哪种号子，其曲调都铿锵粗犷、高亢有力，歌词通俗简短，多为两三个字。一人起头大家和，听起来很有气势。每条船上都选出一位威信高、嗓门大、头脑灵活的人作为"号子头"，其他船员随着"号子头"的呼喊一起接号子。

长海号子因适用的劳动情景不同，音乐特点各异。如撑大篷号子简洁明快，打锚号子粗犷豪放，摇橹号子柔美悠扬。长海号子的旋律素材多为重复和变化重复，节奏一般比较规整、简洁。唱词以即兴编创为主，也有因习惯而产生的固定唱法，多为劳动呼号式，几乎没有任何实际内容，只有"呼呵嗨呦"等。也有部分唱词加入通俗简单、与劳动场景紧密结合的词语，如"哎上来呀，哎使劲拽呀，把篷撑呀；乘风上呀，快下网呀；多捞鱼呀，好换粮呀；全家老少，饱肚肠呀！哎上来呀，哎上来呀……"饱含着沧桑之感，又洋溢着乐观主义精神。

又如《拉船号子》：哎嗨哟！哎嗨哟！哎嗨哟，哎嗨哟！用力气呀！把船拉呀！拉上岸呀，好回家呀！老娘们哪，在家等呀！又炒菜呀，又焖虾呀！年年盼呀，十冬腊呀……哎嗨哟！哎嗨哟！

号子演唱形式多为一领众和，也有少量的齐唱和独唱。领唱者即劳动的指挥者，领唱曲调大多高亢舒展，富有号召性；和唱部分大多是劳动者的齐唱，曲调深沉有力，节奏性较强，常有劳动呼号式的衬腔。领、和的结合形式因劳动条件和要求而定。紧张的劳动常用句接式，即领一句和一句；轻缓的劳动常采用段接式，即领一段和一句。领唱与和腔的交替进行，促进了集体劳动者之间的情绪交流，加强了行动的一致性。同时，由此而出现的间歇，也便于调节呼吸以及领唱者的即兴编词。

2005 年，长海号子被列入辽宁省级非物质文化遗产名录。2010 年，长海号子被国家列为第三批非物质文化遗产保护项目。

与很多非物质文化遗产一样，长海号子这门古老的艺术也正面临着式微甚至消亡的命运。宋承儒在传承和发展长海号子方面，默默耕耘了半个世纪。宋承儒是土生土长的海岛人，他的父亲是大长山岛有名的船老大，生性开朗，喜爱唱歌。宋承儒十几岁就学会了吹拉弹唱，远近闻名。1959 年，宋承儒作为文艺人才，被分配到长海县文工团，对海岛的本土文艺产生了浓厚的兴趣。从 1960 年起，宋承儒与长海号子结缘。他深入乡间追踪溯源、听号记谱，寻访那些年轻时的"号子头"和曾经喊过号子的人们。1960 年至 1973 年，宋承儒首先厘清了长海号子以行业为中心，以船只为纽带的传承方式，并厘清了其三代的传承脉络：在长海号子传承谱系中，第一代传承人孙良朋生于 1878 年，1966 年去世，同代传人几乎都在 20 世纪六七十年代去世。长海号子的第三代传承人以王德福、毕加顺及宋承儒本人为代表。王德福 1940 年出生，曾有 20 多年海上作业的经历，跟着"老号子"们当学徒。第三代传人主要集中在大长山、小长山、獐子岛、广鹿岛和海洋岛这五个大岛，人数约二三十人。1979 年，宋承儒收集整理的"长海船民号子"被收入《中国民间歌曲集成》(辽宁卷)，长海号子得以保存下来，并深刻影响了后世的文艺创作。

## 大连港装卸号子

20 世纪二三十年代，大连港码头工人肩扛人抬，生活在社会的最底层，干着最危险、最苦累的活计，同时也遭受着日本人最残酷的欺压和盘剥。为了排遣心中的愤懑和忧愁，也为了防止过度劳累失手丧身，码头工人自发地由一人领号，大伙接号呼应，这便产生了自己的歌——《装卸号子》《端油桶号子》《拔粮包号子》《推火车号子》等。在那段岁月里，码头工人还巧妙地用号子同日伪监工、工头斗智抗争：

（领号）慢慢拉起来哟！（接号）咳嗬咳哟！（领号）天冷地下滑呀！（接号）咳嗬咳哟！（领号）来了一条狗啊！（接号）咳嗬咳哟！（领号）后跟一条狼啊！（接号）咳嗬咳哟！（领号）大伙用点劲啊！（接号）咳嗬咳哟！

大连解放后，码头工人当家做主，《装卸号子》也被赋予了新的内容：

（领号）哎咳呀咯！（接号）咳哟！（领号）同志们拉起来哟！（接号）咳嗬咳哟！（领号）双手要拉紧哪！（接号）咳嗬咳哟！（领号）快装又快卸呀！（接号）咳嗬咳哟！（领号）支援前线呐！（接号）打老蒋啊！

1949 年 5 月 21 日，在大连市总工会举行的职工歌咏比赛中，这曲《装卸号子》得到了许多音乐界人士的好评，被授予最高奖。同年 6 月 18 日，《装卸号子》的领唱者——老码头工人刘开增，被授予"劳动人民的歌手"称号。后来，他上北京参加了第一届全国文学艺术工作者代表大会，受到周恩来总理的亲切接见。《装卸号子》还被灌制了唱片，发表在《新中国歌曲选》上。

## 渔家歌谣

渔家歌谣集中反映了渔民的情感、爱恨、苦乐等，是往昔岁月中渔家生活的一面镜子。

例如反映渔民苦乐的有《渔家苦》：

春季里，雾茫茫，小船破冰出南洋，一身冰甲一网鱼，送给渔霸还饥荒。
夏季里，雨汪汪，顶着风浪去撒网，破篷漏船钻浪窝，老婆孩子海头望。
秋季里，风爽爽，南走北奔拖破网，身上衣薄难挡寒，铺着海水盖着浪。
冬季里，雪茫茫，修船补网忙又忙，东家催租又逼债，渔家老小愁断肠。

反映渔民好恶的有《龙王不管渔家管》：

海里物，真稀奇，大的总把小的欺。

大鱼逞凶吃小鱼，小鱼成天吃虾米。

可怜小虾无处躲，拱到海底吃紫泥。

龙王不管渔家管，打鱼专门挑大的。


反映渔民情爱的有《渔哥渔妹心连心》：


大山高，大海深，渔哥渔妹心连心；

哥爱渔妹手艺巧，妹爱渔哥好人品；

哥爱渔妹心肠好，妹爱渔哥勤快人；

渔哥出海妹织网，千丝万缕情意深。


在传统歌谣传唱的同时，也不断有新歌谣出现。《长山岛好地方》诞生于20世纪50年代末期，描述了长山军民建设海岛、保卫海岛的生动情景，数十年来，海岛军民久唱不衰。1966年7月，在北京的一次联欢会快要结束的时候，敬爱的周恩来总理问旅大的演员："你们旅大有什么好歌？"演员回答有《长山岛好地方》，周总理就让领唱演员一句一句教他唱了两遍，然后一手拿着歌词，一手指挥在场的同志一起唱："长山岛，好地方，青山绿水好呀风光；渔帆如云飘海上，公路似带缠山冈。长山岛，好地方，丰富海产水中藏；海带筏儿密如网，万顷海面变田庄。长山岛，好地方，好像军舰停在海洋；大炮威武枪儿亮，全民皆兵保卫海防。长山岛，好地方，美丽富饶又坚强；编支歌儿唱一唱，歌唱长山岛好地方。"大家的心随着总理指挥的拍节跳动，嘹亮的歌声在夜色瑰丽的剧场里回荡，人们沉浸在无比幸福的气氛中。

## 述说海洋神奇的民间故事

### 1. 大洼县"古渔雁"民间故事

古往今来，辽河口海域的二界沟小镇一直是特殊的打鱼人群体——"古渔雁"落脚聚集之地。持这一生计的打鱼人没有远海捕捞的实力，只能像候鸟一样顺着沿海的水陆边缘迁徙，在江河入海口的滩涂及浅海捕鱼捞虾。因这一群体沿袭的是一种不定居的原始渔猎生计，故辽河口民间称其为"古渔雁"。他们在几千年的迁徙中，饱尝了大自然风雨的洗礼和潮浪的淘练，形成了宝贵的、沉淀深厚的渔雁文化。

二界沟的渔民主要是从华北的冀中、冀东地区通过旱路和水路迁徙到此地的打鱼人，他们是"古渔雁"民间文学的创作者与传承者。由于生计的特殊性，"古渔雁"民间文学和一般海岛渔村的民间文学有很大的不同。鲜明的"古渔雁"生计特点和原始文化遗韵对该群体的历史与生活、习俗与传统、信仰与文化创造等有全方位的反映。由于"古渔雁"群体常年生活在船上，识字的人极少，几乎所有有关渔猎、海捞、祭祀等渔俗知识与技艺等都是依靠口传心授传承下来的，所以"古渔雁"民间文学篇幅短小，情节简单，内容原始，较少发展和变化，语言生动活泼，富有地域及其生活特色。

流传于辽河口海域二界沟的"古渔雁"民间文学，主要包括"古渔雁"始祖崇拜、"古渔雁"海神崇拜、"古渔雁"龙王崇拜、"古渔雁"祭祀和庆典、"古渔雁"渔具的起源和演变等。代表作品有《七飞八跑》《海神娘娘》《树叫潮》《开海日》《无腿网》等，此外还包括一小部分陆地山川的传说和故事，如《盘古和女娲造生灵》《绘海找妻》《冰眼的来历》《三仙姑》《人与熊》等。

"古渔雁"口头文学是一部中华民族的海捞史，堪称中华民族海洋文明的一朵奇葩。"古渔雁"民间文学以口述史的方式，比较完整地记述和反映着这一古老的人类文明，其神话、传说中的原始性，具有重大的历史价值；"古渔雁"文学中关于古代渔具、造船、航海、加工的经验和技术的传说，具有很高的科学价值；而"古渔雁"文学中体现的敢于冒险、敢于开拓新航线、敢于发现新渔场的开拓精神，更具有独特的文化价值，对强化海洋意识、发展海洋经济、净化海洋环境都有着重大的现实意义。

盘锦大洼县二界沟"古渔雁"口头文学记载了人类祖先在大自然的恩赐、制约下曾经的迁徙渔猎生活，到了半定居的渔猎时期和定居的农耕时期也没有停止。"古渔雁"行踪在我国及世界其他沿海江河入海口早已绝迹，唯独在辽河入海口还保留着，堪称人类远古渔猎活动的"活化石"。

由于生计的特殊性，"古渔雁"群体在我国历代社会都处于边缘状态，文献对其极少记载。加之近年来，这一生计方式多已中断，老一辈的"古渔雁"也相继离世，"古渔雁"民间文学濒临消亡。基于此，辽河入海口二界沟尚存的"古渔雁"民间文学更显珍贵，急需进行保护。

"古渔雁"的后代、渔民出身的文化人刘则亭能讲述数百则有关"古渔雁"的故事和传说，是这一民间文化的重要传承人。数十年间，刘则亭收集整理了近千个故事、谚语和渔歌，记录手稿 60 万字，录制磁带数十盘，图片上百幅，在当地政府和家人的帮助下，出版了《渔家的传说》《辽东湾的传说》及《渔家风物民俗史话》等书籍，并收藏着 70 多件手工打制的大大小小的铁锚、铁链，最大的一条有一吨多重，是 300 多年前"古鱼雁"生产生活的见证。刘则亭的家成了"古鱼雁"文化的博物馆，也是二界沟旅游业的独特景点。

2006 年，"古渔雁"文化被列入国家首批非物质文化遗产名录。[1]

## 2. 长海民间故事

长海县位于辽东半岛的东南部，与山东省长岛县遥遥相望。大自然的鬼斧神工，使海岛遍布着美不胜收的山石、礁砣、洞崖湖等秀美地貌和奇观异景，由此产生了许多优美动人的民间传说和故事。

据《长海县志》记载，明末清初时，众多山东移民来此定居，同时也把山东等地的民间故事带到长海县。长海民间故事群众基础好，流传广泛，年纪大一点的老人基本都能讲上几段。长海民间故事主要流传于大长山岛、小长山岛、广鹿岛、石城岛等岛，石城岛的主要流传于新民村邵家屯、金场屯。20 世纪七八十年代，这两个屯的学校操场、田间地头、海滩、炕头等处是讲述民间故事的主要场所。虽然石城岛现在已划归庄河市，但能讲近 200

---

1 辽宁省非物质文化遗产保护工作领导小组办公室：《辽宁省非物质文化遗产概览(内部资料)》，2006 年，第 23 页。

段故事的王吉忱老人及其子女均定居于大长山岛。

长海民间故事主要以反映大海的神奇为主要内容，具有浓郁的海岛特色。长海民间故事以淳朴的艺术形象及纯真的感情色彩表达了朴素的生活哲理和美好的生活愿望，并从民间文学的角度，再现了海岛的开发史，也为历史学、语言学和地名学提供了丰富的研究资源。现收集整理的长海民间故事主要包括神话、各种风物传说及传奇故事共250余段，以反映海洋生物与人的关系为特点，以赞美生活中真、善或讥讽丑、恶为核心，语言风趣、幽默，寓意深刻，有较强的欣赏、警示意义。其中，有"将军石""万年船""上马石""鹰嘴石""哭娘顶""江佬背江婆"等海岛风物传说，"娘娘送灯""马老祖""孔雀仙子""仙女湖""龙分水""套着金箍的虾枪""长山群岛驴当表"等奇闻趣事传说，"梭鱼""海马""海带""乌贼""海上过龙兵""胖头鱼折寿"等海洋生物传说，"端午节风俗故事""海岛渔村婚俗故事"等渔家习俗传说，其中流传最为久远、影响最为广泛的是有关海神娘娘和马老祖的传说。

在长海民间故事中，风物传说占有较大比重，反映了千百年来海岛人民对邪恶的憎恨，对美好生活的向往和对光明、正义的追求以及对大自然的认识。长海民间故事通常事件小、篇幅短、枝节少，故事新奇，听起来有味，讲起来方便，尤其在文化不发达的年代里，人们在茶余饭后，听上几段故事，既消磨时间，也消除疲劳和烦闷，增强生活乐趣。

长海民间故事主要通过家族讲述和邻里交流两种方式传承。前者如王氏传承谱系，其祖母王苏氏（1891—1975年），生前居住于长海县石城乡新民村邵家屯，1900年就从上辈老人那里学说民间故事，后传给孙子王吉忱。后者如张絮之，1991年故去，他生前居住于长海县石城乡新民村西南海屯；另一位善讲故事的姜文约生前居住于石城乡立炉屯。两位老人生前曾讲述过大量的长海民间故事，王吉忱也听过他们讲故事，并逐渐积累下来，再讲述给乡亲们听。

长海民间故事有传承证据的历史有近百年，在20世纪的50年代达到鼎盛时期，60—70年代故事的传承不再活跃，到了80年代特别是自90年代以来，随着会讲故事的老人的相继故去，长海民间故事的传承濒危。

长海民间故事被列为大连市第一批非物质文化遗产保护项目。

# 1. 大连的传说 [1]

有个穷小子，大家都叫他大海。有个苦丫头，人们叫她小妹。他俩相亲相爱，想法逃出老财东家。他俩来到一个山清水秀的地方，却没有种子来下种。大海抓过破褡裢，自言自语地说："褡裢啊，褡裢！财主的褡裢满满的，我的褡裢空空的。什么时候我们穷人的褡裢也装得满满的就好了。"说着说着，破褡裢忽然鼓了起来，只见一些金黄的苞米粒从褡裢口流了出来。大海不敢相信自己的眼睛，忙招呼小妹快来看。小妹一看高兴极了，连说："傻哥哥，这是宝褡裢哪！"她把褡裢紧紧地贴在心口上，嘴里连连祷告着："宝褡裢啊，宝褡裢！你可救了我们的命。"从此，小两口再也不为种子发愁了。只需说一声"种子"，那种子就会不断地从褡裢里流出来。他们过上了幸福的日子。老财东听说大海和小妹有个宝褡裢，立刻红了眼。他找到大海，将褡裢夺到手。大海和小妹抓住褡裢不放，一下子把褡裢挣断了。这时，只见大海和小妹各抓着半截褡裢，忽忽悠悠地向空中飞去。褡裢越来越大，褡裢的两头在空中变成两座大山。"轰隆"一声，大山落了下来，把老财东压在下面。两座高山连着一条窄长的陆地，中间环抱着一个大海湾，形成了一个褡裢形状的半岛。海湾里鱼虾多极了，山上长满了各种各样的果树，特别是苹果，漫山遍野，真是个鱼米水果之乡。从那以后，人们便在这块土地上开荒种地，生儿育女，日子越过越兴旺。大海和小妹呢，人们再也没有见到他们。有人说，在一个月明风清的夜晚，曾看到小两口在地里扶犁播种。

从此，人们把这个地方叫作"褡裢"，那个海湾就叫"褡裢湾"。后来叫的人多了，逐渐就叫成了今天的"大连"了。

# 2. 老虎滩的传说

关于老虎滩名字的由来，说法很多。有人说从前这里很荒凉，山上

---

大连市老虎滩公园的群虎雕塑（CFP供图）

有老虎；也有人说海边的山洞叫"老虎洞"，每到夜半涨潮时，海浪袭来，会发出虎啸一样的回声。

另有一则民间传说，流传很广：山上经常有一只猛虎下山伤人畜。有一天，龙王的女儿在山坡上采花，被恶虎叼跑。有一叫石槽的青年听到救命声，挥剑追赶，迫使恶虎丢下龙女逃跑。为了报答石槽救命之恩，龙女便与他结为夫妇。石槽想恶虎不除，百姓一天不得安宁，于是婚后第一天便要上山除虎。龙女告诉他，这恶虎是天上黑虎星下凡，只有用龙宫里的宝剑才能制服它。龙女回龙宫借宝剑。不想，在龙女离开当天，恶虎又下山伤人。石槽等不及宝剑，便用普通的剑与恶虎搏斗。他挥剑砍掉虎牙，落到海里，成了虎牙礁；又一把拽住老虎尾巴，甩到旅顺港湾，成了老虎尾；最后砍去半个虎头成了半拉山；虎身瘫在海边，成了老虎滩。石槽也伤重而死，变成礁石。龙女借宝剑回来，见丈夫已死，痛不欲生，卧在丈夫身边化成美人礁。

还有一个传说，说老虎滩的小渔村里有个打鱼为生的小伙子，他和同村一位长发妹青梅竹马地一起长大并相爱了。可是一天，附近的一个恶霸偶遇这位美丽的姑娘，顿时心生邪念，就派他豢养的一只老虎把姑娘抢走了。打鱼归来的年轻渔民发现长发妹不见了，不禁焦急万分。在村人的指点下，他带上斧头，连夜直奔恶霸家中，决心救回心爱的姑娘。在恶霸家门前的海滩上，年轻人遇到了那只猛虎的阻拦，于是与猛虎大战了三百回合，终于将老虎打死在那片浅海中，救回了长发妹。从此，年轻人和长发妹相亲相爱地生活在那个渔村。而那只死去的老虎呢，却化作了山石，附近的人们都把它叫作"老虎滩"。

## 3. 貔子窝的传说 [1]

貔子窝是辽东半岛黄海岸边的一个小镇，曾经是新金县（现普兰店）人民政府的所在地。现在，这里虽然已经更名为"皮口"，但貔子窝和貔子的一些传说，仍留在人们的记忆中。

早先，这里水深港阔，东老龙头和西老龙头拥抱着海中的牛眼坨，好似二龙戏珠，十分壮观，加上这海岸上有几家皮货商，便得名"皮口"。在一百年前，这西老龙头沿岸的丛林中常有一个神秘女子深更半夜来去匆匆，很少有人见过她。甲午年秋天，领兵打仗的宋庆进驻皮口，他闻听这件事，便要亲自去查看一番。

宋老帅身着民服，晚饭后在西老龙头一带的丛林中转来转去。他看看参天的大树，望望跟前那一片荒坟，断定那女子是精灵变的。就在这时，一个女子朝他走来。宋老帅借着月光，见这个女子长得苗条、秀气，脸面也挺和善，便叫住那女子，说："你是良家女子，还是精灵所变？如果你是良家女子，我送你回；你要是伤天害理的妖魔，就吃我一剑；你要是仙体就显原身。"话音刚落，那女子摇身一变成了一只猫头猫尾狐狸身的怪物，对宋老帅说："将军休怪，我本是大海里抓海耗子的，有几只海耗子窜上陆地，便紧追上岸。谁知，时间久了，迷失了路线回不了大海，只好化身女子在岸边转悠。"说着，流下了伤心的泪水。

宋老帅见眼前这像猫不是猫的野兽，又听了一番述说，便说："你在海里捉拿鼠害，如今到陆地上仍做你原先的本行吧。你把田里的耗子捉干净，那民众百姓才不会忘记你呢！"说到这里，宋老帅又想起了陆地上有猫，有黄貔子，都是捉鼠的能手，就说："你就叫貔子吧，和它们一道灭鼠。"那小兽点了点头，钻进老林子里不见了。

不久，西老龙头一带出现了不少洞穴，貔子就在那里安下了家。随着貔子的出现，皮

---

1　本篇讲述者：李成嘉，皮口帆布厂工人；采录者：毕文高，普兰店市干部。

口的地名就被"貔子窝"代替了。1965年，辽宁省人民政府发文登报，宣布将貔子窝恢复了原先的老地名——皮口。

## 4. 黑石礁的传说[1]

据说黑石礁原来叫"白石礁"。相传很早以前，白石礁是乌鱼住的地方。这地方海水像水晶一样透明，石礁白得像冰山一样闪光，住着长腿乌（鱼）。一年春天，鲨鱼在白石礁一带偷偷地游逛了一趟，馋得它直咽唾沫，只想鸠占鹊巢。这天早晨，长腿乌正站在礁石上瞭望，只见口子外雾气腾腾，料定有了情况，急忙命令大小子孙，严加防守。不久，鲨鱼打过来了，长腿乌带领大小乌鱼迎上前去，两家摆起阵势交起手来。双方大战了几个回合，鲨鱼越战越猛，长腿乌见势不妙，就命令大小乌鱼："孩儿们，使劲儿喝海水。"乌鱼们听了长腿乌的命令，就使劲儿喝起海水来。一会儿，海水少了；又过一会儿，海水快要干了。鲨鱼见势不妙，急忙逃窜。鲨鱼一跑，乌鱼们重新把水吐了出来，海水涨满了潮。

一连几天没有动静，长腿乌以为没事了，就让子孙们到近处游玩，自己仍然站在礁石上放哨。谁知，鲨鱼带领喽啰趁机偷袭来了。鲨鱼来势凶猛，一见乌鱼就咬，乌鱼死伤惨重。乌鱼们拼命地喝海水，可是因为数目少了，也没喝进多少，眼瞅着招架不住了。长腿乌一看不好，想到祖传的武器，就大声下令道："赶快放黑水！"大小乌鱼一听，就喷出一股股黑水来。顿时，海水昏暗起来了，起初是深蓝色的，后来变成了黑漆色。霎时间，上不见青天，下不见海底，鲨鱼们成了睁眼瞎，分不清哪是礁石哪是海水，阵营马上乱了套；路也找不到，死伤了一大半。乌鱼们拼命地喷黑水，鲨鱼大败。不久，潮退了，礁石露出来，鲨鱼都被搁浅在沙滩上渐渐干死了。第二天，云消雾散，海水依旧瓦蓝瓦蓝的，乌鱼们仍然在这里生息，只是白石礁已经变成了黑石礁。

## 5. 海洋岛神灯[2]

很久以前，山东黄河发了大水，两岸好几百个村庄全卷到大海里去了，死的人谁也数

---

1　本篇讲述者：夏雨田，大连市小平岛渔民；采录者：王建郁，辽宁美术出版社干部。

2　本篇讲述者：刘明恩、王绪亮；搜集整理者：徐延顺。

不清有多少。灾民中有 18 个人侥幸爬上一艘翻了个的大船，坐在朝天的船底上随波逐流，在海上漂了好多天，直到风平浪静。大家一同跳进海里，把船正过来，可是船上什么东西也没有了。就这么漂了七天六夜，18 个人已经饿死了 10 个，剩下的 8 个人也奄奄一息。当第 7 个夜晚来临的时候，海上刮起西北风，8 个可怜的灾民抱成一团等待着死亡。到了半夜，冷不丁有人叫起来："看啊，前面有一盏灯！" 这声音虽然很小，却唤起了同伴们求生的欲望。8 双眼睛直勾勾地盯着前方。啊！果然是一盏红灯，时而发出淡淡的红光，时而变成一团大火。这海上怎么会有灯火呢？前边肯定有人家！

红灯给绝望中的人们带来了希望。船顺风顺流，直往红灯处奔去。红灯渐渐暗了，灯光的后边映出黑乎乎的山影。红灯不见时，船已靠上了陆地。8 个绝处逢生的人冲着刚才闪着红光的地方磕了好几个响头。等到天亮一看，他们已置身一座美丽的小岛。小岛三面是山，环抱着蓝蓝的海湾，海湾里鱼虾成群，退潮的礁石上满是五颜六色的贝类：巴掌大的贻贝、碗口大的蛎子、拳头大的海螺，多得让人眼花缭乱。8 个饥饿的人顾不得欣赏，抓起活鱼就吃。他们走进岛里，只见山沟里生长着两个人都搂不过来的大树，林子里有叽叽喳喳的小鸟，山坡上有争芳斗艳的野花，简直就像进了仙境，可惜没有看到人家。8个光棍汉相依为命，在宝岛上住下。

几年以后，8个光棍都娶了媳妇，有了儿女。他们的媳妇从哪而来？据说是东海龙王最小的女儿青龙公主同情他们，一再向父母求情，从水晶宫里选了8个姑娘送来。此后，男的下海打鱼，女的做饭织网，日子过得很舒心。他们不忘红灯救命之恩，总跟媳妇唠叨没完。有个快嘴的媳妇说："这事俺知道底细，是俺家老姑奶奶青龙公主送的红灯。这神灯原是镇海之宝——红宝石，青龙公主当年镇住鲨鱼精，造太平湾的时候特意向龙王要来的。这座海岛，就是青龙公主变的。"

8户人家感谢青龙公主，就在龙口屯左侧山嘴修了座海神娘娘庙，后来又把娘娘庙挪到了盐场沟，把那块白天看上去发红、晚上看上去发光的巨石叫"红石"，也称为"老娘娘的神灯"。

## 6. 大门顶

大门顶为群礁，在长海县獐子岛南偏东 9.26 千米海域。原名"大莫顶"，为大门顶的谐音，因出海渔民归途望之如见家门之顶而得名。特别是渔民到山南打鱼，数月不回家一趟，每次回来航行到此，如同到家，感到格外亲切。于是，都叫它"大门顶"。渔民们还有一条约定俗成的规矩：凡渔船出海，一过大门顶，船上所有人员不论是叔伯爷们，还是亲弟胞兄，一律可以无拘无束，开玩笑，讲诨语，以消愁解闷。凡渔船回岛，一到大门顶，船上人员必须长幼有序，不可戏溜马哈，以正伦理道德。

民间传说大门顶是娘娘庙里那只神船模所化，以护佑海岛渔家平安。有一年闹海匪，从南方来了 20 条海匪船要抢劫獐子岛。当他们行驶到獐子岛以南海面时，只见前面有一条又高又大的战船停在海面上，严严实实地挡住了南洋口外。再看南洋山顶人山人海，人们手持渔叉、钢刀，喊声震天动地，吓得海匪急忙调转船头跑了。以后，海匪不死心，又来了两次，每次都看见南洋口外那条大船和人山人海的情景，每次都没敢靠岸。打那以后，海匪再也不敢来抢劫獐子岛了。后来传说有人看见再闹海匪时，海匪一跑，娘娘庙里的船模就湿乎乎地往下滴水，说是娘娘将其放在海里化作大门顶，显现成大船把守海口；山顶上的人山人海是娘娘用满山的松毛树幻化成的。于是，大门顶的传说越讲越奇，故事越传越远。

# 7. 石城岛的传说 [1]

长山群岛中的石城岛，岛上并没有城，那为什么叫石城呢？

传说很久以前，石城岛非常富裕。岛上土地肥沃，种庄稼打出的粮食吃不完；海边鱼虾菜蟹，各种海鲜捕不完、采不尽。岛子渔业兴旺，还造了一条能装 1000 石、撑 14 个大篷的商业运输船，每年奔波往来于丹东、大连、烟台和威海各港口。这个岛不光富饶美丽，还出美人，姑娘个个体态丰满，水灵灵的，远近闻名。

一年冬天，一伙海盗听说岛上富得流油，姑娘长得如花似玉，就起了歹心，开着三条大船要来岛上抢劫。

一天深夜，三条船朝岛子东边开过来。船上的海盗一个个贼眉鼠眼，望着越来越近的岛子暗影，打着他们的如意算盘。海盗准备登岸的时候，只见岛边银光闪闪；仔细看看，原来是一排排的大兵舰和大龙船，舰船上一门门大炮威风凛凛，杀气腾腾。这情景吓得海盗们大气不敢出，赶紧往回跑。船刚跑出不远，海盗往后一望，黑咕隆咚的什么也不见了。海盗头子不死心，怀疑刚才是看花了眼，又下令调转船头，朝岛的西面扑去。谁知，他们又看见银光闪闪的一排兵舰；船再往岛南开，兵舰就在岛南出现。一艘艘兵舰把岛子围得牢牢的，像铜墙铁壁、海上堡垒。海盗们吓得心惊胆战，调转船头逃跑了。

第二天早上，岛上打更的老人把夜晚发生的事对大伙一说，全岛一片欢腾，纷纷聚集到岛的西北面海滩上。这里有座海神娘娘的石像，老辈人都说那是个渔家后生从龙宫里捧回来的。石像被安放在一个石塔里，为了海神娘娘来往方便，人们在塔顶的四周檐边挂满了用木头雕刻成的龙船、兵舰。大家来到石塔跟前一看，都惊呆了：那龙船、兵舰都水淋淋的，好像刚从水里捞出来的一样，还"吧嗒、吧嗒"往下滴水呢。大家一看全明白了，海盗不敢上岸，原来是海神娘娘用这些龙船、兵舰给吓跑的。

事后，人们把岛子起名叫"石城岛"，意为有海神娘娘保护着，岛子像座石头城，谁也别想打进来。那一天，正是农历正月十三。全岛各家各户都扎起了海灯，插上金蜡，写上祝语，披红挂绿来到海边。等那明晃晃的月亮从海中升起，滩头上鞭炮齐鸣，千家海灯竞相争辉，带着渔家人美好的愿望，为海神娘娘祝福。从那以后，石城岛每年正月十三放海灯，一直延续到今天。

---

1　本篇讲述者：姚洪发。

## 8. 营口鼋神庙的传说

在营口市委大院西墙外(站前区菜市里),以前这里有座庙宇,叫鼋神庙。鼋者鳖之属,大者称鼋,小者为鳖。当年为何修建一座祭祀鼋鱼的庙宇? 这要从一段神话说起。传说辽河入海口那片水域,早年有对虾精,船家每当经过此处都要焚香烧纸,顶礼膜拜,同时把大罐烧酒洒向大海,祈求庇护平安。

有一年春天,正逢鱼汛旺季,无数渔船在捕鱼捞虾。突然间,天昏地暗,风雨大作,白浪滔天。惊恐中的渔民远远望到海口处阴云密布,浊浪翻滚。两只虾精竖起像船桅杆一样高的虾枪,在与一只大王八精鏖战。它们各逞所能,一方呼风唤雨,掀起巨大的浪头;一方驱雷催电,降下瓢泼大雨。过了三天,风平了,浪静了。船家看到只剩下一只虾精还孤单单地守护在那里。获胜的王八精从海口进入辽河,在营口的后河沿作汀扎窝。从此,辽河年年泛滥一次,每次吞掉营口几尺宽的陆地。照此下去,用不了几年,半个营口将没入河底。居民们无奈,只好捐钱修了这座鼋神庙,视王八精为河神,春秋两季祭祀。时人有鉴于"王八"之称不雅,就命名为"鼋神"。说来也怪,自从鼋神庙盖起来以后,辽河似乎安静了。这就是营口鼋神庙的由来。

其实,辽河后来不再泛滥,并不是王八精吃了供品后显灵保佑,而是人们为了防止辽河继续冲走南岸的土地,在牛家屯辽河转弯处用大木船罩上铁笼子,内装大块石头深入河底,修了三座逼激流移到河心的水利工程。同时,顺河岸打了钢、木及混凝土板桩,又用块石砌筑护坡。从此,辽河水按人的意志流入大海,不再危害营口了。

## 9. 望儿山的传说

位于辽东半岛腹地有座古城名曰"熊岳"。古城东北之隅有一平地拔起、孤兀子立的山峰,峰巅竖一青砖古塔,远远望去,宛如一位慈母在极目远眺。这便是被誉为"天下第一拜母圣地"的望儿山。关于其名字由来,还有着一个催人泪下的传说。

相传很久以前,熊岳一带本是一片汪洋大海,望儿山乃是这海上近陆的一座荒凉孤岛。岛上居住着一位苦寡女人和其儿子。他们原本住在京城,其丈夫曾在朝为官,经常参与朝廷决策,敢于为民请命,颇为当朝天子所赏识。然而不幸的是,他后来竟遭奸臣妒忌而被陷害,被判满门抄斩。此时恰逢这女人身怀六甲,所幸在其夫的一位同僚故友冒死相助之下，方得以连夜逃离京城。她搭船远渡，在海上漂荡数日，水尽粮绝，最终被海浪推至此地，遂登上荒岛落脚谋生。翌年春月，她便生下了这个儿子。

从此，母子二人相依为命，过着极为清贫的日子。母亲十分疼爱儿子，一心盼望儿子勤奋读书，将来学业有成。儿子长大后乘船赴京赶考去了。母亲昼耕夜织如常，等候儿子归来。时间一天天逝去，母亲掐指算来，已是数月有余，却无儿子半点音讯。母亲不免着急，天天到海边或登岛顶遥望。年复一年，春秋几多，仍不见儿子踪影。母亲终日拄着拐杖，沿着通往岛顶的石径爬上爬下，如此四季轮回，直至一日再也下不了山来。母亲饭不思咽、夜不成眠，日夜哭泣，一任春日旱风吹乱其发髻，一任夏时暴日晒黑其脸颊，一任秋季酷霜染白其眉鬓，一任冬月冰雪冻彻其弱身，凄哀大焉。母亲哭得海退成田，哭得发白如雪，直把眼泪哭干，眼睛望穿。终于有一天，年迈的母亲不再哭泣。只见她手持木杖，迎风立于崖顶，竟巍然不动，而目光依然朝向大海的方向，肉身化成了一尊石像。大地被其伟大的母爱所感动，将其洒下的血泪化作一股股地下温泉。乡亲们也为其伟大的母爱所感动，将其身躯移至岛下安葬，而在其立身之处建起一座砖塔。因远望此塔尤似一位老母伫立山头目视远方，遂将此山称作"望儿山"，以示纪念。

## 10. 鲅鱼圈的传说

相传很久以前，鲅鱼圈是个小渔村，海岸不是像现在这样的月牙形，而是一条直线。传说一位王子乘船在海上游玩时，遇到海风翻了船，王子和随从全部掉进海里。就在他们生命奄奄一息的一刻，美丽善良的鲅鱼公主出现了，救出了王子和所有随从。

鲅鱼公主率领鲅鱼托起王子的船，向王子的家乡驶去。王子坐在船上拿起手中笛子，吹着一曲曲优美的旋律，满海的鲅鱼也随着笛声发出有节奏的声音，仿佛在歌唱。鲅鱼公主在海里翩翩起舞，海面、天空、大船、公主和王子，形成了一幅美妙绝伦的画面。公主和王子相爱了，并约定在八月十五那天在海边相聚成亲。

王子回宫后向国王提及与鲅鱼公主的婚事，遭到国王的坚决反对。几番争执后，王子被国王关押起来。

等到八月十五那天，满海的鲅鱼黑压压地出现在海面上，一个个朝着岸上张着圆嘴，非常兴奋，因为鲅鱼公主就要和王子成亲了。然而，从清晨到夜晚，王子始终没有出现。鲅鱼公主伤心绝望地流下了眼泪。这时，王子的一个随从出现了，他手中拿着王子的笛子并告诉鲅鱼公主事情的真相。原来，王子被国王关押以后，终日思念鲅鱼公主，不言不语，只顾着吹笛子，笛声中满是伤悲之音，最终王子郁郁而终。临死前，王子托他的随从将手中的笛子送给鲅鱼公主。

鲅鱼公主听说整个事情的真相后，悲伤欲绝。她拿起王子的笛子吹了起来，满海的鲅鱼沸腾了，发出一阵阵排山倒海般的怪叫，仿佛在痛恨国王的狠心与顽固。所有鲅鱼都在向岸上冲撞，还"咯吱咯吱"地吞吃海岸线，表示对国王的不满。渐渐地，海岸被鱼儿们啃去了一大块，形成了一个月牙形的海湾，而鲅鱼公主一刻不停地吹着王子的笛子，终于用尽最后一口气力……人们为了纪念鲅鱼公主和王子凄美的爱情，将王子经过的这个地方命名为"鲅鱼圈"，而被鱼儿啃成月牙形的海湾又叫"月牙湾"。此后，每年的八月十五，满海的鲅鱼都会聚集在海面上，发出阵阵怪叫，它们是在怀念鲅鱼公主和王子。

## 11. 红海滩的传说

在渤海湾有个美丽的蛤蜊岗，蛤蜊岗上有个美丽的文蛤姑娘。一天，文蛤姑娘凫水来到了岸畔，和一个当地的青年相好成婚。可这却犯了水族戒律，龙王一怒，即派虾兵蟹将将她捉拿回府。青年一看，急忙上前拽住文蛤姑娘衣袖。在领军的指示下，一个楞巴[1]捕快手起刀落，把她的衣袖

---

1 楞巴：即黄颡鱼。

红海滩风景区

斩断，同时，划破了姑娘和青年手臂。只见殷红的血滴落在漫漫的盐碱滩涂。日后楞巴一年一死，那是人们对它这奴才的诅咒。这血，是两个人忠贞爱情的融合；这血，日后升华为殷殷的、漫漫的红海滩。

再说文蛤姑娘回岗后，天天面北饮泣、度日如年。好在她已经怀有身孕，这也是她活下去的唯一缘由。日后，她和青年的结晶——那美丽的文蛤就遍布岗坨。这就是盘锦的红海滩和盘锦的文蛤的由来。

## 12. 锦州笔架山的传说

锦州的笔架山，由于三峰列峙，中峰高而两侧峰低，形如笔架，所以叫"笔架山"。又因在涨潮时四面皆水，潮退时在海岸与山麓之间，现出状如长堤的石滩，被称作"天桥"，故而也称"天桥山"。对于这个"天桥"的成因，有个神奇的传说。

传说在很早以前，灵霄宫的中元仙子和下元仙子，早就听说人间的中元节十分热闹，就想下到凡间游玩。上元仙子见他俩下凡心切，就说："你们去玩吧，我来看守炼丹炉。"中元和下元两位仙子便兴高采烈地来到人间。他们驾着祥云在大地上空漫游，发现在临近大海的一处地方，有笔架状的三座山峰，苍翠葱茏，非常秀美，就按下祥云降落在人间。

这时，他们才发现这三座联体山峰离海岸还有一段距离。人们无法登山游玩，更没有办法到山上放牧或砍柴。问及这里的百姓，他们都说笔架山是座宝山，可是人只能望山兴叹，根本无法上山。当时这里还没有船只，百姓不会划船过海。两位仙子就商量为大家做件好事：建一座坝桥，将笔架山与海岸连接起来，为人间造福。他们运足了气力，轮流吹气，将附近的沙石吹聚到一起，以便形成一条长长的坝堤。当他们各吹到三口气时，惊动了盘踞在这里的恶龙。

这条恶龙经常绕着笔架山巡回游玩，两位仙子吹成的坝堤挡住了恶龙的通道，于是它就兴风作浪。仙子吹高一截，恶龙就用海浪冲毁一截。后来两位仙子邀来金翅大鹏助战，共同对付恶龙，终于战败恶龙。但遗憾的是，中元、下元二位仙子和金翅大鹏，见日薄西山，不能久留，只好匆匆回天庭。这座未完工的坝堤，在涨潮时就被海水淹没，而在落潮时，又能现出海面供人们行走。这就是今天的"天桥"。

## 13. 葫芦岛的传说

葫芦岛是半岛，伸向辽东湾内，因头小尾大，中部稍狭，状如葫芦而得名。该半岛西与秦皇岛港相对，东与营口港遥遥相望；港口朝南，港阔水深，夏避风浪，冬季结冰微薄，是我国北方理想的不冻良港。半岛历史悠久，历尽沧桑。关于这个半岛的来历，还有一段美丽的传说。

相传很早以前，辽东湾有个兴风作浪的蛇怪，渔民出海打鱼常常是有去无回。人们对这个妖怪又恨又怕，可光着急没有办法。有一年春天，铁拐李把自己的宝葫芦籽交给一个叫王生的渔民，告诉他：当这个宝葫芦长成时，用中指画多大圈，宝葫芦就会变多大，拿着它可以降妖除怪。

经过王生九九八十一天的精心侍弄，葫芦籽果真长出一个溜光的大葫芦来。一天，蛇怪跑到宝葫芦旁，一口将宝葫芦吞下。说时迟那时快。王生一个箭步冲过去，爬进蛇怪嘴里，一把抓住宝葫芦并从蛇肚里拽了出来。他举起宝葫芦，随着"刷"的一声，王生只觉得脚下无根，耳边生风，宝葫芦带着他腾上空中，接着又翻身落下，正好把大蛇怪压在海底。这蛇怪尸体太大，有五里长，二里宽，横在海湾上。王生咬破手指，绕着蛇怪用中指画了个大葫芦。顿时，海面风平浪静，海湾出现了一个葫芦形的美丽半岛。

## 14. 虹螺女的传说

传说在很早以前，虹螺山一带是一片汪洋大海，统称"渤海湾"。

渤海湾水域有个渤海王，是个荒淫无度、贪恋女色的家伙。有一天，他在海底水乡闲游，无意中发现了虹螺古镇螺王之女。虹螺女正和妹妹虹螺秀观赏海底春光，渤海王隐藏在一棵珊瑚树后面，偷偷地看着姐妹俩。渤海王惊喜地发现，这虹螺女竟然是如此美貌，真可谓天姿国色。淫心顿起的渤海王迫不及待地上前欲调戏虹螺女。虹螺女毫不畏惧，厉声怒斥渤海王。渤海王没想到小小的虹螺女竟然不从，恼羞成怒，上前欲捉住她。虹螺女急转身投入螺壳，向海底逃去。渤海王气急败坏地回身要抓虹螺秀，虹螺秀也早已钻进螺壳飞游回府，向螺王禀报。

渤海王见事情败露，怒气难消，命令旱魃王将海水倒退四十余里，使海底世界裸露出来，从此虹螺古镇一带变成了陆地。虹螺女不幸搁浅，落在一座山上，这里被称为"虹螺山"。

　　虹螺女离开了大海，身处高山。她口渴难耐，已经奄奄一息。这一天，有个名叫毛二的放羊小伙子来山头观光，忽然发现了这只还没有完全死去的大海螺，便把海螺带回家中。毛母见海螺生命垂危，甚是可怜，便对毛二说，想让海螺活下来，必须用海水喂养才行。毛二急忙把海螺放入大盆中，立即拎着水桶去海边提海水浇灌海螺，海螺才渐渐苏醒了。毛二天天提水不止，一直到七七四十九天，海螺已经会在盆中旋转起来了。毛二母子非常高兴，一颗悬着的心这才放下。

　　后来虹螺女与毛二结为夫妻，过着恩爱的日子。一天，虹螺女在梳妆台梳妆，正赶上王八精在海边大礁石上晒盖，无意中发现虹螺女映在水中的倩影。它连滚带爬回到海中禀报了渤海王。渤海王得知消息，马上派王八精和蟹精上山捉拿虹螺女。第二日，虹螺女来到梳妆台。她刚欲梳头，不料被藏在旁边的王八精和蟹精捉住。王八精对虹螺女说："你要想不死，就老老实实回到海中伺候渤海王，你将有享不尽的荣华富贵。否则，就把你绑在这里，暴晒七七四十九日，把你变成肉干，这家人也没好下场！"

　　虹螺女为救毛二只好跟着两个妖精走，途中突然一纵身，跳下了悬崖。两精没想到虹螺女会如此刚烈地跳崖自尽。无奈之下，它们只得回去禀报渤海王。虹螺女却被道姑所救，并跟道姑习武。三年过后，虹螺女已练就一身武艺。下山途中，她又遇到了王八精和蟹精。虹螺女抽出宝剑，把蟹精劈得身分两处，一半留在当地，后称"半拉山"；另一半崩到了海中，远看像笔架，后人称为"笔架山"。她又把王八精摔成了王八盖山。虹螺女急忙往家里赶，寻找毛二母子俩。刚走不远，遇到了望海法师从中作梗。渤海王不见王八精和蟹精回来，却见望海法师书信，得知虹螺女还活在山上，立即又派旱魃王出海，令她吸干女儿河水，并在虹螺山一带驱云扫雨。

　　虹螺女见到了毛二母子，一家人团聚，正喜气洋洋时，忽然感到天气异常炎热。没几天，女儿河水干涸了，河床裸露，大地龟裂，满山遍野树枯草萎，禾苗干焦，所有水井都见了底。当地百姓干渴难忍，连日在龙王庙跪拜求雨，只听得一片哭喊，哀声动地。

　　虹螺女见此情景，知道又是自己连累了百姓，不禁心如刀绞。她想，要使百姓得雨，只有一法，那就是违背龙廷之规，用自己的护身宝壳去海中舀水布云行雨。但螺壳只要用一次便永无防身之力了。她思来想去，为了救乡亲，决定冒险行雨，即使为此而献出生命，她也在所不惜。于是，虹螺女向毛二要得螺壳，立即去海中取水。她昼夜不停地往返于海边和虹螺山顶，用螺壳布云行雨，不到三日，果然大雨滂沱。时至今日，还有"虹螺山顶云戴帽，不过三日雨来到"的民谚呢。

虹螺女与旱魃王一场恶战，最后旱魃王化为灰烬，虹螺女化为一道红光，飞上了天空。百姓正在呼唤虹螺女，忽见一支羽翎笔从天空飘然落下，直飞落到乌金塘附近的山顶上，后人也称此山为"笔架山"。人们极目遥望那彩虹，隐隐约约可见四句诗："湖水如镜满山间，和尚帽子少半边。乌金鲤鱼跳龙门，笔架山下重相见。"

## 15. 觉华岛（原菊花岛）的传说

相传在 1000 多年前，有位名叫觉华的僧人带着两个徒弟，驾着一叶扁舟从南洋入渤海，漂泊到此。只见岛上古树参天，怪石嶙峋，百花争艳，彩蝶飞舞，百鸟齐鸣；岛外海浪澎湃，山花烂漫而馨香，海鸟啼鸣而翱翔，诚有"蝉噪林愈静，鸟鸣山更幽"之妙，令人心旷神怡，宠辱皆忘，师徒三人便居住下来。觉华出资建了一座金碧辉煌的九脊重檐歇山大殿——大龙宫寺，专修佛事。随后，岛上碑碣林立，塔幢参列，人烟繁盛，成为闻名遐迩的佛教胜地。金代诗人王寂《觉华岛》《留题觉华岛龙宫寺》中"云奔雾涌白浪卷，一叶掀备洪涛中""平生点检江山好，我自龙宫觉华岛""四顾鲸波翼宝岩，玻璃环押青螺髻""夜凉海月耿不寐，几欲举手扪天星"和清代诗人和瑛的"碧海真如画，蓬壶隔水崖，波澜成雉蝶，精凿隐人家。时放桃花棹，堪寻菊谷花，何当乘跻往，绝顶隐流霞"都是赞美菊花岛的，其迷人的自然风光便可见一斑。

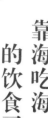

## 1. 海参进补

大连人有一个传统，那就是从冬至开始进补身体，最常见的就是吃海参。海参从冬至这一天的早晨开始吃，直到"交九"结束，共吃 81 天。冬季人体消耗的热量、糖比较多，需要补充大量蛋白质和微量元素。而冬至开始到"交九"结束这段时期正是一年中最冷的时候，适宜进补，大连人也就自然靠海补参喽。

## 2. 长海渔家特色美食

长海县美食可以划分为九大类，有的是长海所独有的，有的在其他地方也存在，不过味觉上却各有特点。

鱼叶面：这是渔家待客的特色饭食。鱼为大棒鱼，叶为地瓜叶，面为手擀面，吃起来口感筋道、味道鲜美。"上船饺子下船面"，海岛人好客，客人一下船就要吃鱼叶面，意味着用面条缠住脚，留住客人。

疙瘩汤：把面疙瘩在开水锅煮至八分熟，下海蛎子，再下紫菜。其特点是味道鲜美，滑溜可口。

海麻线丸子：用春季初生的嫩海麻线洗净剁碎，伴以肥肉丁、海蛎肉和少许粗面，团成球形，蒸熟。其特点是香鲜细嫩，为海菜佳肴。

生吃海鲜：以辣根或生姜佐料蘸之，食其原汁原味，奇鲜无比。生吃鱼类品种有牙鲆、三文鱼等，贝类品种有赤贝、栉江珧、紫石房蛤、各种扇贝等，对虾及鹰爪虾也常用来生吃。各种生吃海鲜中，"生鱼片"历史久远，并由最初的生吃牙鲆扩大到其他鱼类。

炒海蜇：一种吃法是将活海蜇上锅火燿，去水成朵，伴鱼炒；一种吃法是将海蜇皮与肉同炒，其口感和味道俱佳。

焖杂拌儿鱼：这大概是大连百姓吃得最多的一种美食了。一般用黄鱼、黑鱼、条鳎、鲇鱼、辫子鱼等同锅酱焖，各种鲜味混杂，好看又可口。

鱼豆腐：多用鳐鱼或鲇鱼炖豆腐，鱼嫩、豆腐鲜、汁黏稠，为特色菜肴之一，味道殊美。

龙须冻：用龙须菜上锅慢火熬制，成粥状时放入蛎肉和薄豆腐片，出锅冷却，切割成块。其特点是绿白相间，滑腻鲜美，为佐酒美味。

咸鱼饼子：为配套食品，也是大连的主要美食之一，分装两盘。咸鱼多为咸鲅鱼、咸鳝鱼、咸偏口鱼，有干蒸、油炸等做法；饼子一般为发面饼子、油炸饼子，切成条状。饼子就咸鱼，主食副食兼备，口味恰到好处，极具渔家饮食特点。

# 3. 大连老菜

大连老菜盛行于 20 世纪的七八十年代，以鲁菜为基础，以海鲜为特色。大连人大部分是从山东过来的，所以大连菜受胶东菜的影响很大。以海鲜为特色，则是由大连三面环海、一面环山的地理特点决定。大连海水温度偏低、盐度偏高。长年生活在这种低温、周年温差大、高盐度的海水中，海产品的生长速度相对放缓，营养成分积累较为丰富，从而产生独特的鲜味来。比如，被李时珍赞为"品质极佳"的大连刺参以及大连鲍鱼等海产品，与南方同类产品味道不同。大连的黄鱼、黑鱼、梭鱼、牙片鱼、小嘴鱼、黄花鱼、大头宝等鱼类，夏夷贝、大对虾、花蚬子、沙蚬子、毛蚬子、白蚬子等贝类以及花盖蟹、赤甲红等大连蟹，都成为大连老菜的食材。大连老菜共有 1000 多种，而目前经常出现在市民餐桌上的也有 400 多种，其中大连海鲜就占据了一半。大连老菜以腌渍和爆炒为特点，代表菜品有熘肝尖、糖醋黄花鱼、红烧海参、爆大虾、溜肥肠、老醋蛰头和溜鱼片。

牟传仁是大连老菜最著名的厨师。他出生在山东福山，19 岁时随着闯关东的人流，坐着"小汽排子"来到大连。在一个亲戚的帮助下，牟传仁进入当时的大连饭店。1983 年，牟传仁赴北京参加"全国烹饪名师技术表演鉴定会"，以"鸡锤海参""橘子大虾""鲜贝原鲍"和"红鲷戏珠"四道菜荣获"全国优秀厨师"称号，受到了党和国家领导人的接见。这四道菜列入了国宴菜，编入了《中国名菜集》《辽宁名筵》。牟传仁精心开发的虾肉水饺被誉为"天下第一饺"，远销日本、西欧等国际市场；他被中国烹饪协会授予"中国餐饮业功勋人物"称号，被评为全国劳动模范、国家特一级厨师、全国烹饪大师；他主厨的群英楼饭店是大连较有影响的饭店之一。"牟传仁"这个名字几乎成了大连老菜的代名词。他只用盐、酱油、味精、醋、白糖、料酒几种基本调味品，保证菜品的鲜美。

## 与海生死相依的贝丘墓

### 1. 古盖州贝丘墓

古时盖州流行着一种丧葬习俗，就是以贝壳为主要材料来筑墓。这风俗大约始自新石器时代滨海居住的先民。他们用牡蛎、海螺、蛤子、沙海螂、锈凹螺、鲍鱼、海帽等海产贝壳为主要材料砌墓，除就地取材方便、来源众多外，也是沿海人们生于斯死于斯的丧葬风俗。古盖州的汉代贝壳墓早于砖室墓，大约出现在汉武帝时，延续到东汉初，后期与绳纹砖室墓并存。古盖州的贝壳墓绝大部分都是单纯的以土圹贝壳加木椁砌筑的墓。个例发现有石块铺底，上铺贝壳的贝石墓。早期的均为单人单室墓，晚期的以夫妻双人单室墓为主。前期的贝壳墓都分布在盖州城南大清河两岸，目前已发现的有农民村、光荣村墓群及城北墓群等。出土的随葬品以彩绘陶器居多，以红、白、绿彩绘制的海浪纹有其典型的地方特点。晚期的贝壳墓多分布于盖州城以南的鲅鱼圈一带，如芦屯镇北李屯、望海寨芹菜洼汉墓群等。

于园子遗址位于鲅鱼圈区熊岳镇于园子村东岗上。该遗址往南 1 里是熊岳河，向西 7 里为辽东湾，向东 9 里是熊岳镇，北部为大片耕地。黄土质岗下埋藏战国遗址，原高出四周农田数米，现基本平整，遗址面积达 5 万平方米。1983 年，村民在居住区内挖土打坯时，发现贝丘墓一座。

### 2. 大连汉墓贝丘墓

西汉时期，大连地区也普遍盛行一种"积贝为墓"的墓葬形制，即于木椁与竖穴墓圹之间和椁之上下，填充以牡蛎等贝壳，使盛殓尸身的方形木椁。为厚达数十厘米的贝壳层形成的墓壁紧密包裹。用贝壳筑墓，旨在防御潮湿，意在使尸身不朽。考古资料表明，大连地区这种墓葬形制，至西汉中、晚期达到极盛，墓室规模的扩大和随葬器物种类、数量的增多是其主要特点。社会上广泛实行的以贝壳筑墓的风气，使贝壳的需求量急剧增加，因此，先秦时期贝丘墓遗址中的贝壳及其当时废弃的

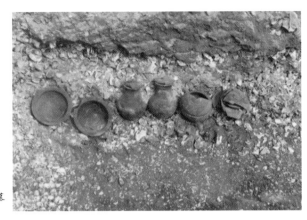

大连旅顺大潘家西汉贝墓

瓦片，曾被作为汉代贝墓建筑材料的补充资源加以利用。西汉至东汉前期，随着青砖的出现和广泛使用，大连地区的墓葬结构才逐渐完成了由贝砖合筑到整体砖室墓的转变。今大连地区已发现的汉墓葬贝丘墓有：甘井子区贝丘墓遗址、驿城堡村乔家屯汉贝墓、崔家村马山贝墓等。

第八章

名人逸事
永垂青史

　　辽河大地，历史悠久，蕴含着深厚的文化底蕴，自古以来，造就了很多名人，可谓是人杰地灵，名人辈出。

　　穿过历史烟云，回望他们的背影，令人感怀不已。他们当中有一方儒士，布衣蔬食，不改其乐，开坛讲学，"讲诗书、陈俎豆，饰威仪，明礼让"，传播了中原文化，对辽东地区文化产生重要影响；他们中有封疆大吏，操守高尚，保境安民，修缮城池，加强海防，创立卫所，大兴屯田，功绩卓著；他们中有的人负命而来，平定叛乱，整饬军务，"皆树伟绩，东人感慕不忘"；他们中有的人筹海兴市，带来近代工业文明，设立电信局，开海军医院，兴水师学堂，建造导航灯塔，开辟市区街路，构建现代城市格局。正是他们，留下故事佳话，让人们缅怀传颂，永载史册。

海港夕阳（仝开健供图）

# 1. 张伯路

张伯路，东汉辽东人，农民起义军领袖。东汉永初三年（109 年）七月，张伯路率领三千余人，自称将军，"冠赤帻，服绛衣"，攻打滨海九郡，杀二千石令长。由于汉安帝派兵镇压，起义暂时偃旗息鼓。

东汉永初四年（110 年），张伯路与平原义军刘文河、周文光部复合，再次起事。自东而西，攻城略地，势力更加壮大。但因寡不敌众，张伯路率军退至辽东海岛。一年后，由于缺乏粮食而返东莱，再次被汉朝军队击败。失败后，张伯路二次返回辽东，最终被辽东人李久杀害。

张伯路所领导的起义历时三年，起义军转战山东登莱沿海及辽南沿海地区，对辽南地区产生了重大影响。

# 2. 邴原、管宁、王烈

邴原、管宁，北海朱虚（今山东安丘市）人。邴原年少时与管宁都以操守高尚闻名，州府征召都推辞不就。王烈，山东平原人，少时曾师从陈寔，当时的名声甚至超过邴原、管宁二人。

汉末黄巾军起义，天下大乱。邴原、管宁听说辽东太守公孙度"令行于海外"，于是和王烈等人来到辽东，公孙度腾空了馆舍来招待他们。

邴原在辽东，一年之中投靠他的百姓达上百家，"游学之士，教授之声，不绝"。

管宁在见过公孙度之后，选择在山谷中搭草棚居住。当时来辽东的人都住在靠近中原的郡南，而管宁则选择郡北，以示不再回到中原之意。后来越来越多的人投靠他，管宁热心教育，给流民讲述诗书礼仪。

王烈则在辽东亲自耕种，布衣蔬食，不改其乐，当地的人都十分尊敬他，"奉之若君"。

邴原、管宁等人在辽东开坛讲学，"讲诗书、陈俎豆，饰威仪，明礼让"，传播了中原文化，对辽东地区文化产生重要影响。

### 3. 鞠彭

鞠彭，西晋东莱（今山东掖县）太守。后赵将领曹嶷征讨青州，在东莱与鞠彭展开战争。曹嶷的军队虽强，但郡民都为鞠彭拼命死战，曹嶷不能取胜。

鞠彭为避免使百姓陷入战乱，于晋元帝太兴二年（319 年），率乡里千余户约五六千人渡过渤海来到辽东，投奔平州（今辽宁辽阳）刺史崔毖。但此时崔毖已经失败，鞠彭等人便归附慕容廆。慕容廆让鞠彭参与龙骧军事。

鞠彭所带领的百姓便留居在今大连南部地区。这些移民开垦荒地，重建废弃的城堡，使得大连地区的社会经济逐渐恢复，特别是海运事业得以复苏。

### 4. 王齐、徐孟

西晋"八王之乱"以后，鲜卑族的慕容部落逐渐发展，在慕容廆、慕容皝父子时期，先后击败东面的高句丽和西面的赵王石虎，建立起北方最大的割据政权。慕容氏部落注意学习汉族的先进文化，并奉晋朝为正朔，称臣于晋。

东晋希望维持对辽东的控制。东晋咸和九年（334 年）八月，晋成帝派遣侍御史王齐去辽东祭奠慕容廆，又派遣徐孟册封慕容皝。王齐、徐孟率船队自晋都建康（今南京）出发，经陆路至登州，然后向西渡海北上，在马石津（今旅顺口）登陆，再经陆路北上平州（今辽宁辽阳）。在册封途中，二人曾被慕容氏的另一首领慕容仁囚禁。

东晋咸康元年（335 年），王、徐二人获释，秘密由海路经棘城（今锦州义县）北上，册封前燕慕容皝为镇东大将军，平州刺史，大单于，辽东公。完成册封使命以后，二人于同年九月返回建康。从此之后，王、徐"船下马石津"的记载不绝于史。

### 5. 来护儿

来护儿，字崇善，江都（今江苏扬州）人。幼年即诡诈，"好立奇节"。隋朝平陈之役，来护儿有功，进位上开府。后来跟随杨素攻打高智慧，因功升任大将军，任泉州刺史。隋仁寿三年（603年），改任瀛洲刺史，赐爵黄县公。隋炀帝继位后，来护儿担任右骁卫大将军，深得隋炀帝器重。几年后，又转任右翊卫大将军。

来护儿曾两次随隋炀帝参加收复东北之战。隋大业八年（612年）正月，隋炀帝派几路军队攻打高句丽。来护儿为平壤道行军总管，率领楼船驶向沧海（即东海），进入浿水（今朝鲜大同江），在距平壤60里的地方与高句丽军队相遇。来护儿不畏强敌，主动发动攻击，取得大胜。来护儿乘胜直逼平壤城下，破其外城，由于受到高句丽军队的伏击而退却。后来得知宇文述等人也兵败，只好班师回朝。

隋大业十年（614年）八月，隋炀帝再次发兵攻打高句丽。来护儿率领水军在都里镇（今旅顺）登陆，发兵攻打卑奢城（今金州大黑山城）。高句丽举国来战，来护儿大败高句丽军队，"斩首千余级"。此战之后，来护儿本想率领隋军海陆并进，直逼平壤。后因高句丽国王请降，为隋炀帝所许，来护儿不得不奉召回朝。

来护儿后来担任左翊卫大将军，进位开府仪同三司。在江都之难中，被宇文化及所杀害。

## 6. 张亮

张亮，河南郑州荥阳人，唐初名将、政治家。早年他家境比较贫穷，"以农为业"。隋末时投奔李密的瓦岗军，任骠骑将军。唐武德元年（618年），张亮跟随徐勣降唐，任郑州刺史。后由于房玄龄等人的推荐，秦王李世民召其入天策府，任车骑将军。在玄武门之变前夕，他受命去洛阳，密结山东豪杰以备政局之变。李世民即位后，张亮任右卫将军、封长平郡公；唐贞观十四年（640年），任工部尚书；贞观十五年（641年），任刑部尚书，参与朝政。

唐太宗欲征讨高句丽，张亮屡次劝谏不被采纳，于是他请求亲自出征。唐贞观十九年（645年）二月，张亮以平壤道行军大总管之职，率领5万军马、战船500艘由登莱渡海，在旅顺、大连湾登陆，先攻占牧羊城，后攻克卑沙城（大黑山城）等10城。在攻打卑沙城之战中，卑沙城地势险要，"四面悬绝，唯西门可上"。程名振带兵夜至，副总管王大度先登，于五月攻克城池，俘获男女八千人。此战为最后收复辽东打下了基础。

唐贞观二十年（646年），张亮被告发图谋不轨，被定为死罪，并被处斩。实际上，张亮欲谋反并无充分证据，应为蒙冤而死，后来唐太宗曾表示追悔之意。

## 7. 薛仁贵

薛仁贵

薛仁贵，名礼，字仁贵，以字行世。唐朝绛州龙门（今山西河津）人，"少贫贱，以田为业"。唐贞观十九年（645年），唐太宗下令远征高句丽，薛仁贵投军于张士贵部下。三月，唐军进攻辽东安地，郎将刘君昂被敌军围困。薛仁贵驰马救援刘君昂，斩敌将首级，系在马鞍上，震慑敌军，由此知名。

同年六月，唐军攻下盖牟、辽东、白岩三城，于七月进兵至安市城（今辽宁海城南）。高句丽莫离支派遣将领高延寿等率领25万大军前来救援。唐太宗亲自指挥与高句丽军大战于安市城外。薛仁贵身着白色盔甲，腰佩双弓，手握方天画戟，冲锋陷阵，勇冠三军。高句丽军大溃，被斩首2万余人。唐太宗见之大喜，拜薛仁贵为游击将军。后来由于战事不利，唐军不得不撤退。军队还朝后，唐太宗曾说"朕不喜得辽东，喜得卿也"，表达了对薛仁贵的喜爱。

唐显庆二年（657年），薛仁贵被派遣出征辽东。先在贵端城（今辽宁浑河一带）和横山（今辽宁辽阳华表山）与高句丽军队作战，又在黑山与契丹军队大战，都取得了胜利，被封为左武卫将军。唐乾封元年（666年），趁高句丽内讧之机，唐朝再次出征。薛仁贵曾破金山大阵、攻下扶余城，战功卓著，并受到唐高宗的手敕慰劳。唐总章元年（668年），唐朝在平壤设立安东都护府，以薛仁贵为安东都护。唐弘道元年（683年），薛仁贵病逝，终年七十岁。在他死后，朝廷追封其为左骁卫大将军、幽州都督，还特别制造灵舆，护送其遗体还归故里。

## 8. 崔忻

崔忻，唐朝官员。唐先天二年（713年），崔忻以郎将摄鸿胪卿的身份，任宣劳靺鞨使。崔忻从长安出发，经陆路至登州（今山东蓬莱），又乘船至鸭绿江，然后溯江而上行至神州（今吉林临江镇），最后经陆路到达震国都城旧国（今吉林敦化附近）。唐朝中央政府册封震国国王、粟末靺鞨首领大祚荣为左骁卫大将军、渤海郡王，以其所辖地为忽汗州，又令大祚荣加授忽汗州都督。至此，震国不再有靺鞨国号，而专称"渤海国"，大祚荣即为渤海国之祖。

唐开元二年（714年），崔忻在返唐途中，路经都里镇（今旅顺）黄金山时凿井两口，并刻石记验。其石题记为"敕持节宣劳靺鞨使鸿胪卿崔忻井两口永为记验开元二年五月十八日"。鸿胪井刻石是唐朝中央政府与东北地方部族政权交往的历史佐证，证明渤海政权是臣属于唐朝中央政府的地方政权，具有重要的文物价值。日俄战争后，该石刻为日本人所窃据，现藏于日本皇宫。国内所存为拓片，陈列于旅顺博物馆内。

## 9. 高永昌

高永昌，东京渤海（今辽宁辽阳）人，曾任辽朝东京留守府裨将。辽天庆六年（1116年），高永昌趁女真连破辽军、建立金王朝之机，率渤海人民及其戍卒，杀死辽朝守将萧保光，占领东京。高永昌自称大渤海王，国号"大元"，建元隆基，"旬日之间，远近响应，有兵八千"，随后占据了辽东五十余州。

高永昌为抵抗辽军，曾与金朝进行谈判，但金朝不允许其称帝之举，出兵攻打。因与金军作战屡次失败，高永昌不得不派人向金军求和，愿意取消帝号。但金军表面同意，却收买高永昌的部将作为内应，迎金军进入东京。东京失守后，高永昌率五千人退至盖平长松岛（今长兴岛），最后遇害于东京。

高永昌死后，其部将率领群众继续与金朝展开斗争，转战于辽南的金州、复州一带。曾在碧流河两岸，与金军展开激烈斗争，最终为金军所灭。

## 10. 张成

张成，湖北蕲州（今湖北蕲春县）人。元至元十二年（1275年）内附元朝，至元十六年（1279年）诏选精锐军士赴京师充当侍卫。至元十八年（1281年），以新附军百户，参加征讨日本的战争，立有战功。在其南征北战的二十年中，屡建战功。

元至元十八年（1286年），张成"携妻孥辎重"，跟随都元帅阿八赤，到水达达地面（即黑龙江、松花江下游一带）屯田镇守。至元二十四年（1287年），到达黑龙江东北极边地，屯田扎营。张成所率军队，与当地女真、蒙古等族人民一道，为开发东北做出了很大贡献。至元三十年（1293年），张成率所属部队至金州、复州，并为新附军万户府屯田，镇守海隘。七月到达金州，在金州城东北，双山、沙河以西屯田，并在此定居。张成于次年去世，终年69岁。

元至正八年（1348年），张成的重孙将其灵柩迁至金州城沙河东，立碑曰"皇元故敦武校尉管军上百户张成墓碑铭"。该碑记述了张成一生的经历，在若干史实上，对《元史》有所补充，极具文物价值。该碑由日本人岩间德也于1925年发现，现藏于旅顺博物馆。

## 11. 陈佑、关先生

陈佑，元末红巾军淮安起义军首领。元至正十一年（1351年），以刘福通为首的红巾军起义爆发。刘福通的部将陈佑率部"自登州渡海"，一度攻陷金州。不久，起义军被辽阳行省元军击败，返回山东。

关先生，原名关铎，元末北方红巾军将领。元至正十七年（1357年），红巾军北伐。关先生、破头潘（潘诚）率中路军攻占开平，沿全宁、大宁、懿州进入辽东，并于至正十九年（1359年）攻下辽阳及海、盖、复、金等州，基本控制了辽南地区。在此期间，红巾军曾数次向辽西进兵，但均遭失败。

元至正二十一（1361年），中路红巾军在关先生、破头潘等将领的率领下，进入高丽境内，一度攻占高丽王都开京（今朝鲜开城），高丽随后调集大军与红巾军展开激战。第二年，关先生等人战死，破头潘则为元将高家奴击败。至元二十三年（1363年），中路红巾军余部被元将孛罗帖木儿等人击溃，最终失败。

陈佑、关先生等所率领的红巾军虽然失败了，但牵制了元朝的力量，为明军进入东北、摧毁元朝残余势力做出了重要贡献。

## 12. 刘益

刘益，曾任元朝辽阳行省平章。明洪武初年，明军北征，兵力主要集中在辽西、漠北。朱元璋对辽东元朝残余势力实行招抚政策。在朱元璋政策的感召下，明洪武三年（1370年）九月，驻兵于复州得利寺的刘益为减少民众伤亡，决心归附大明，但要求明朝廷确保辽东居民留居原地不被迁徙，其爱民之心可彰。在得到明确的承诺之后，刘益于同年冬，"以辽东州郡地图，并籍其兵马钱粮之数"，派人上表归顺明朝。至此，辽东半岛的金、复、海、盖等地都不战而归属于明朝。

明朝中央政府于明洪武四年（1371年）在得利赢城（今辽宁复县东北得利寺山城）设置辽东指挥使司，任命刘益为辽东指挥使司指挥同知，这为明朝统治辽东之始。刘益归顺明朝和辽东卫的设立，为明军自海上进入东北腹地打开了大门。刘益识大体、顺应历史潮流之举，是难能可贵的。同年，原已降明的元朝将领洪保保等人发动叛乱，刘益被杀害。

## 13. 韦富、王胜

韦富，湖北黄冈人。元至正二十一年（1361年）归附朱元璋，因功升任指挥同知。明初与王胜随马云、叶旺进入辽东，金州卫建立之后，二人担任金州卫指挥使。

明洪武八年（1375年）十二月，元朝将领纳哈出率领3万军队袭击金州。当时的金州城并未完工。在得到军情后，韦富、王胜命令将未完成的城墙用木栅堵塞，"督士卒分守诸门"。在敌军登城之时，二人下令城上军民用瓶装"恶沸汁"从城上扔下，凡沾染者"无不糜烂"。在金州城保卫战中，他们率金州城军民击退了元军多次进攻，坚守达3个月之久。

在元军撤退后，韦富、王胜又率精兵出城，活捉元将霭喇呼，并乘胜追击，使元军大败而退。在击退元军之后，二人继续修缮城池，加强海防，创立卫所，大兴屯田，功绩卓著。

## 14. 纳哈出

纳哈出，蒙古贵族，成吉思汗开国功臣木华黎的后代。元朝末年，曾出任太平路（今安徽当涂）万户。元至正十五年（1355年），纳哈出在朱元璋攻克太平时被俘。朱元璋待之甚厚，释放其北归。

明军攻占大都后，纳哈出拥兵20余万，坐镇金山（今吉林省怀德），企图恢复元朝统治，成为明朝统一东北北部地区的严重阻碍。纳哈出曾多次拒绝朱元璋的招抚，并不断侵犯辽南地区。

为加强辽东地区的军事力量，朱元璋任命马云、叶旺为都指挥使，率兵自山东渡海到辽东，以阻击纳哈出的南犯。明洪武八年（1375年）冬，纳哈出率3万军队南下攻打金州，围城3个月后被金州军民击败。当元军撤退至盖州时，被马云、叶旺率明军全歼，纳哈出只身逃脱。

明洪武二十年（1387年）正月，朱元璋任命冯胜为大将军，率领20万军队出征东北北部。在明军强大的军事压力下，纳哈出最终下决心投降明朝，朱元璋封其为海西侯，并将纳哈出所率的20余万部众全部迁往关内安置。

明军征服纳哈出，消灭了割据东北实力最强的地方势力，是对元朝残余势力的一次重大打击，为明朝统一东北创造了有利条件。1388年，纳哈出跟随傅友德出征云南，途中死于武昌，后葬于南京。

## 15.张赫、朱寿、吴桢

张赫，安徽临淮人。早年率众跟随朱元璋起义，授千户，因战功升为万户。后随从征讨张士诚，屡挫张士诚军。明洪武元年（1368年），升任福州卫都指挥副使，受命署都指挥使司事。在其任内，与倭寇作战，"所捕倭不可胜计"，曾在琉球大洋取得大捷，因功擢升大都督府金事。

朱寿，任万户，随朱元璋大军渡江南下，因战功晋升为总官。收复常州、婺州，攻克武昌，平定苏州、湖州，积功封为横海卫指挥，晋升为都督金事。

吴桢，安徽定远人。明朝初年，帮助其兄吴良镇守江阴，败张士诚、讨陈友谅、伐陈友定，战功卓著。因生前征讨琉球有功，被追封为海国公。

张赫、朱寿、吴桢均为明初辽东海运糟粮的主持者。辽东漕运艰难，军粮无法保证，令朱元璋深为忧虑。因张赫熟悉海道，就命令他主持海运事宜。张赫等人往来辽东12年，督江、浙边海卫军大舟百余艘，运粮数十万石，使军粮赖以无缺，为明军收复辽东提供了保障。三人则因功分别被封为航海侯、舳舻侯和靖海侯。

## 16.刘江

刘江，江苏宿迁人。本名"刘荣"，用其父名"刘江"代父从军，转战南北，屡立战功，由总旗逐渐升迁为左都督、辽东总兵官。

刘江镇守辽东，正是倭寇屡次来犯侵扰之时。为防范倭寇，刘江经常乘船巡察金州、复州等处沿海，并在沿海多地修筑烽火台，派兵驻守瞭望，以防倭寇入侵。在视察金州时，刘江得知倭寇入侵常经过望海埚（今大连市金州区亮甲店乡金顶村），便在此处建石城，设置烽火台，把望海埚变成一座有明军把守的海防要塞。

明永乐十七年（1419 年）六月十四日，望海埚负责瞭望的士兵报告海上有倭寇前来侵犯的迹象，刘江迅速作出部署。次日清晨，千余名倭寇分乘 30 余艘兵船，直扑望海埚而来。正当倭寇上岸欲抢掠之时，才发现已经中了刘江的埋伏。明军两翼包抄，奋起冲杀。经过约 10 个小时的激战，明军大败倭寇，一举将其全歼。此后百余年，倭寇不敢再侵犯辽东。

因望海埚大捷，朝廷封刘江为广宁伯，食禄 1200 石，赐予世券，此时他才改回原名。1420 年，刘江去世，明廷追封他为广宁侯，赐"忠武"谥号。

## 17. 李鸿章

李鸿章

李鸿章，安徽合肥人，淮军创始人和统帅、洋务运动的主要倡导者之一，为清同治、光绪年间的朝中重臣。曾代表清政府签订了《马关条约》《中法简明条约》《旅大租地条约》等，为"晚清四大名臣"之一。

李鸿章同曾国藩等推动洋务运动，怀有用西方科技文明改造中国的愿望和"海疆自强，权舆于是"的观念，集中建树于创建北洋水师和开创近代军事工业。

进入近代以来，中国经历了鸦片战争、中法马江之战和日本侵台事件，触目惊心的严酷现实，使朝野上下受到前所未有的强烈震撼。清政府在"创巨痛深"中开始反思教训，引发了一场轰轰烈烈的宫廷"海防大讨论"，影响着中国社会和海防的发展历程，具有里程碑的意义。

在这场大讨论中，李鸿章担当着主角。他提出："居今日而欲整顿海防，舍变法与用人，别无下手之方。"其"变法"，主要是指改革旧式军事制度，建立新式海、陆军；所谓"用人"，指要吸取西方模式培养新式军事人才。

"海防大讨论"后，光绪皇帝提出"惩前毖后，大治水师"。不久成立了"海军衙门"，中国有了正式体制的国家海军。由光绪皇帝生父、奕譞出任总理海军大臣，李鸿章出任会办海军大臣，具体掌管海军和海防建设大业之权柄，也使李鸿章的洋务运动得以实现，北洋水师步入了最佳发展时期。1888 年 10 月，在李鸿章的苦心营办下，慈禧太后批准颁行《北

北洋舰队旗帜

洋海军章程》，标志北洋海军正式组建成军，中国近代海军和海防事业发展达到了辉煌顶点。当时，中国海军作战舰艇的总吨位达到 4 万多吨，一度跃居海军世界大国的行列，在亚洲地区则是首屈一指。

李鸿章于 1881 年 10 月亲率官员登上旅顺的黄金山和白玉山察看地势，认为"旅顺建筑军港，为战舰收缩重地""常往大连湾巡泊，兼以屏蔽奉省"。经过 10 年苦心经营，耗银 300 万余两，建成旅顺军港，结束了中国"有舰无港"的局面。大连成为北洋水师的主要根据地之一。每次从国外接来新舰，都在大连湾试航与训练。根据《北洋海军章程》，朝廷每 3 年校阅一次海军，也在大连湾进行。

根据李鸿章的决定，1887—1890 年间建造旅顺大船坞。费时 3 年，耗银 139.35 万两，在旅顺东港建成了"远东第一大石坞"，实现了旅顺军港的军舰、港口、船坞、仓库系列配套。值得指出：旅顺大船坞至今仍然是一个功能俱全、业务繁忙的现代船坞。

李鸿章自 1881 年起，亲自来大连巡视达 8 次之多。1894 年 5 月的大连海上校阅盛况

北洋水师"靖远"舰

李鸿章与西方海军军官合影

空前，慈禧亲自部署校阅事宜，御令征调南洋水师、北洋水师、广东水师及大沽所属 21 艘战舰，在大连湾实施变阵操练、鱼雷攻击和火炮齐射等演习，并派奕譞亲王率领众大臣出海校阅，还邀请英国、法国、俄国、日本诸国率舰前来观摩。这是一次准备充分、组织严密的操演，也是清朝海军兵力显示的一次"绝唱"。

随着一个近代海军军港的建立，旅顺成为李鸿章推动洋务运动的前沿，把近代工业文明带进大连，使大连最早引入自来水，设立电信局、海军医院、水师学堂，建造老虎尾灯塔，开辟旅顺市区 5 条大街，构建了旅顺城市的雏形。

## 18. 袁保龄

袁保龄，字子久，又名陆龛。1841 年出生于河南省项城县，为漕运总督袁甲三次子，袁保恒同父异母兄弟。1862 年中举人。

1881 年，李鸿章以"北洋佐理需才"为由，奏请获批将袁保龄调到天津，委办北洋海防营务。1882 年，袁保龄接替黄瑞兰出任旅顺港务工程总办，身兼军政二职。清光绪八年（1882 年）十月，袁保龄到达旅顺港，开始了其督办旅顺建港的工作。期间，他忠于职守，秉公办事，锐意改组，起用英才，撤裁贪庸之官，妥善处理各方面矛盾，积极协调上下、中外关系，大胆采用西方先进技术建港修坞，并亲自勘察港口地形，调查原海防装备，制定新的建设规划；袁保龄力求节俭，筹集建设资金，聘请专家，广召工匠，修炮台、固大坝、建工厂、造码头、办医院、开设电报局，获得了地方政府和旅顺驻军的理解和信任，确保了旅顺建港工程保质按时完工，受到朝廷表彰。除此之外，他还为旅顺人民做了不少好事，如教民养蚕纺织、举办学堂等，促进了旅顺经济发展和民众开化，赢得了旅顺民众的支持和爱戴。

1884 年，李鸿章巡阅旅顺口，赞赏道："旅顺炮台营垒坚固可守，全赖保龄督饬之力。"

后因身体每况愈下，袁保龄多次禀辞退养治病，都被急需海防人才的李鸿章慰留。1890 年 7 月，刚刚 48 岁的袁保龄终因病情延误，不幸病故于任上。清政府比照军营积病故例优恤，授其次政大夫，晋封光禄大夫，赠内阁学士，列入国史列传。有《阁学公诗稿》传世。

## 19. 宋三好

宋三好，绰号"宋大刀"，籍贯山东。他为人正直豪爽，处事多谋善断，兼有一身武功。清同治初年，曾与高希田（高禄子）在金州貔子窝组织过"锄捐抗税"斗争。为躲避清廷缉捕，宋三好于清同治三年（1864 年）到大孤山谋生。此间，大东沟至大孤山沿海一带已成为木材集散地。地方官吏与地主豪绅借机相互勾结，对采木工人和商户进行敲诈剥削，苛捐杂税沉重。同治十二年（1873 年），为反对当局的横征暴敛，各木商招募壮丁，推举宋三好为首领，群起抗捐税。是年，宋三好率众将盘踞大东沟垄断木材经营的恶霸宓老八击败，声威大振。起义军势力很快控制大东沟、北井子、大孤山，并与海洋岛起义军首领高希田联合控制大东沟沿海通道。起义军占领大东沟后，宋三好即与各木商约定，不购买停泊在大东沟的木材。仅月余，港口木材便堆积如山，使靠敲诈剥削、中饱私囊的地方贪官污吏断了财源。

清同治十三年(1874 年)，凤凰城守尉同吉率清兵攻击宋三好领导的起义军。几次出击，都被宋三好设下的伏兵击退。宋三好还发布宣言要攻下凤凰城。清光绪元年（1875 年）四月，清廷又从直隶调来重兵围剿起义军。面对强敌压境，宋三好从容自若，他采取"三道分扰，以相牵制"的战术，亲自统领本部人马筑木城坚守大东沟。五月十七日，当清军舰船在大东沟口将要靠岸时，宋三好指挥炮兵将其击退。清军用重炮轰击西边岗防线，又将木城击毁。为保存实力，宋三好率领起义军沿江北撤，意与北路高希田汇合。途中获悉高希田阵亡，遂转移宽甸红石砬子。在红石砬子，宋三好率领 800 名将士据险而扼，奋勇抗击四面八方包围上来的清军，一直战斗到弹尽粮绝。宋三好等 30 余名将士被俘后，被押解于盛京（今沈阳）杀害。

# 20．邓世昌

邓世昌，1849 年生于广东省番禺市，少年时跟随经商的父亲游历沿海城市。他见到上海黄浦江内停靠的全是外国轮船，长驱直入我江河如走"内湖"，萌发了强烈的爱国思想和忧患意识。他毅然放弃了科举应试和经商致富的坦途，于 14 岁时报考了福建船政学堂，成为学堂第一届驾驶班的学生，誓为国家海防奉献人生。

邓世昌在学堂苦学 5 年，各门考核屡列优等。由于学业优秀，有西学底蕴，治事精勤，素质出众，被李鸿章认为是"不易得之才"而选调入北洋水师。他历任"海东云""振威""镇北""扬威""致远"等军舰的管带（舰长）20 多年，被授予花翎提督衔记名总兵（将军）。他严格训练、赏罚分明；爱护部属，身先士卒；以海为家、公而忘私，勤于研究兵书战法，一心扑在海军事业上。

邓世昌精通外语，娴熟航海，在海军里享有"驾船如驾马，鸣炮如鸣镝"的赞誉。1879 年和 1887 年，他两次从英国接舰回国，首创中国海军自己驾驶军舰航经大西洋、地中海、苏伊士运河、印度洋、西太平洋、南海，到达旅顺港的航海史。

旅顺港、大连湾是北洋水师的主要锚地，邓世昌长年随舰在这里驻泊、训练、维修和休假。大连湾畔的"海之韵"到黄白嘴这一带，昔日是荒野丛林，只有几户"筑室而居、渔猎为生"的百姓，后来成为邓世昌等水师官兵休闲狩猎和谈论国事的地方。他走遍大连市区上的街道和陆地的乡间小道，视大连为"第二故乡"。

1894 年，爆发了中日黄海大战。大连湾是北洋水师黄海大战的出发港。9 月 16 日，邓世昌驾驶着舰锚上携带着大连乡土的"致远"号，悄然驶离大三山水道。军舰上的官兵们向黄白嘴信号台发完了最后一个信号，拉响汽笛告别台子山、大三山岛、和尚岛、大孤山、棒槌岛，消失在茫茫黑夜之中，再也没有回来……

在黄海大战中，面对敌人的攻击，邓世昌始终挺立在"致远"舰指挥台上，冲锋在前，英勇作战。当旗舰"定远"号被日舰击伤，燃起大火时，他为了吸引火力，指挥"致远"号掩护旗舰，陷入重围，遭受 4 艘日舰围攻。"致远"号中弹累累，舱室损漏。在舰损弹尽的危难时刻，邓世昌决心撞击敌舰、与敌同沉。他甩辫高呼："我们从军卫国，早置生死于度外，今日虽死，而海军声威俱在，是报国之时也。"他以大无畏的民族气概，亲自操舵全速向敌"吉野"舰冲去，不幸中弹引发爆炸，"致远"号殉国沉没。

邓世昌落水后，推开四周难友送来的救生圈，叱呵衔其臂膀和头发拼力救援的爱犬，誓与军舰、官兵同存亡；他毅然按溺义犬同沉大海。名将殒灭，山海哭泣，朝野震悼。光绪皇帝赐予他"壮节公"谥号，还御笔亲撰祭文和碑文，悼念这位民族英雄"伏波横海，具折冲千里之威；劲草疾风，标烈士百年之节""沉沧波而不悔，矢舍命以全忠"。邓世昌的英名凝结着国魂、军魂、民族魂，将永远铭刻在中国人民的心里。

在黄海大战中，"致远"号是一艘英雄的军舰，舰长邓世昌是一位民族英雄，是"甲午"阴霾中一颗闪耀的明星。大连是邓世昌生活、战斗的地方，也是他最后告别的乡土和战斗殉难地。为永远铭记邓世昌的浩气和乡情，在大连英雄公园的英烈墙上，镶嵌着邓世昌手持宝剑、怒视敌寇的全身雕像。

## 21. 林永升

林永升，字钟卿。1853年出生于福建省侯官县。1867年考入福州船政学堂，学习航海驾驶。1871年，分派到"建威"练船实习。1875年，调赴"扬武"练船，任船政学堂教习，奖补千总。1876年冬，他与刘步蟾、林泰曾、方伯谦、严宗光、叶祖珪等一起，由福州船政学堂派赴国外学习。1877年，入英国海军学校，学习战阵方法，在校成绩屡列优等。翌年，林永升被派登英国铁甲舰见习，巡历地中海各洋面，阅历大增。

1887年8月，北洋海军接回在英国和德国船厂订造的"致远""靖远""经远""来远"4艘战舰。是年9月，北洋舰队正式成军，林永升任"经远"舰管带。1889年，海军衙门成立，北洋舰队设左翼左营副将，由林永升署理。1891年，李鸿章到威海检阅北洋舰队，以林永升"办海军出力"，升保副将，补缺后升用总兵。翌年，实授中军右营副将。

林永升为人淳厚善良，"性和易，与人接，惟恐伤其意"，对部属关怀备至。北洋舰队初建时，用洋员为总教习，对士兵的处罚采用残酷的肉刑，而林永升则反对肉刑，他认为当长官者应以身作则，言传身教，以其"待士卒有恩，未尝于众前斥辱人，故其部曲感之深，咸乐为之死也"。

1894年9月17日，北洋舰队与日本联合舰队相遇于黄海，双方展开激战。早在黄海大战之前，林永升即"先期督历士卒，昕夕操练，讲求战守之术，以大义晓谕部下员弁士兵，闻者成为感动"。临战时，林永升下令"尽去船舱木梯"，并"将龙旗悬于桅头"，以示誓死奋战。

海战过程中，"经远"舰在日军"吉野"等4舰的围攻下，中弹甚多，"船群甫离，火势陡发"。林永升指

大连黑岛林永升塑像

挥"经远"舰"奋勇摧敌"。尽管敌我力量相差悬殊，全舰将士"发炮以攻敌，激水以救火，依然井井有条"。"吉野"等4艘日舰死死咬住"经远"舰，"先以鱼雷，继以丛弹"。"经远"舰以一敌四，毫无畏惧，"拒战良久"。正当激战之际，林永升突然发现一艘敌舰中弹受伤，遂下令"鼓轮追之，欲击使沉"。日舰依仗势众，以排炮猛攻"经远"舰。林永升不幸"突中炮弹，脑裂阵亡"。"经远"舰因受伤过重，于庄河黑岛海面老人石东部沉没。9月18日，庄河渔民在老人石礁上救起16名"经远"舰幸存官兵。

林永升阵亡后，清政府以其在海战中"争先猛进，死事最烈"，照提督例从优议恤，并追赠太子少保，满朝上下及海军将士无不深为痛惜。他爱国爱民的崇高精神，深深地感动了海战场附近海岸的人民。甲午海战后，海战场附近人民在黑岛（今庄河市黑岛镇境内）西阳官庙前曾建一座庙（后被拆除），专门供奉林永升。1994年春，黑岛镇人民政府集资，在鳌头山前坡修筑了一座壮观的爱国将领林永升塑像，为后人瞻仰。同年9月，中共大连市委、大连市人民政府将林永升塑像列为大连市爱国主义教育基地。1998年8月，中共大连市委、大连市人民政府在大连英雄纪念公园为林永升建立塑像，褒扬他为反抗帝国主义侵略英勇战斗的爱国精神。

## 22. 刘步蟾

刘步蟾，字子香。1852年出生于福建省侯官县。1867年，考入福州船政学堂。他"学习驾驶、枪炮诸术，勤勉精进，试迭冠曹偶""卒业试第一"。1872年，"会考闽、广驾驶生，复冠其曹"。1874年，擢充"建威"舰管带。

1875 年秋，总理船政局正监督法国人日意格回国，沈葆桢派刘步蟾随赴英国和法国考察，研习枪炮、水雷。1876 年春，他从国外归来，荐保都司。1877 年，被派赴英国留学。1879 年，刘步蟾经英国海军部考试，获优等文凭。归国后，留职北洋，派充"镇北"炮舰管带。期间，他与林泰曾共同研讨，将留学心得写成题为《西洋兵船炮台操法大略》的条陈，上于直隶总督李鸿章，提出中国发展海军"最上策，非拥铁甲等船自成数军决胜海上，不足臻以战为守之妙"，主张扩充海军力量，积极防御外敌入侵。1882 年，李鸿章派刘步蟾等 11 人赴德国协驾"定远"等舰，并资练习。1885 年，他督带"定远"等舰回国，派充"定远"舰管带，授参将。不久，升副将。

1888 年 9 月，北洋舰队正式成军。在筹建过程中，刘步蟾劬劳从事，"一切规划，多出其手"。由于他"才明识远，饶有干略"，对创建北洋舰队卓有贡献，因此被任命为右翼总兵兼旗舰"定远"管带。

1894 年甲午战争爆发。9 月 17 日，黄海海战中，刘步蟾乘坐的"定远"舰冲锋在前，对日本联合舰队造成很大的威胁，并连创其"比睿""赤诚""西京丸"诸舰，击毙"赤诚"舰长海军少佐坂原八太郎。当时，提督丁汝昌正在飞桥上督战，身负重伤，刘步蟾代为督战，表现尤为出色。在刘步蟾的指挥下，"镇远"舰"各将拼死抵御，不稍退避，敌弹霰集，每船臻伤千余处，火焚数次，一面救火，一面抵敌"。经水兵们奋力扑救，终将烈火扑灭，避免了一场灾难。在此危急时刻，刘步蟾英勇果断，以熟练的航行技巧，"指挥进退，时刻变换，敌炮不能取准"。全舰将士上下一心，勇摧强敌，始终巍然屹立。"定远"舰的水手们有口皆碑："刘船主有胆量，有能耐，水手也没有一个孬种！"下午 3 点 30 分前后，当"定远"舰与日军旗舰"松岛"相距大约 2000 米时，"定远"舰发射的 305 毫米口径炮弹击中了"松岛"舰要害，日军死伤 100 余人。"定远"越战越勇，而日舰多受重创，仓皇遁逃。

黄海海战后，北洋舰队受伤战舰先驶入旅顺船坞修理，随后驶回威海。丁汝昌离舰养伤，刘步蟾代理提督。刘步蟾

北洋海军刘公岛海军公所

积极贯彻丁汝昌提出的"及时纾力增备"的正确方针，其为人时刻以国事为重。当朝廷下令将丁汝昌逮京问罪之际，他毅然会同各舰管带发出公电，肯定了丁汝昌"表率水军，联旱营，布置威海水陆一切"的抗敌行为，并据理力争，请求朝廷"收回成命"，准许丁汝昌"暂留本任"。于是，丁汝昌免被逮捕，稳定了威海的局势。

1895年2月5日凌晨3时30分，日军鱼雷艇从南口进威海港偷袭，"定远"舰中雷进水，势将沉没。在这千钧一发之际，刘步蟾沉着勇毅，断然下令砍断锚链，将舰驶到刘公岛搁浅，作水上炮台使用，以继续发挥保卫刘公岛的作用。连日来，"定远"舰配合其他各舰，先后击退日军8次进攻。到2月10日，舰上储备的弹药全部打光，不能再战。为使战舰不落入敌手，刘步蟾下令炸沉"定远"号。在炸舰的当天夜里，他毅然自杀殉国，做到了"船亡与亡，志节懍然"。

李鸿章得知刘步蟾殉国的消息，始悟当日"面争之，语为不虚也"。有人评论刘步蟾说："公自束发习海军数十年，衽席风涛，远涉重洋，不避艰险，而胆识才干亦屡经磨炼而长进。"

## 23. 徐邦道

徐邦道，名金锡，字剑农，号邦道。1837年出生于四川涪州（今四川省涪陵县）一个武道世家。徐邦道自幼习武，1855年投楚军，参与镇压太平军；1862年，设计解除太平军将领石达开的涪州之围，论功晋升为副将。次年春天，他奉命驰援陕西汉中，获赐号"冠勇巴图鲁"。1867年，相继辗转于沧州、徐州、陕西镇压捻军、回民起义。1880年，调驻天津军粮城；1889年，官至正定镇总兵。

甲午战争前的旅顺黄金山炮台

旅顺黄金山炮台遗址（今貌）

1894 年 7 月，甲午战争爆发。日军攻占九连城和安东（今丹东）后，大举向辽南进犯。由于原旅顺守将宋庆调防九连城，李鸿章令姜桂题守旅顺，檄徐邦道助防。9 月 15 日，徐邦道率军乘船到旅顺；9 月 26 日，赴大连湾增防，驻守徐家山炮台。10 月 24 日，日军 1 万余人从庄河花园口登陆，11 月 3 日，进犯至金州东部一带。徐邦道向诸将提出建议："金州是旅、大（大连湾）的咽喉，如果金州失守，旅大难保。应当分兵往援金州，以巩固旅顺后路。"但因为"诸将互不统属，统领于战局坐视不问"，他的建议没人响应，只好孤军作战，自己率领新募的拱卫军步兵三营和马队、炮队各 1 营赴金州东部石门子御敌。

11 月 5 日，日军第二军第 1 师团第 1 旅团长乃木希典组织两个大队的人马，向徐邦道拱卫军阵地发起攻击。面对来势凶猛的敌军，他指挥将士凭筑据守，奋勇反击，打响了自 10 月 24 日侵华日军从花园口登陆后清军抗击的第一枪。徐邦道率部与日军激战，伤亡很重，但阵地仍坚守无恙。后因兵力相差悬殊，金州失陷，徐邦道率部退守旅顺。

11 月 7 日，日军侵占大连湾后，又乘势进犯旅顺口。旅顺守将龚照玙贪生怕死，听到金州失守的消息后，以请援为借口逃往天津。徐邦道对此十分气愤，他以救国为重，不顾金州受挫、军士疲惫等困难，决定在日军进犯的必经之路上组织伏击。11 月 15 日拂晓，他

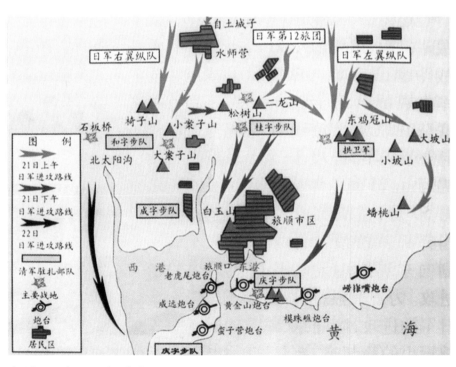

清军与日军旅顺口之战示意图

率部开往土城子一带进行埋伏。中午，在土城子南同日军搜索骑兵相遇，他指挥将士打退了日军。

11 月 17 日，徐邦道会同旅顺守将姜桂题、程允和所部马步兵 5000 人，再赴旅顺以北阻击日军。11 月 18 日上午 10 时，在土城子包围了日军骑兵搜索队、步兵第三联队第三中队等部；日军骑兵浅川敏靖大尉被击伤，步兵中尉中满德次被击毙，日军冲出重围退往双台沟。徐邦道率军追击到信台子，架起 4 门行营炮向日军射击，日军伤亡 80 余人，继续向营城子方向逃窜。徐邦道下令追击逃敌，日军来不及收拾尸体和运走伤员，便仓皇北逃。

徐邦道指挥的土城子反击战，是甲午战争爆发以来清军最重大的胜利，沉重地打击了日军的嚣张气焰。但是，由于没有后续部队接应，加上将士们与强敌激战了一天，他只得下令退守旅顺。

11 月 21 日，日军向旅顺发起进攻，徐邦道率领拱卫军负责守卫鸡冠山炮台。当日军进犯时，他身先士卒，指挥部下顽强抵抗，激战一小时，击毙了日军毛冈正贞少佐及士兵多人，拼死守住阵地。日军集中了 100 多门火炮，向清军阵地分排轰击，后相继攻占了鸡冠山西部阵地。徐邦道孤军难守，被迫率领部队退回城区。午后，日军陆、海两路夹击，突入市区。他率部在白云山麓和日军展开激战，将士们不屈不挠，与日军一直战至深夜，死伤惨重。当夜，他率残部突围北上与宋庆会合。第二天，旅顺陷落。

旅顺失守后，徐邦道被清廷诏令撤职留任。1895 年 1 月 5 日，宋庆令徐邦道守盖平，不久移守牛庄。日军突然攻打盖平，徐邦道回援盖平未克，退守营口。2 月 21 日，清军第四次反攻海城，徐邦道率军进攻大平山，与马玉昆合力击退日军，不久清军又败退。徐邦道又协助湘军李光久、吴大澂，率军在牛庄、田庄台等地继续抗击日军。7 月 5 日，他病殁于军中，终年 58 岁。1998 年 8 月，中共大连市委、大连市人民政府在大连英雄纪念公园为徐邦道建立塑像，表彰他反抗帝国主义侵略、英勇战斗的爱国精神。

## 24. 宋庆

宋庆，字祝三。1820 年出生于山东省蓬莱县。幼年家境贫寒。1853 年，宋庆投奔同乡安徽亳州知州宫国勋，任州练长。曾率军剿捻军，擢千总、游击、参将，获赐号"毅勇巴图鲁"。1862 年，接办安徽防务，统带毅军三营。1865 年，任南阳镇总兵。1868 年，擢升湖南提督。次年，宋庆随左宗棠围剿宁夏回民起义，奉旨赏戴双眼花翎，钦差会办哈密剿匪事务，1874年，调任四川提督。

1880年，宋庆奉命会办奉天（今沈阳）防务。1882年，他率毅军到旅顺驻防，至1894年甲午战争爆发，他在旅顺驻防达12年之久。12年中，宋庆督军修建陆防案子山、椅子山、二龙山、鸡冠山、松树山等9座炮台。1886年4月，醇亲王奕譞在旅顺检阅旅顺陆防诸营时，称赞宋庆的毅军训练有素，为诸军之冠，并脱下金钮锦袍嘉奖给他，后又奏请光绪皇帝封他为太子少保、尚书衔。

1894年，甲午战争爆发，清军在平壤、大东沟连战连败，日军长驱直入中国本土。9月21日，清廷任命宋庆帮办北洋军务，节制铭军、盛军、奉军、芦榆防军。宋庆率毅军至九连城，会同黑龙江将军依克唐阿设置鸭绿江防线。当时清军共有兵力70余营，4万余人。

10月24日，日军第一军攻击清军防线，依克唐阿所部镇边军败退。次日，日军向虎山前沿阵地猛攻，聂士成顽强抵抗，因腹背受敌，形势危急。宋庆调军增援，但除毅军外，其他各军不听指挥，畏怯不前，或一触即溃，闻风败逃，鸭绿江防线崩溃。清军数日内连弃九连城、凤凰城，退至摩天岭一线。与此同时，日本第二军在花园口登陆，进犯金旅，清廷急调宋庆率兵回援。11月8日，宋庆率本部毅军及铭军7000余人南下驰援金旅。11月20日，清军至金州城外，但该城和大连湾早已失陷，日军正全力攻击旅顺。第二天，宋庆反攻金州失利，此时旅顺失陷，形势逆转，他率军退守盖平。

12月13日，日军占领海城，宋庆由盖平北上援战海城。12月19日与日军接战，双方均有伤亡，宋军退守田庄台。12月28日，授湘军宿将刘坤一为钦差大臣，督办东征军务。1895年2月21日，宋庆与湘军统帅吴大澂、黑龙江将军依克唐阿、吉林将军长顺等发动第四次反攻海城之战，宋庆负责指挥毅军、铭军据守大平山，以牵制从盖平来援日军，配合海城正面战场。2月24日，日军进攻大平山，架数十门快炮连环轰击清军。激战一天，清军弹尽粮绝，陷入重围之中，宋庆下令突围。清军突围后退守营口。大平山战役是甲午战争一次激战，双方损失严重，击毙日军300余人，另有千余日军人被冻伤；清军阵亡400余人。3月上旬，日军接连攻陷牛庄、营口、田庄台，清军在辽南战场全部溃败。3月25日，清廷给予宋庆革职留任处分。

1895年4月，清政府与日本签订《马关条约》。年底，日军撤出辽南。宋庆率毅军驻防旅顺。1898年，沙俄强租旅大，宋庆移防山海关，毅军30营改编武卫左军，归荣禄统辖。

1902年正月，宋庆病故。清廷以尚书衔赐恤，封三等男爵，入贤良祠，谥"忠勤"。

## 25．刘含芳

刘含芳，字芗林。1840 年出生于安徽省贵池县。他通晓法文，曾在淮军前敌营任事，后授二品衔直隶候补道员，在北洋沿海陆前敌营务处、天津海关供职。1881 年，奉李鸿章之命筹办旅顺、威海鱼雷营、水雷营，修建水雷土船坞，组织修理"顺利"轮。1883 年，刘含芳由袁保龄提名任旅顺港务工程局会办。任内锐意经营军港工程。建港时，他履勘沿海，扦试坞基，积极辅佐总办袁保龄设屯防营、筑炮台、建库厂、守机器，开办水雷、鱼雷学堂和医院，终于把旅顺建成了北洋海军重镇。1886 年 9 月，袁保龄患重病，李鸿章命刘含芳主持旅顺港坞工程局。是年，法商承包旅顺港务工程，李鸿章命刘含芳协同直隶按察使周馥代表中方监督工程进度和质量。1890 年，海防工程全部竣工，刘含芳与提督丁汝昌、按察使周馥、天津海关道刘汝翼一起验收工程，并向李鸿章写了验收报告。1891 年 2 月，清廷议授他任甘肃安肃道，经北洋大臣李鸿章奏请，暂留旅顺办理海防，没有赴任。1892 年 5 月，刘含芳调补山东登莱青兵备道，监督东海关；1893 年 11 月到任。至此，他在旅顺共驻 11 年，在海防工程建设中，功绩显著。

1895 年冬，《中日辽南条约》签订后，刘含芳奉命从山东渡海勘收旅顺诸处。见到过去督建的海防工程尽遭摧毁，他不禁愤慨填膺，痛哭失声，眼病加重。接收旅顺后，他在一次巡视中发现唐代一块刻石，上书"敕持节宣劳靺鞨使鸿胪卿崔忻井两口永为记验开元二年五月十八日"，遂认定这刻石旁的古井即为《唐书》所记述的"鸿胪井"，引起刘含芳的高度重视。为保护这块珍贵的历史文物，他建石亭将井和刻石保护起来，并在原刻石左侧又添镌五行共 68 个字记其始末。所添镌的 68 个字为"此石在金州旅顺海口黄金山阴，其大如驼。唐开元二年至今一千一百八十二年，其井已湮其石尚存。光绪乙未年冬，前任山东登莱青兵备道贵池刘含芳作石亭覆之并记"。

刘含芳后因病辞官，于 1898 年夏在原籍病逝，终年 58 岁。清廷以其有功，死后赠内阁学士，在烟台立祠堂祭祀，国史馆特立传记。

## 26．涂景涛

涂景涛，字子衡。出生于今湖南省长沙市，生年不详，1875 年考中举人。1898 年任奉天府尹衙署金州厅（今大连市金州区）海防同知。

涂景涛任职期间，沙俄于 1898 年 3 月 27 日和 5 月 8 日强迫清政府先后订立了丧权辱国的《旅大租地条约》和《续订旅大租地条约》，并利用该条约俄文、中文词意的差别，巧施伎俩，进一步扩大租借范围和权限。1898 年 10 月 21 日，中俄双方成立"中俄勘界委员会"，开始进行实地勘察和划界。中国方面勘界专派委员、金州副都统高万友对沙俄任意侵犯我国领土极为愤懑，与沙俄代表发生争论，被清政府撤职。当时，涂景涛也为专派委员，他审时度势，采取谨慎和隐蔽方法，发挥民众力量阻遏沙俄扩张野心。沙俄代表提出把莫家屯划进旅大租地，涂景涛坚决拒绝。1898 年 11 月 13 日，莫家屯一带民众组织团练武装队伍，将过河勘界的俄方绘图人员赶了回去。11 月 26 日，赞子河民众 300 余人高举旗帜，手持武器向沙俄扩界的勘界者开火。此事使涂景涛受到俄方勘界委员伊林斯基的怀疑。

沙俄为了强占大连，限令大连湾居民房地"照数腾清，不愿者亦须腾"。当地居民宫开福、刘君弟代表乡民与俄方据理力争，被扣押。涂景涛到大连湾调查此情，当地居民向他提出两点要求：一不要卖掉大连湾，二要把被沙俄扣押的宫开福、刘君弟二人救出来。他返回金州后，与沙俄代表普提罗夫多次交涉。在中国地方政府和大连人民的强大压力下，俄国统治当局做出让步，减少了国家和人民群众的损失。

## 27. 安娥

安娥，原名张式媛，笔名何平、张荀生，剧作家、诗人。1905 年 9 月出生于河北省获鹿县，1925 年秋肆业于北京美术学校。她接触进步思想，加入中国共产主义青年团和中国共产党，任共青团北京团总支部抄写员。

1926 年 6 月，安娥被中共北方区委派到大连。在大连期间，由于安娥居住的黑石礁当时还是渔村，所以她从工厂回到驻地，时常流连海边，亲眼看到了渔民的悲惨遭遇，对渔民的生活进行了深刻了解，在现实生活和与殖民统治者的斗争中积累了丰富的创作题材。

1927 年春至 1929 年秋，安娥到莫斯科中山大学学习，回国后在中共中央特工部工作。1932 年因中共中央机关遭到破坏，她与党组织失去联系。

1933 年至 1937 年，安娥在上海参加进步文艺运动，曾任一家唱片公司歌曲部主任。30 年代，她根据自己在大连的一段不平凡的生活经历，创作出《渔光曲》《新连花落》（影片《迷途的羔羊》插曲）等脍炙人口的作品。其中《渔光曲》主题歌无情地揭露了旧社会的黑暗："……轻撒网，紧拉绳，烟雾里辛苦等鱼踪！鱼儿难捕租税重，捕鱼人儿世世穷……天已明，力已尽，眼望着渔村路万重；腰已酸，手已肿，捕得了鱼儿腹内空！"1935年2月，以这首歌为主题歌的电影《渔光曲》在莫斯科国际电影节获得荣誉奖。

安娥

抗日战争爆发后，安娥先后到武汉、重庆、桂林、昆明等地从事文艺工作。抗日战争胜利后，她回到上海，在上海市立实验戏剧学校任教。

1948年，安娥赴解放区。1949年，她出席第一次全国文代会。经向组织说明情况，获得组织批准，她恢复了中国共产党组织关系。1950年到朝鲜前线访问回国后，安娥相继在北京人民艺术剧院、中央试验歌剧院、中央戏剧家协会任创作员。1976年8月病逝。

## 28. 方枕流

方枕流，1916年出生于江苏省无锡县。中学就读于上海海关。毕业后，被分配在上海海关工作，在此与刘双恩结为好友。

太平洋战争爆发后，方枕流被日本人赶到烟台海关运煤船上，在营口、大连等地运煤，受尽日本人的欺侮，心中积满民族义愤。当时，中国半壁江山沦于敌手，百姓啼饥号寒，而这里的官员却天天纸醉金迷，荒淫无度，令方枕流实难忍受。没想到，他竟在这里与刘双恩（此时已是中共党员）重逢。不久，他俩同被调到"峡光"号船上。方枕流过去一直抱有"技术救国"的天真想法，今见国民党当局如此腐败，思想观念开始转变。

抗战胜利后，方枕流由刘双恩介绍，到招商局三北轮船公司工作，之后被派到"海辽"轮任船长。当时正是国共两军交战的非常时刻，"海辽"轮担负着给国民党军队运输军火和援兵的任务。他按照刘双恩的指示，搜集了许多资料邮给刘双恩，为我军渡江作战有一定的帮助。他暗地里考察船员的政治态度，对有问题的船员坚决调离或成全其个人要求，积极进行起义准备。

1949年9月初，国民党当局加强了对招商局船舶的控制。方枕流感到应加快起义步伐，于是决定在由榆林港途经香港时，把"海辽"轮开进香港，并再次和刘双恩联系。9月5日

方枕流

下午，他按预定计划见到刘双恩并说了他的决定，刘双恩当即请示地下党同意了方枕流的安排。他俩对起义计划进行了详尽的研究，分析了船员的思想动态，研究了具体的防范措施，确定了目的港为大连。

1949 年 9 月 19 日晚上，"海辽"轮驶出香港水域。晚上 9 时整，方枕流郑重地向大家宣布"海辽"轮起义，开往解放区大连。在轮船向大连航行过程中，方枕流坚定不移的起义决心和严密的防范措施对个别有反抗情绪的船员起到了巨大的威慑作用。他机智果断指挥电台人员巧妙地利用无线电联络与招商局汕头、台湾分支机构进行周旋斗智；带领全体船员将船伪装成外轮，避过国民党飞机侦察，穿过巴林海峡、琉球群岛北端海域和日本海，沿韩国西海岸航行；克服重重困难，航行 8 天 9 夜，于 9 月 29 日胜利到达大连港。

方枕流率"海辽"轮到达大连港后，受到中共中央办公厅驻旅大办事处主任徐德明等人的热烈欢迎和接待。中共旅大地委书记欧阳钦亲自到方枕流的住处看望全体船员。10 月 24 日，毛泽东主席给方枕流及"海辽"轮起义船员发来了嘉奖电，庆祝"海辽"轮起义成功，称赞这是一次革命壮举。为纪念这一壮举，1953 年，中国人民银行将"海辽"轮图案印在人民币伍分纸币上。

"海辽"轮起义成功后，方枕流光荣地加入了中国共产党。之后，他担任大连轮船公司航务科长、营业部主任、航运处处长等职务。1950 年，他被选为全国劳动模范，光荣地出席了第一届全国战斗英雄、劳动模范代表大会，受到毛泽东、周恩来、刘少奇、朱德等党和国家领导人的亲切接见。1951 年 2 月，方枕流获东北人民政府航务总局和中国海员工会东北区委员会颁发的"一等先进生产者"奖章；同年 5 月，获旅大市人民政府颁发的"先进工作者"奖状。

1951 年 7 月后，方枕流先后担任中波航运公司波兰分公司航运处长、中波航运公司天津总公司黄埔办事处主任和天津总公司航运处处长等职务。1961 年 11 月，他受交通运输部委派，参加广州远洋运输公司的筹建工作，公司建立后，他担任业务副经理。"文革"中，他遭到撤职和批判，身心受到极大摧残，但仍对党忠诚不渝。1975 年，方枕流的冤案得以平反，重新工作并担任大连远洋运输公司筹建领导小组组长。1980 年，担任大连远洋运输公司经理。1985 年，方枕流离休后曾任中国五金矿产总公司运输部、民生轮船公司高级运输顾问，中国贸促会海事仲裁委员会仲裁员。

　　方枕流是我国老一辈航海家和航海界早期高级工程师之一，曾任中国海员总工会东北地区委员会委员，广州航海学会副理事长，大连航海学会第一、第二、第三届理事长、名誉会长，中国航海学会常务理事，大连市科协副主席，辽宁省科协委员；曾被选为旅大市第一、第八、第九届人民代表大会代表。

　　1991 年 6 月 12 日，方枕流病逝于北京，终年 75 岁。

中国海洋文化

第九章

# 海外交流
# 历史悠久

辽东半岛有着悠久的海外交流历史，新石器时期的遗址文化层记载了辽东半岛地区的发展与对外交流的历史。这些考古成果证实，在很早以前，中国的山东、辽宁和朝鲜半岛、日本列岛在文化上就有着密切联系。箕子在朝鲜，"教民以礼义田蚕"；燕人卫满，率领部属建立了"卫氏朝鲜"。汉武帝征服"卫氏朝鲜"后，设"汉四郡"。近年来，"汉四郡"的考古发掘中，出土了大量汉朝的官印和各种质地不同、形状各异的器皿，考古学家将这种文化现象称作"乐浪文化"。自此，在东亚环黄渤海区域形成了以中国为主的"汉文化圈"，东亚各国文化往来不断。

近代以来，营口等沿海区域，南通闽广江浙，近接直（隶）东，中外商民云集，为东北沿海各口中，最为紧要之地，也是东北与关内沿海城市通商的最早商埠。伴随外国资本主义势力侵入，这些沿海区域也成为东北地区直接遭受外国资本主义掠夺的起点。侵略势力迅速地从这里向东北内地伸展开来，东北的社会经济生活从此发生了剧烈的动荡。旅大地区在甲午战争之后，几易日俄之手，南满铁路见证了那段风雨如晦的岁月。

改革开放以来，辽宁沿海各市走上了发展繁荣的新征程，百业振兴，"五点一线"给辽宁带来了新的希望和机遇，开始谱写新的历史篇章。

海天一色（仝开健供图）

## 1．早期辽东半岛与朝鲜、日本的海上交流

### 小珠山文化与朝鲜半岛

　　辽东半岛位于海陆交错地带，是由海相沉积环境向陆相沉积环境过渡的地区。辽东半岛新石器时期的遗址，根据社会结构、经济形态、生产力水平的相似性以及遗址区域分布的一致性，可以划分为两个区域的文化类型，分别为半岛南部山地丘陵与海岛地区的小珠山文化和鸭绿江河口及东沟平原地区的后洼文化。小珠山文化遗址主要包括长海县广鹿岛小珠山、吴家村、蜊碴岗、南窑、大长山岛上马石、旅顺口郭家村等，可分为上、中、下三层。后洼文化遗址主要分布在丹东东沟后洼、大岗、石佛山、庄河北吴屯及岫岩北沟等地。两块连续的文化层记载了新石器时期辽东半岛地区的发展与对外交流的历史。

　　辽东半岛新石器时代文化的年代，可根据地层叠压关系、器物类型的演变、碳14年代测定数据等方面，推断出各遗址和文化类型的绝对年代和相对年代。它们大致划分为早、中、晚三期，可归纳为5个文化类型，即小珠山下层文化、小珠山中层文化、小珠山上层文化，后洼下层文化

长海广鹿岛出土石造像

和后洼上层文化。综合分析辽东半岛新石器时代文化特征，与相同时期的其他文化相比较，可以清楚地发现辽东半岛新石器时期文化与山东半岛、辽西地区及朝鲜半岛的新石器时期文化有着十分密切的联系和相互影响。

**辽东半岛巨石文化与朝鲜半岛、日本文化遗迹**

　　辽东半岛地区的先史墓葬文化，存在着三种较为特殊的文化现象。一种是分布在黄海、渤海沿岸的山丘或崖壁上的贝丘遗址，一种是用石块有规则地砌成台阶形的积石墓（又称"积石冢"），此外，还有一种具有神秘色彩的大石棚文化。

　　这三种不同寻常的文化现象，构成了本地区先史文明的地域特色。随着历史时间的延续和空间上的变化，贝丘遗址始终具有显著的地域特色，发展受到了地域上的限制。而积石冢文化与大石棚文化则具有向西、向北、向东发展的趋势，并随着历史的变更，这种积石冢与大石棚的文化原型开始有了某种文化的变异。如后来出现在东北地区至朝鲜半岛上的支石墓、石盖墓以及石棺、石匣墓，等等，可能都是这种文化的延伸。仅就石棺墓葬的源流而论，可能均与积石冢和大石棚文化有关。辽代祖州的太祖陵前的大石棚至今仍是个

营城子出土的石墓（东汉时期）

不解之谜，如果我们将这一巨大的石棚与辽东半岛的大石棚文化联系起来，则是更值得研究的问题。

辽东半岛石棚与其他亚洲石棚，尤其是与亚洲东北部朝鲜、日本的关系比较密切，之间似乎存在联系。亚洲东北部的朝鲜半岛是石棚较多地区，朝鲜称石棚为"支石墓"，分布范围广泛，主要分布在清川江以南地区的平地和山地上。

日本的石棚主要分布在九州北部沿岸地区，如：佐贺县唐津平野叶山等地。其石棚年代早期的可到绳纹晚期至弥生前期；晚期的可到弥生前期末至弥生中期，相当于我国战国末期到秦汉时期。总之，辽东半岛石棚与东北亚石棚在年代关系上似乎有着延续关系。

巨石文化的主要遗迹——支石墓在东北亚一直得到当地考古学者们的重视，研究支石墓能够提供当地史前人类社会多方面的信息，如社会的政治结构、艺术、人们的信仰以及宗教礼仪等。由于朝鲜半岛在中国东北部和日本国之间，因此朝鲜半岛上的支石墓研究引起了中国、朝鲜、韩国和日本等相关国家考古学家的关注。地域上临近的 4 个国家各自发现的大量支石墓，使得许多人认为中国东北部、朝鲜半岛和日本岛上的支石墓具有相同的文化背景、类似的结构甚至相同的来源。

## 2. 封建社会时期与朝鲜的往来

### "卫氏朝鲜"建立

战国时期，燕国在全盛时，势力范围曾一度进入朝鲜半岛。有关地域在秦朝统一六国之后，亦归入秦朝的统治之下。据《史记》记载，汉高祖刘邦时，燕王卢绾背叛汉朝，前往匈奴亡命。

在西汉初年这股移民潮中，有一个名叫卫满的燕人，率领 1000 多名部属来到了朝鲜半岛。卫满率领部属刚来朝鲜时，得到朝鲜王箕准的礼遇。箕准拜他为博士，赐给圭，封给西部方圆百里的地方。箕准的目的很清楚，就是希望通过卫满，来为他守护西部边境。然而卫满是个很有政治野心的人，他利用封地为依托，不断招引汉人流民，积聚自己的政治、经济力量。公元前 194 年，羽翼已丰的卫满，派人向箕准假传汉朝要派大军来进攻，请求到准王身边守护。箕准不知是诈，许诺了卫满的请求。于是卫满趁此机会，率军向王都王险城（今朝鲜平壤）进发，一举攻占王都后，自立为王，国号仍称"朝鲜"，历史上称其为"卫氏朝鲜"。箕准战败后，逃到了半岛南部的马韩地区。

卫氏王朝建立后，控制了朝鲜半岛的北部地区，与西汉燕地相邻。卫满在获得西汉藩属外臣的身份和汉廷的军事、经济的支持后，便开始不断地侵犯和征服临近小邦，真番、临屯都主动前来归顺，卫氏政权的势力因此迅速膨胀，领地扩大到方圆几千里。

### "汉四郡"与乐浪文化

卫满的孙子右渠成为朝鲜王时，更是大量招引汉人流民，以此来扩充卫氏政权的实力；而随着卫氏势力的日益雄厚，右渠不但自己不肯再向汉朝通商朝贡，而且还阻碍邻近真番等小国与汉朝通商朝贡。汉武帝元朔元年（公元前128年），朝鲜半岛小番君南宫等，因不满朝鲜王右渠的控制，率众28万人归降汉朝，汉武帝以其地为苍海郡。汉元封二年（公元前109年），汉武帝为加强与卫氏朝鲜的藩属关系，派涉何为使节前往朝鲜，劝谕右渠王改变对汉朝的不友好政策，结果无效。涉何对出使没有结果非常气恼，在回国途中，将护送他出境的朝鲜裨王杀死，并将情况飞报汉武帝。汉武帝不但没有责怪涉何，还任命他做辽东郡东部都尉。右渠对涉何怀恨在心，发兵突袭辽东，杀死涉何。这便是著名的"涉何事件"，它成了汉武帝对卫氏朝鲜发动战争的导火线。

就在这年秋天，汉武帝发兵5万，由楼船将军杨仆率领一支，从齐地渡过渤海；由左将军荀彘率领一支，从陆路出辽东，水陆两路联合攻打右渠。两路大军出师不利，汉武帝再派卫山为使臣，前去晓谕右渠。右渠受汉朝两路大军压迫，表示愿意降服，派太子到汉廷谢恩，并献上大量军粮和马匹。然而，当太子带领一万士兵前往汉朝时，使臣卫山和左将军荀彘怀疑右渠的太子有阴谋，要求他的军队不能携带武器；太子则怀疑使臣和左将军要谋害他，便率军返回王险城。此事激起汉廷的愤怒，命令在朝鲜的两路大军加

朝鲜平壤附近乐浪古墓出土
汉王朝铜印拓本

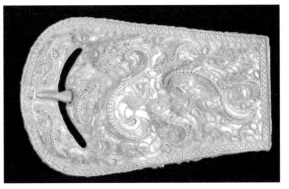

大连营城子第二地点76号墓出土龙纹金带扣　　　　　朝鲜平壤附近乐浪古墓出土龙纹金带扣

紧进攻王险城。由于王险城长期被汉军包围，在抵抗汉军的问题上，卫氏朝鲜内部发生了意见分歧。公元前108年夏，朝鲜王右渠被主和的臣属所杀，王险城终于被攻陷，卫氏朝鲜灭亡。

汉武帝把卫满朝鲜的国土分为四郡，分别为：乐浪郡、玄菟郡、真番郡、临屯郡，合称为"汉四郡"。汉朝在卫氏朝鲜旧地置郡统治，创造了光辉灿烂的"乐浪文化"。

汉武帝之后，西汉在朝鲜半岛北部的郡县设置情况有所变化。汉昭帝始元五年（公元前82年），罢去临屯、真番二郡，并入乐浪、玄菟二郡。乐浪郡治所在今朝鲜平壤，管辖貊、沃沮等族；玄菟郡治所则初在夫租（今朝鲜咸兴），后因受貊所侵而迁往高句丽西北（今辽宁东部新宾地区），管辖高句丽、夫余等族。汉朝在朝鲜北部地区进行郡县统治，客观上大大促进了汉朝与朝鲜半岛的经济文化交流，有助于汉朝先进文化在朝鲜汉朝郡县地区的传播。当时不仅有汉人官吏到朝鲜四郡去任职，更有很多富商大贾与农民前往经商、垦荒，四郡已是一派汉文化景象。这一点从考古发掘也可证明。近年来，在"汉四郡"地区的考古发掘中，出土了大量汉朝的官印和各种质地不同、形状各异的器皿，考古学家将这种文化现象称作"乐浪文化"，其实也就是汉文化。在"乐浪文化"的考古发现中，最具代表性的还是地处今朝鲜平壤市乐浪区土城南面、坟丘总数达2000余座的乐浪墓葬群。这些坟丘墓外形多为方台形封土，是中国周、汉时期墓葬的普遍形状。其墓葬结构主要有木椁墓和砖室墓两种，具体造法、式样乃至细微到砖上花纹，都与中国的中原汉墓没有差异。墓中随葬品非常丰富，为清一色的汉文化特色。乐浪墓葬群可以被看作是朝鲜北部受汉文化强烈影响的一个具体见证。

### 辽东半岛与朝鲜半岛的耕织技术交流

箕子"走之朝鲜"的记载是中国农业技术传入朝鲜的开端。箕子在朝鲜,"教民以礼义田蚕",又制定颁布了成文法《乐浪朝鲜民犯禁八条》。这说明朝鲜的养蚕业是从中国传过去的。古朝鲜考古告诉我们:战国时代的燕国货币明刀钱在朝鲜北部各地大量发现,多者一次达1000余枚,并有战国式的青铜兵器和铁器等与之共存。这些考古成果证实:在古朝鲜时期,中国的山东、辽宁和朝鲜,在文化上确实存在着联系。

在秦灭亡六国、统一中国到秦末战乱这段时期内,数万中国人为避战乱和躲避徭役而逃往朝鲜。这些人中,有的从山东半岛由海路进入朝鲜半岛中部和南部,有的从辽东由陆路进入朝鲜半岛北部。由海路进入朝鲜中部和南部的中国人,与朝鲜人民友好相处,部分人在朝鲜南半部的东部沿海一带(今庆尚道北部庆州地区)居住下来,与当地人民一起建立辰韩(即秦韩),定都庆州。此后,朝鲜南部建有马韩、牟韩、辰韩三国。据《后汉书》记载,汉代朝鲜半岛南部三韩部落中的辰韩,就已经"知蚕桑,作缣布"。而辰韩是由秦朝逃民组成的部落,可见朝鲜半岛南部的丝织技术是由他们带入的。汉朝以后,朝鲜改为直属行政区,汉族同古朝鲜居民之间发生了更加密切的接触,许多中国商人和劳动人民为营利谋生而移居到了朝鲜,加速了古代朝鲜社会生产力的发展和社会的进步。

文化交流从来都是双向的,中朝农业技术交流也不例外。朝鲜在近代也曾经把高寒山区水稻生产的综合技术传入中国。19世纪中叶,大批迁入我国东北的朝鲜族农民从1845年开始在浑江试种水稻。1875年,通化县下甸子试种成功,之后的几十年中,朝鲜族农民通过对东北土壤、气候等自然条件的了解,在总结几十年稻作生产经验的基础上,开始采用点播和插秧的方法种稻,进而由乱插秧改为正行插秧,并摸索积累了高寒地区种植水稻的一系列防冷御寒的生产经验。如培育在霜前成熟的早熟良种;合理密植,使有效分蘖截止期提前;加强田间管理,以浅、晒、深、湿等灌溉技术提高地温;搞好农田渠系建设,进行土壤改良,提高土壤的透气性和土温等。他们总结出的这套高寒山区水稻生产的综合技术,极大地丰富了中国的稻作文化,填补了东北寒地水稻栽培的空白,为东北地区的农业生产做出了贡献。

## 3. 近代的对外交往

### 营口开港与列强对中国的掠夺

　　营口，位于运河下游的入海口，东北距牛庄 45 千米，旧名"没沟营"，原属海城县西境。南通闽广江浙，近接直（隶）东，中外商民云集；（东北）沿海各口中，该处最为紧要之地、也是东北与关内沿海城市通商的最早商埠。据记载，清乾隆年间，山西和直隶人相继前往这里经商，从事烧酒业、钱庄业和贩运大豆等货物。到了清嘉庆、道光年间，关内沿海的广东、福建、浙江、江苏和山东五省商船，或由上海、厦门，或由天津驶往奉天和营口，向南方贩运大豆。外国洋船也非法潜入这里，掠运东北大豆等农副产品。营口成为东北大豆的集散地。据直隶总督奏称，闽广洋船"皆先至天津卸货后，顺赴奉天、锦州，在西锦、南锦、三目岛、牛庄四处码头停泊，收买黄豆"。据统计，1839 年，停泊在"没沟营的商船已有八百五十九只"。不难想象当时商业贸易繁华的盛况。随着商业经济的繁荣，营口金融业也有了较快的发展。

　　东北的港口工业早在鸦片战争初期就有了一定的发展，但是东北港口工业的兴起就要以营口港的开埠为起点了。《天津条约》的签订使得营口港迅速成为外国殖民者入侵中国东北最好的入口。大量中外贸易在这里进行，势必会在这些商品流通中附属产生与之相适应的港口工业。这些港口工业对当时营口乃至东北地区的影响是巨大的，而从中也会反映出列强的这种经济强占政策。在营口港开埠以前，东北本地的制油业已经出现雏形，但是还不成规模和体系，体制与设备还不完善和健全。营口港开埠以后，由于外国殖民对中国大豆的需求量剧增，使得港口的油坊迅速发展起来，制油技术也得到改善。在最鼎盛的时候，共有油坊 30 多家，当时的东永茂、西义顺、厚发和等油坊，生产能力很高。营口港开埠后，外国大量的纺织品进入中国市场，改变了人们传统的生活方式，纺织业随之兴起。从营口首家恒祥永织布厂宣告成立始，涌现多家织布厂家，而且花色繁多，质量优良，这些本地纺织工厂的建立为国货争得了一席之地。但同时，列强利用大量倾销棉纺织品等洋货的经济强占政策来控制东北的市场，进而控制东北的经济，掌握中国国家的经济命脉，为在政治上控制中国打下了坚实的基础。

　　营口开港，为外国资本主义势力侵入东北打开了南大门，成了东北地区直接遭受外国资本主义掠夺的一个起点。由于以英国为首的侵略者在营口设立领事馆，它们的政治经济势力迅速地从这里向东北内地伸展开来。东北的社会经济生活从此发生了剧烈的动荡和变化。

1885 年，中英《通商章程善后条约》承认贩卖鸦片为合法贸易。鸦片改名为"洋药"，每箱在通商口岸缴纳 20 两白银的进口税，从此，鸦片成了合法商品。据 1861 年山海关监督福瑞报告："今洋船前赴该口（营口）通商，其所载货物多系洋药。"唯利是图的中外鸦片贩子，为了逃避关税，发动了大规模的武装走私。当时，南起广东，北到奉天的许多港口，都成了鸦片走私船经常出没的地方。

随着营口的开港，资本主义国家的商品大量流进东北。英国、美国的棉线、粗布、缕布、细续布等棉纺织品的输入量逐年增加。洋货充斥市场，排挤了本国的产品。在输入商品中，鸦片占有极大的比重。如 1871 年，鸦片输入额占输入总额的 60% 以上。其次是棉织品和毛织品，而且其输入逐年激增。如 1871 年仅占输入总值的 26.5%，1872 年便上升到 36.6%。这些情况表明，在营口开港的最初年代里，以鸦片为主的外国商品大量充斥东北市场，东北成为资本主义国家商品销售的场所，自给自足的自然经济遭到了猛烈的冲击。

在从资本主义国家进口的商品中，以 1871 年为例，英国商品占首位，约占输入总额的 52.7%；其次是德国，占 28.1%；再次为美国，占 6.1%。但美国在第二年就增长为 11.2%。西方资本主义国家向营口输出商品，路途遥远，主要以上海和香港作为中间转运站。如 1872 年英国直接从本土运到东北的商品，仅占 2.4%，经香港转运而来的占 47.2%，经上海转口而来的占 55.4%。

营口不仅是外国商品倾销的市场，而且成为外国侵略者掠夺原料的主要场所。东北向以盛产大豆、粮食和貂皮著名，大豆成为东北出口的大宗商品。在商品侵略的同时，资本主义国家又开始了资本侵略的尝试。随同英国第一任驻营口领事密迪乐而来的，"有官兵数人，洋行六人，英商数十人"。不久，英国商人相继在这里设立老洋逊洋行、远东洋行、瑞林津行等商业贸易机构。1862 年，英国资本家法米尔又在营口西北河岸设立公司，经营航运和保险代理业务。1872 年，英国普拉德公司设牛庄豆饼厂，用机器榨油及制造豆饼。继英国之后，其他资本主义国家也接踵而至。

### 俄日统治时期的大连港与命运多舛的交流史

甲午战争之后，沙俄以"干涉还辽"有功为由，于 1898 年 3 月 27 日迫使清廷在《旅大租地条约》中同意，将旅顺口、大连湾及附近水面租与俄国 25 年，因为那里是他们梦寐以求的兴建深水不冻港的绝佳地点。

当天晚上，早已停泊在旅顺港外的俄国军舰，派出三个步兵连进占旅顺口，数天之后又在偏北的大连湾登陆。3月29日，沙俄迫不及待地在其政府公报上发布通告称，"将修建西伯利亚最大的码头——大连湾港，向各国商船队开放，为各国的工商企业创建一个新的广阔的活动中心"。

1899年8月，沙皇尼古拉二世向他的财政大臣维特伯爵发布关于建设"达里尼自由港"的敕令，且决定在商港附近建设一个同名的城市"达里尼"（应是取大连湾的谐音）。一个多月后，商港和城市的设计方案获得沙俄政府通过并很快动工，其中港口包括四个码头，年货运能力约500万吨。

到了1902年，大连港一期工程如期完成并正式开港。1903年7月，由沙俄修建，直达俄国境内，沟通大连港与东北腹地的大动脉——东清铁路全线通车。它使大连港一跃成为连接欧洲与亚洲的海陆交通枢纽以及远东地区一大贸易港。受其迅速崛起影响，旅顺港的海上交通、贸易及商业，逐渐转向大连港一带。

但俄国人在大连港的风光日子没有延续多久，一直对被"迫归"还辽东半岛耿耿于怀的日本于1904年2月8日出动军舰突袭驻扎旅顺口的沙俄舰队，日俄战争爆发。经过近一年海上和陆上的鏖战，俄军举白旗投降，大连港也宣告易手。

1905年1月14日，日本大阪商船株式会社客船"舞鹤丸"抵达大连港，这是日军侵占大连后来港的第一艘客船。两周之后，日军辽东守备司令部发布命令，改俄称"达里尼"为"大连"，港名亦正式改为"大连港"。

同年9月5日，日本和俄国在美国签订《朴次茅斯条约》，沙俄把从中国掠取的旅大租借权及附属特权转让给日本，大连及大连港成为日本实施"大陆政策"，展开进一步侵华行动的跳板。两天后，日本殖民管治机构"关东州"民政署宣布，包括中国商船在内的一般商人及船舶，可自由出入大连湾沿岸诸港。又过了一个星期，美国"铁路大王"哈里曼乘美国客船从日本横滨来到大连，这是日俄战争之后第一艘非日籍的外国商船驶进大连港。哈里曼此行目的，是考察南满铁路（东清铁路的长春至旅顺段），并欲斥资1亿美元收购。后来，他回到东京跟日本首相签订了收购备忘录，遭日本政府内部强烈反对，只得作罢。

到了1906年8月，日本政府向各国驻日使臣发表通告，宣布自9月1日起开放大连为"自由港"。这是继沙俄统治时期之后，大连二度成为国际贸易港。同时，日本政府允许普通日本人自由渡海移居大连地区，开始了持续的殖民行动。就在这一年11月，南满洲铁道

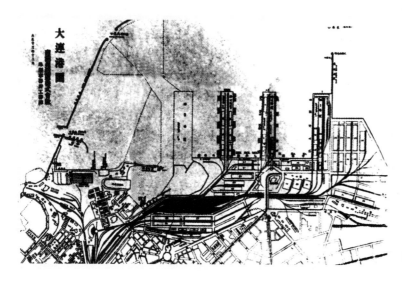

1925 年大连港图

株式会社（即"满铁"）正式成立，不久将总部由东京迁至大连。这个公认"以企业之名，行政府之实"，在日本殖民统治大连及后来侵占掠夺中国东北过程中扮演"狠角色"的著名机构，从日本军方手中接收了大连港的全部设施和经营权。这是大连港历史上又一次重要转折。

大连港开放之前，中国东北对外贸易主要通过营口港进行。依赖辽河水运的营口港，海运优势不如大连港，很快一蹶不振。1912 年，大连港贸易总额首超营口港，居东北各港首位，仅次于上海、天津、广州，成为中国第四大国际商港。

20 世纪的二三十年代，随着日本对中国东北的不断蚕食乃至公然武力侵占，"满铁"也积极投资扩建大连港，作为加速掠夺东北丰富资源的转运枢纽港。1925 年，"满铁"实现了其《大连筑港计划》中的大部分目标，大连港成为名副其实的现代化大港。

开港半个世纪内，大连港先后三次易主，又三度宣布为"国际自由港"，长年处于强权政治、经济和军事角力的旋涡中心，在近现代世界港口史上，可谓绝无仅有。大连港创造了历史，但也堪称命途多舛。

搭建对外交流平台

改革开放以来，辽宁沿海各市在国家相关政策的支持下，通过开发区、高新区、文化先导区的建设，加大了基础设施建设和改造的力度，加快了城市建设国际化的步伐，为吸引外资、拓展国际交流的空间，做好了物质方面的准备；同时，各地市还依据当地特有的人文资源，倾力打造了一批既具有浓郁的地方特色、又具有一定国际色彩的城市节日活动，营造了吸引国内外宾朋纷至沓来的文化氛围，为辽宁更好地扩大对外交往搭建了平台。

# 1. 丹东

## 丹东经济开发区

丹东经济开发区又称"丹东前阳经济开发区"，坐落于黄海北端的鸭绿江畔，地处东北亚经济圈中心地带，与朝鲜民主主义共和国隔江相望，是连接朝鲜半岛及欧亚大陆的主要通道。前阳开发区于 1994 年 10 月被辽宁省人民政府批准成立，规划面积 16.8 平方千米，已建成区域面积 4.8 平方千米；东距丹东 25 千米，西距东港市 10 千米，距丹东民航机场 8 千米，距大东港码头 10 千米；鹤大、浪东两条公路，沈丹、疏港两条铁路横贯全境，形成海陆空立体交通网。开发区所辖的大台子港全面对外开放，口岸各查验部门在区内设有办事处。

该经济开发区所在地属温带海洋性气候，年平均气温 9℃，年平均降雨量 900～1100 毫米，年平均日照时数 2800 小时，年平均湿度 60%，风力 2～3 级，冬无严寒，夏无酷暑，气候宜人。经济开发区山清水秀，满目良田美地，随处瓜果飘香，更有丰富的沿海地区资源，广阔的海上牧场。素有"北国小江南"之美誉。

丹东前阳经济开发区以老城区为依托，高起点、快起步，充分发挥沿江、沿海、沿边、沿城、沿路优势，采取外引和内联相结合，挖掘和新建相结合，改造和开放相结合的办法，重点发展临港工业高新技术以及外向型产业和产品，同时发展劳动密集型产业和产品，使开发区成为集出口、保税仓储、转口贸易、国际金融、信息咨询、科技开发、海陆空运输、旅游娱乐等为一体的多功能综合性城区。

**鸭绿江国际旅游节**

丹东是中国万里海疆的北端起点，也是中国万里长城的东端起点、长城的"龙头"。丹东山川秀美、气候宜人，具有沿海、沿江、沿边的区位特点，是环黄海经济圈、环渤海经济圈的重要交汇点。近几年来，丹东市借助得天独厚的资源优势大力发展旅游业，把旅游业作为第三产业的龙头产业来抓，强力打造鸭绿江旅游品牌，形成了具有独特风格的旅游体系，带动了三项产业的快速、协调发展。

为了使海内外朋友进一步了解丹东、认识丹东，发展与丹东的旅游和商贸合作，由国家旅游局、辽宁省旅游局和丹东市政府共同主办了"中国丹东鸭绿江国际旅游节"。每年一度的旅游节，招商引资、项目签约是一项重要议程。旅游节期间，通过独具特色、丰富多彩的旅游活动和举办各种经贸交流活动，吸引了大批中外游客到丹东等东部城市来旅游观光或从事商务活动。许多外国客人表示，来到丹东不仅可以欣赏美丽的景色，还可以找到大量的商机。

中国丹东鸭绿江国际旅游节已经成为东、中、西部联合开发旅游资源，加强国际、国内经贸合作的平台，有效地推动了丹东对外开放和经济社会的快速发展。通过举办中国丹东鸭绿江国际旅游节，作为辽宁旅游"金三角"的重要一角和中国优秀旅游城市，丹东的鸭绿江旅游品牌正快步走向全国、走向世界。

# 2. 营口

**营口经济技术开发区**

营口经济技术开发区位于辽东半岛中部的渤海之滨，坐落在营口市南端 52 千米处，北距辽宁省省会沈阳 210 千米，南到海滨城市大连 180 千米。该地区年平均温度 9.7℃，降水量 420 毫米，属温带海洋性气候。

营口经济技术开发区是在营口出口加工和营口新经济区的基础上发展起来的。1988 年，国务院批准辽东半岛全面对外开放，辽宁省政府决定设立营口出口加工区。1990 年，根据发展的需要并参考联合国开发计划署专家组的建议，营口出口加工区更名为"营口新经济区"。1992 年 10 月，国务院批准设立营口经济技术开发区，是国家级开发区。

经过几年的开发建设，这里由原来的小渔村，一跃成为粗具规模的港口城市。营口经济技术开发区基础设施累计投资超过 238.6 亿元人民币，区内工、贸、商住区内主干道路和配套设施已形成规模。与港口相配套的海关、出入境检验检疫部门和外轮代理、理货、供应等服务机构一应俱全，并拥有完备的金融、保险、邮政、通信等服务设施。开发区已与28个国家和地区进行了合资合作，利用外资累计6.1亿美元。现有外资企业580家，已投产运营的工业企业有119家。东北第二大港口营口港就坐落在营口经济技术开发区。

目前，营口经济技术开发区的外商投资者主要来自美国、日本、韩国、加拿大、澳大利亚、新加坡、泰国、德国、奥地利、比利时、英国、西萨摩亚、印度、俄罗斯、墨西哥、新西兰、毛里求斯、巴布亚新几内亚等国家，以及中国香港、澳门、台湾地区。外商投资的主要行业有以水产养殖业加工为主的农业；以服装加工、耐火材料、木材加工日用品生产为主的工业；以工程装修为主的建筑业；以宾馆、酒楼、海滨游乐业和房地产开发为主的第三产业等，外商投资的领域还在不断扩大。

## 3. 锦州

### 锦州经济技术开发区

锦州经济技术开发区位于渤海之滨锦州湾畔，是京津唐经济区与东北经济区、环渤海经济区的节点，是国家级经济技术开发区。全区行政管辖面积295平方千米，集港口物流、产业发展、行政商住、滨海旅游四大功能于一体，商贸和物流服务半径覆盖东北西部和内蒙古东部及俄罗斯远东地区，是新的欧亚大通道的桥头堡和出海口。

锦州经济技术开发区拥有得天独厚的区位优势，交通网络四通八达，地理位置优越，是连接东北与华北的重要交通枢纽，与周边4城市形成"一小时城市圈"。

锦州经济技术开发区由锦州港区、西海工业区、白沙湾行政生活区和滨海旅游带组成。其中，港区规划面积10平方千米，西海工业区规划面积22.76平方千米，白沙湾行政生活区规划面积11平方千米。

目前，全区已经形成了石油化工、机械制造、汽车零部件、生物制药、基础建材、粮食深加工、食品加工等工业体系。以服务产业发展为核心，建设了便捷、高效的行政服务体系和设施齐全的商业、金融、教育、卫生、体育等服务设施及环境优美的高尚滨海生活区。并以天下一绝、国家4A级的笔架山风景区为龙头，沿滨海路打造一条由笔架山景区、梦兰湾景区、海滨浴场至老龙头望海广场为重点的滨海旅游带。

锦州经济技术开发区作为当前及今后一个时期发展辽宁沿海经济带战略重点区域之一，

除享受"五点一线"即在税收、贷款、行政事业性收费、管理权限等方面的各项优惠政策外，还享受国家经济技术开发区各项优惠政策，为加快发展提供极为有利的条件。将来，一个集风景、旅游、国际商港和临港工业为一体的国家新型临海产业基地将展现在世人的面前。

### 锦州国际民间文化节

锦州国际民间文化节自 1999 年举办以来，已成为锦州市多年精心打造的文化品牌，是锦州市民期待的文化盛宴；对于塑造城市新形象，提高锦州对外知名度、美誉度和影响力，加速建设辽宁沿海第二大城市起到积极的促进作用。文化节举办的时间是每年中秋、国庆期间。该民间文化节冠以"国际"两字是从第七届开始，体现出了建设滨海新锦州、和谐锦州、开放锦州的主旨，进一步突出了开放性和文化交流的特点。

文化节的文化艺术活动称得上是好戏连台，异彩纷呈，极大丰富了市民在国庆、中秋佳节的文化生活。人们可以欣赏到形式不一的说唱、舞蹈表演，医巫闾山满族剪纸、黑山二人转、辽西高跷、医巫闾山民间文学、陈派评书、道光二十五白酒传统酿制技艺等。这些厚重的锦州文化底蕴，无疑为滨海新锦州的建设画上了浓墨重彩的一笔。国外各民族风情节目更带来了异域风采。

文化节不但有精彩的文化艺术活动，还有国际经贸洽谈会、科技合作与专利交易洽谈会等商业活动。

### 4. 盘锦

### 盘锦经济开发区

盘锦市经济开发区始建于 1992 年，位于盘锦市城区西侧，规划面积 6.22 平方千米，以发展外向型经济和石油高新技术产业为主，实行与国际惯例接轨的新型管理体制，采取"一区多园"的管理模式，下设石油高科技产业园、兴隆工业园、中兴商贸园等园区。目前，园区基础设施建设和配套服务设施日臻完善。2013 年 1 月，国务院同意盘锦辽东湾新区升级为国家级经济技术开发区，实行现行国家级经济技术开发区的政策。这对于辽东湾新区充分发挥区位优势，进一步提升综合竞争能力，加快外向型经济发展起到重要作用。

盘锦经济开发区的发展重点是建设石油高新技术产业园。石油高新技术产业园的存在基础是民族石油工业，因此其目标定位为：研究开发石油高新技术成果并进行转化；对引进的石油勘探、开发的高新技术进行消化、吸收和自主创新；孵化培育石油高新技术企业并培养高新技术企业管理人才；形成和发展石油高新技术产业；应用高新技术促进传统产业的改造和发展；实现石油高新技术成果商品化、产业化、国际化。也就是说，石油高新技术产业园要成为面向国内、国际石油技术市场的研发基地；成为石油行业高级技术人才集聚地、石油高新技术项目集散地、石油高新技术辐射地；成为石油高新技术企业孵化中心，石油高新技术产业化、商品化基地，石油装备制造业生产基地，石化、塑料、新型建筑材料的生产基地；最终成为区域经济发展的主要增长极。石油高新技术园建设的另外一个目标就是通过石油高新技术的发展，带动相关技术产业的进步，形成新的替代能源研究力量，使盘锦由石油资源型城市发展为新型能源城市，最终将盘锦市建设成为"中国能源之都"。

## 5. 葫芦岛

### 葫芦岛杨家杖子经济技术开发区

位于渤海之滨辽西走廊西部的杨家杖子经济技术开发区，坐落在辽宁省葫芦岛市西北部35千米处，东邻世界天然良港葫芦岛港，西接历史名城朝阳市，南眺中国旅游古城兴城市。占地面积为9.67平方千米，人口5万人。

2000年，葫芦岛市杨家杖子经济技术开发区正式挂牌成立，经过多年的建设和改造，开发区已拥有较齐备的公用设施，可为招商引资和经济发展提供良好的生产、生活基础。区内铁路专用线与京沈铁路葫芦岛站相接，和锦州至叶柏寿铁路线叶家屯站相连。从开发区驱车40分钟即可到达京哈高速公路葫芦岛东出口，另有天然良港葫芦岛港距开发区仅20余千米，水陆交通均十分便利。

2007年9月28日上午，升格为省级开发区的葫芦岛市杨家杖子经济开发区举行了挂牌仪式，这标志着具有百年开采历史的老矿区步入了一个崭新的发展阶段。

葫芦岛海岸（仝开健供图）

# 1. 大连对外交流的区位优势

位于黄渤海之滨的大连，凭借绵长的海岸线和整洁优美的城市形象，成为越来越多的国内外人士旅游观光、经济交流或前来居住的目的地。而且，大连优越的地理位置，众多的港口群，欧亚大陆桥，决定了其无与伦比的区位优势。

## 地理位置的优势

大连位于中国东北的最南端，是一个三面环海的半岛城市，它西北比邻渤海，东南面向黄海，在黄海和渤海相拥之下，有着著名的特殊景观——"黄渤海分界线"。大连地处包括中国、日本、韩国、俄罗斯、蒙古在内的东北亚地区的中心，北上是东北三省和内蒙古东部，向东是韩国、日本。同时，大连又与山东半岛形成京津门户。

整座城市依山沿海，由东向西而建。海岸线长 1906 千米，占到辽宁省的 73%，全国的 8%。大连市位于北半球的暖温带，是东北地区最温暖的地方，具有海洋性特点的暖温带大陆性季风气候，气温适中，空气湿润，降雨集中。冬无严寒，夏无酷暑，四季分明，气候宜人。年平均气温 10.5℃，年降水量 550～950 毫米，全年日照总时数为 2500～2800 小时，日照率平均为 60%。最热的 8 月平均气温为 25°左右，冬天平均气温为 −5～−10℃。阳光、沙滩、海浪在这里完美结合。可以说，大连是国内有极佳海岸线资源、坐北朝南的阳光海滨之城，在中国乃至世界都是极佳的休闲度假胜地。近些年，大连依靠优越的地理位置优势开发了很多旅游项目，如龙王塘的樱花节、冰峪沟的灯会、安波的温泉和甘井子林海滑雪场等，这使大连成为旅游胜地。

大连得天独厚的地理位置，决定了其无与伦比的区位优势。首先，从空间看，大连近京津、临韩日，处于世界三大经济体之一——东北亚的核心位置；从行程时间看，大连和北京、首尔、东京几乎在地理空间的一条直线上，直飞北京、首尔不到一小时，直飞日本也不到两小时，所以大连可以说是极具发展后劲的城市。从 2013 年夏季达沃斯会议选址大连召开这一事实看，大连的城市地位可见一斑。

## 独特的港口群

大连的城市发展规划与战略布局经历了一次又一次升级，并因此而带来了巨大的发展机遇。

2010年，在城市全域化背景下，大连核心城市功能得到大大提升，港口建设更是全面开花，全力打造中国最大、世界最有影响的能源港，建立离岸金融中心和国家汽车整车出口基地；东港大开发的全面建设蒸蒸日上，区域价值提升指日可待；此外，投资450亿元的地铁、投资200亿元的大连新机场、投资3000亿元的大连到烟台的跨海隧道，等等，使大连的发展在国家政策利好和区域利好双重擎举下，全面进入高速发展的"快车道"。

大连港和长兴岛组合港区以集装箱干线运输为重点，全面发展石油、矿石、散粮、商品汽车等大宗货物中转运输。作为沿海港口城市，大连独享东北腹地，无论过去、现在还是将来，大连的发展规划都从临海临港的特色出发。

大连有内地最好的建港条件，有数个码头离岸边只有200多米，水深30米，可停泊第六代集装箱船、30万～50万吨油轮。大窑湾一期港口已经被国际同行评为"亚洲最有效率"的集装箱码头，内地仅有上海和大连入选。大连港是我国北方重要的对外贸易港口和东北地区最大的货物转运枢纽港，已经形成具备一定规模的沿海港口群，30万吨级原油码头、30万吨级矿石码头和汽车码头等一批大型专业化深水码头具有国际水准，基本形成了适应国际航运中心建设要求的现代化港口体系。

大连港在大连区域内进行了整合。长兴岛是国家级经济技术开发区，也是大连港中长期港区布局的重要接续。目前，长兴岛各项业务码头正在规划和建设中，力求业务结构合理，航线布局完善，同时，长兴岛正在积极拓展与大型公司的合作意向。大连港集团与旅顺口区政府签署了《战略合作框架协议》，组建大连港旅顺港务有限公司，并拟以股份公司为主体参与烟台—大连铁路轮渡的整合。以上措施将大大改善客滚运输业务的主导地位及业绩水平，为下一步大连口岸客滚运输业务整合创造条件。大连港集团对大窑湾北岸的建设进行布局结构调整，未来将对公司核心港区发展提供巨大支持。庄河港，庄河花园口工业区是"五点一线"发展战略中重要一点，已布局建立庄河码头。

大连港在大连口岸区域内的整合，使得大连港成为大连公共码头开发的主体，主导地位进一步增强，未来有宏大的发展空间。

靠泊的货船（仝开健供图）

## 欧亚大陆桥

　　陆桥经济作为继江河经济、海岸经济之后人类社会经济发展的第三阶段，具有强大内聚力和辐射力。大陆桥所独有的双向开放优势，使其成为新兴的经济技术文化"黄金走廊"，正在牵动经济发展的环球空间布局与结构新变动。

　　亚、欧两大洲之间已经形成了西伯利亚大陆桥（亚欧大陆桥）和新亚欧大陆桥。其中，西伯利亚大陆桥贯通亚洲北部，以俄罗斯东部的东方港为起点，通过西伯利亚大铁路，通向欧洲各国最后到达荷兰的鹿特丹港，全长 13 000 千米左右。新亚欧大陆桥东起太平洋西岸连云港等中国东部沿海港口，西可达大西洋东岸荷兰的鹿特丹、比利时的安特卫普等港口，横贯亚、欧两大洲中部地带，总长约 10 900 千米，被誉为是一条对亚欧大陆经贸活动发挥巨大作用的"现代丝绸之路"。

　　从大连港经中俄边境城市满洲里到欧洲大西洋的"大陆桥"已经开通。这条以大连港为起点的亚欧大陆桥运输通道，通过中国东北境内发达的电气化铁路网，将货物经满洲里运输出境，在俄罗斯的后贝加尔车站换装后，沿西伯利亚大铁路直达俄罗斯莫斯科和圣彼得堡，并延伸至波兰的华沙、德国的柏林以及荷兰的鹿特丹港等地。

　　以大连为起点的国际过境运输班列的开通，实际上使大连成为西伯利亚大陆桥更便利的另一个东方起点，它将国际海铁联运业务直接延伸到欧洲国家，大幅降低货物运输的时限和成本，将改变中、日、韩与俄罗斯和欧洲之间的货物运输主要采用海运绕行或经俄罗斯东方港进出大陆桥的路径，增强大连港的国际中转功能。大连至俄罗斯的国际过境班列全程运行时间仅需18天，比海运节省20多天，比以俄罗斯东方港为起点的西伯利亚大陆桥运输节省10天。同时，有利于拓展大连港的国内货源腹地，如华南、华东、山东半岛等地货源潜力巨大，将大大增加大连港的中转箱量。

大连承当欧亚大陆桥新的桥头堡具有得天独厚的优势。大连地处东北和环渤海两大经济区的交汇点，是东北亚地区进入太平洋、走向世界极为便捷的海上门户之一，是区域性资源配置中枢，地理优势明显。大连港是不冻不淤的天然良港，是中国北方重要的对外贸易港口和东北地区最大的货物转运枢纽港，它不仅使亚、欧两大洲特别是东北亚与欧洲之间的联系更加紧密与快捷，而且还拉动中国东北腹地经济发展，对东北亚地区经济的发展具有重要影响。

## 2. 大连的对外经济交流

### 大连经济技术开发区

大连经济技术开发区（简称"大连开发区"）是国家批准的全国第一个经济开发区，是大连市域内7个国家级开发区之一。1984年9月25日，国务院正式批准在金县马桥子兴建大连经济技术开发区，1984年10月15日开工建设。规划面积388平方千米，建成区面积56平方千米，总人口共约39万。截至2010年，共有来自47个国家和地区的2300多个外商投资项目落户开发区，其中世界500强企业45个，投资项目70个，平均投资规模7000万美元，投资总额超过1亿美元的项目33个。英特尔、博格华纳等世界顶级项目位列其中。大连开发区是一个少数民族散居地区，国家民族事务委员会直属的大连民族学院就建在大连开发区。这样，大连开发区就成为全国为数不多的56个民族齐全的地区。

大连开发区地处辽东半岛东南端，北依大黑山，与金州区接壤；南濒黄海，与长山群岛隔海相望；东与金州区登沙河镇相连；西接金州蜂腰部与甘井子区大连湾街道毗邻。区内低山、丘陵、平原间列分布，总体为北高南低之势。现在大连经济技术开发区管理委员会与大连金州新区管理委员会、大连金石滩国家旅游度假区管理委员会、大连市金州区人民政府合署办公。

该开发区海岸线长 73 千米，为大连南岸黄金海岸的一部分，海域自然条件良好。夏季常受太平洋副热带高气压和江淮气旋的影响，多南风和西南风，冬季偏北风，春秋两季南北风各有交替，全年无霜期 190 天。

大连开发区港口资源丰富，吞吐量在东北亚首屈一指。其中大窑湾港是中国北方最大的集装箱运输中转基地，可停靠第四代、第五代集装箱船，一次性堆存能力 41 000 标准箱。现已开通至美洲、东南亚、欧洲等集装箱航线共计 40 余条。随着大窑湾港二期工程的建设完成，大窑湾港区年吞吐能力达到 8000 万吨，年吞吐量达到 150 万标准箱。它将成为中国最大的国际深水港以及东北地区主要的集装箱海运集散中心。

大连开发区交通便利。铁路方面与东北铁路网和华北铁路网相连，以长大干线为主干，成树枝状延伸东西海岸，将海陆交通联系起来。有连接大窑湾的疏港铁路直接进入东北铁路网，将海陆交通连接起来。公路方面，距沈大高速公路 7 千米，由此贯通东北地区，并通往华北地区。沈大高速公路零千米处与开发区快速路振兴路相接，连接北部山区的黄海大道已通车。

得天独厚的地理位置，宜人的气候，幽静的环境，四通八达的交通，除了原先的中小学外，很多大学也选址于此，如大连大学、大连民族学院以及鲁迅美术学院分院等。

## 大连保税区

大连保税区位于大连经济技术开发区与大窑湾国际深水港之间，1992 年 5 月，经中华人民共和国国务院批准设立，是目前我国开放程度极高、政策极优的综合性经济区域。2010 年 4 月 9 日，新市区行政体制改革将金州区二十里堡街道、亮甲店街道移交大连保税区托管。

大连保税区是全国唯一的集保税区、保税港区、出口加工区于一身的特殊监管区，以其得天独厚的地理优势，宽松的贸易政策，崇高的信誉，细致周到的服务享誉海内外。海关对出、入区的货物实行 24 小时通关服务。进区货物可以实现"直提直放"，更是大连保税区独具的魅力所在。

大连保税区具有优越的区位条件：保税区周围环绕着六大港口码头，以大窑湾港为依托，充分发挥区位优势，积极建立一个与国际市场接轨、高度开放的自由贸易区；保税区公路与沈大高速公路相连，从大连市内到保税区有公共交通车、轻轨列车，交通十分便利；客货运输可达全国各地。

大连保税区

　　大连保税区经过多年建设，区内水、电、气等各项基础设施配套完善。区内绿树成荫，道路整洁，环境优美，社会服务优良。作为全国首个通过国家部委联合审批、目前政策最为优厚的区港联动区保税区，大连保税区是与国际市场接轨、投资与货物进出自由、人员进出自由、企业经营自由、货币流通自由、高度开放的自由贸易区。凭借巨大的优惠政策，保税区吸引了大批国内外知名企业投资建厂，成为地区开放的城头堡。为辽宁乃至东北的港口城市探索出了一条引进外资的新路。

　　大连保税区经济发展已具规模，形成了以电子、机械、塑料、家用电器为主的加工产业，以汽车为主体的国际贸易大市场，进口汽车市场规模在不断扩大，信息服务不断创新。豪华、新潮、高档的进口汽车已成为大连口岸进口汽车消费者的时尚追求，同时形成了与其配套服务的仓储物流体系。

### 大连高新技术产业园区

　　大连高新技术产业园区（简称"大连高新区"）是国务院 1991 年 3 月首批批准的国家级高新技术产业园区之一，位于大连市区西南部，占地 153 平方千米，辖区人口约 20 万人。2008 年被科技部评为"国家先进高新区"，是大连市高新技术产业基地、自主创新平台、软件和服务外包的核心区，也是大连市的对外开放先导区、科技兴市的示范区。

这里依山傍海、草木葱茏，生态良好，交通便利；规划建设有大连软件园、七贤岭现代服务业核心功能区、凌水软件总部经济基地、动漫走廊、河口国际软件园、黄泥川·天地软件园、英歌石软件园和华信软件园、IBM软件园、欧力士软件园、富达基金软件基地等20余个专业软件园，形成了全国第一、世界唯一的规模化、高端化、专业化的软件园集群。

大连高新区是高新技术产业聚集的基地，拥有企业4700多家；IBM、惠普、爱立信、戴尔等80个世界500强企业项目在高新区落户。大连高新区是科技创新的平台，拥有近百个国家级研发中心和企业研发中心，8个公共技术服务平台，3600余项授权专利。大连高新区突出发展软件和服务外包、先进制造业、电子视听和生物医药产业。大连的软件和服务外包产业80%以上都在大连高新区。大连软件园入驻企业，已成为以对日业务为主、产学相结合的BPO产业化基地，成为最具国际特色的东北亚服务外包中心。七仙岭现代服务业核心功能区，是软件和信息服务的研发、孵化、培训、生产的中心区域。大连高新区已聚集了6万余名软件人才，汇集有570多家国内外知名的软件和服务外包业。

大连高新区人力资源丰富。区域内有大连理工大学、大连海事大学、东软信息技术学院等12所高等院校和中国科学院大连化学物理研究所等50所科研机构，集聚大学本科以上专业人才10万余名，拥有硕士5000多人，博士近千名，建立博士后工作站12个。已成立各类研发中心和工程技术中心95个，公共技术平台4个，拥有专利2500多项。每年一届的"中国国际软件和信息服务交易会""中国海外学子创业周"的大力度引进和大连20余所高等院校的专业化培养，为旅顺南路软件产业带提供了充足的软件人才资源。

大连高新区基础设施齐全、孵化功能完备。建有工厂、生物、海外学子创业园、动漫和软件等9个专业孵化器，孵化面积超过35万平方米，在孵企业400多家，累积孵化企业900多家。大连高新区注重生态与人文环境的打造，追求人、自然与产业发展的高度和谐，是通过ISO14000环境管理体系认证的绿色园区。

大连高新区规划建设的旅顺南路软件产业带获得了国家设立的软件和信息服务业的所有产业荣誉，是第一批"国家软件产业基地"，第一批"国家软件出口基地"，第一个"国家软件版权保护示范城市"，第一个"中国服务外包基地城市"，唯一的"软件产业国际化示范城市"，唯一的"国家动漫游戏产业振兴基地"和"国家动画产业基地""双授牌"的动漫游戏产业基地。

## 3.大连的对外文化交流

### 大连国际服装节

　　每年 9 月初举办的大连国际服装节，是一个集经贸、文化、旅游于一体的国际性经济文化盛会，是在国内外有着广泛影响的国际服装节之一。1988 年以来，已成功举办了 26 届，把大连的服装生产和销售

大连国际服装节模特表演

不断推向高潮，使中国的服装艺术迅速走向世界，为中国服装走遍天下创造了良好条件。

　　服装节如今已形成了自身独特的服装文化。大连服装文化的重要特征是开放性、开拓性、兼容性及个性化、时尚化。其重要外在表现是，今日大连服装已成为中外联系的一条纽带。

　　服装节吸引着五大洲众多国家和地区的客商和海内外政界要人、外交使节、新闻记者、旅游者前来参加，为世界了解大连，大连走向世界，为世界文化的交流搭建了一个独具特色的舞台。

### 大连国际赏槐会

　　大连素有"东方槐城"之美誉，每年 5 月槐花盛开，满城飘香，美丽的滨城更绚丽多姿。一年一度的赏槐会就在这最美的季节里举行。每年的赏槐会都是人山人海，令人瞩目。游人可赏槐看花，领略槐乡风韵，重温童年放风筝的乐趣。

　　大连现有刺槐林 68 700 亩，占树种面积 34.2%。市区已栽植行道树的道路有 346 条，所植行道树共 73 900 株，有 13 个品种，其中刺槐 52 000 株，占 70.4%。刺槐，树形俊美，花香异常，有较高的观赏和食用价值。每年 5 月末至 6 月初，槐花盛开，满城皆白，处处飘溢着诱人的清香，四方游人潮涌般前来观赏。

　　大连赏槐会始于 1989 年，是以槐花为媒介、以"槐花结友谊，旅游促发展"为主题开展的大型旅游节庆活动。1992 年，国家旅游局正式确定"大连赏槐会"为国家级地方性旅游节庆活动。

　　每届赏槐会都会有盛大的巡游表演和开、闭幕式演出。对大连这座城市来说，赏槐会

大连海水养殖区（仝开健供图）

已经成为全城市民的节日，同时也有来自韩国、日本、俄罗斯等各国的友人来参加这一盛大节日，带来充满异域风情的文艺表演。

## 夏季达沃斯年会

夏季达沃斯年会，亦称"世界经济论坛新领军者年会"，是世界500强企业与最有发展潜力的增长型企业、各国和地区政府间的高峰会议。鉴于"达沃斯"这个名称所包含的意义已经约定俗成，被世界各国和地区的政府、经济界广泛熟知和认可，所以在中国举办的这一年会简称为"夏季达沃斯论坛"或"夏季达沃斯年会"。在第一届夏季达沃斯论坛上，国际社会决定以后将长期在中国举行此论坛会议。

达沃斯论坛是一个思想者的聚会。1979年，中国以改革开放的新姿态刚打开国门，就引起了达沃斯论坛的高度重视。同年，该论坛正式邀请中国作为正式成员加入论坛。2007年，达沃斯论坛为中国"量身定造"的名为"世界经济论坛新领军者年会"在中国大连举行首次年会，至今已在中国连续成功举办了9届。天津、大连轮流作为主办城市。

大连市作为夏季达沃斯年会的举办城市之一，先后建设打造了世界博览广场、东港商务区国际会议中心等功能区域，为更好地成功举办夏季达沃斯年会，展示城市风采搭建了良好的平台。通过举办论坛年会，吸引各国政要、世界知名企业家和经济学家齐聚大连，加强了大连与世界的沟通与交流，很好地提升了城市的影响力。在思想碰撞、经济交流的同时，各种文化也在这里汇聚交融。

## 大连国际马拉松

大连国际马拉松赛是被国际路跑协会、中国田径协会路跑委员会列入国际标准的马拉松赛事之一。从1987年第一届大连万人国际马拉松赛至今已连续成功举办了29届，是国内历史悠久的马拉松赛事之一。

多年来，在地方政府的直接领导下，在社会各界及广大市民的大力支持和参与下，大连国际马拉松已成为目前我国唯一群众性与竞技性相结合、健全人与残疾人同场竞技的大型体育赛事，每年都吸引来自世界各地的优秀马拉松选手和近万名马拉松爱好者参加比赛，充分体现了大连国际马拉松赛的国际性、群众性、竞技性及社会性的完美融合，既突出了彰显个性的魅力，又体现出和谐的完美。大连国际马拉松赛现已成为体育的舞台、城市的盛会、人民的节日；成为大连市对外开放、加强国际间的文化体育交流与合作的重要载体。

党的十八大提出："提高海洋资源开发能力，坚决维护国家海洋权益，建设海洋强国。"辽宁省横跨渤海和黄海，大陆海岸线东起鸭绿江口，西至辽冀分界线，包括丹东、大连、营口、盘锦、锦州、葫芦岛6个地级市。大陆海岸线长2110千米，岛屿岸线长628千米，海域面积6.8万平方千米。可以说是一个海洋大省。国家振兴东北老工业基地战略、"五点一线"发展战略、环渤海经济带建设、东北亚国际航运中心建设都说明辽宁在国家海洋经济发展中的战略地位。辽宁理应大力发展海洋经济，建设"海上辽宁"。

2006年初，辽宁省出台了《关于鼓励沿海重点发展区域扩大对外开放的若干政策意见》，明确提出今后一个时期，全省对外开放的重点将放在大连长兴岛临港工业区、辽宁（营口）沿海产业基地、辽西锦州湾沿海经济区、辽宁丹东产业园区和大连花园口工业区5个区域。与此同时，辽宁还将建设一条1400多千米长的滨海公路，将这5个区域连接在一起，形成对外开放"五点一线"的新格局。

"五点一线"给辽宁带来了新的希望和机遇，区域内的每个城市都根据自身的不同特点，进行规划和开发。

长兴岛位于辽东半岛和大连渤海海岸线的中端，是我国第五大岛，长江以北第一大岛。根据大连市建设东北亚国际航运中心规划以及自身的资源条件，长兴岛将发展以重化工业为基础的大型专业化深水港口和临港产业工业集群，并以港口建设和工业发展带动整个岛屿及周边地区的综合开发和城市建设，成为大连建设东北亚国际航运中心的重要组合港。营口既属于辽宁南部沿海城市，又背靠辽宁中部城市群，它还是东北最近的出海口。营口港50%～60%的货源来自辽宁中部城市群。为此，辽宁将营口产业基地定义为营口沿海产业基地，就是要体现和发挥出营口面向辽宁中部城市群和东北腹地的服务作用，走个性化的发展道路。

新开放就是要打破常规。辽宁西部的葫芦岛市是1989年从锦州市划分出来的，在"五点一线"中，辽宁省将锦州西海工业区和葫芦岛北港工业区一起圈定为辽西锦州湾沿海经济区，希望两市联手发展。辽宁省还决定，在辽西锦州湾沿海经济区内设立"飞地"，锦州和葫芦岛分别为辽西不沿海且经济实力相对较弱的朝阳市和阜新市确定了各 1 平方千米的"飞地",并实施政策优惠,在"飞地"内设立的企业,增量返还增至 100%,由"飞地"提供市和使用市按 50% 的比例分留。

"五点一线"的开发战略,要求把区域振兴和发展作为一个整体,共同构建新的沿海经济带。政府引导、市场运作为"五点一线"发展作出了基本保证。工业园邀请了新加坡裕廊集团、北京大学和同济大学进行园区规划,有的还请到了中国国际工程咨询公司作产业规划,做到高标准的规划、高起步的开局。

沿海开发,港口先行。营口港率先跨过了亿吨大港的门槛,而地跨锦州、葫芦岛两个城市行政区划,并且牵动整个辽西沿海经济区的锦州湾则在扩建锦州港和葫芦岛港;位于辽东半岛顶端的大连港则率先获国家批准,开设了大窑湾保税港区。一个以大连港为枢纽,以周边港口为中转港的港口群初具规模,人们期待已久的国际航运中心的框架已经形成。

继长江三角洲、珠江三角洲经济圈崛起之后,环渤海经济圈的发展成为新一轮热点。辽宁以"五点一线"为框架的沿海对外开放经济带,已成为这个区域强大的北翼。

海洋是开放的,海洋经济必然是开放的。全方位的对外交流是海洋经济发展的前提,反过来说也是如此。海洋经济的发展必定推动对外交流力度的不断加强,从而推动社会文化的不断提升和人类文明的不断进步。

# 主要参考文献

崔世浩．2007．辽南碑刻．大连：大连出版社．

长海县文联．2005．长海传说．北京：中国文联出版社．

大连市史志办公室．2003．大连市志：文化志．大连：大连出版社．

大连通史编纂委员会．2007．大连通史：古代卷．北京：人民出版社．

董志正．1992．这是一方沃土．大连：大连出版社．

高志华．1999．大连美术家作品集．北京：中国文联出版社．

呆树，李伟，王万涛．2007．大连通史：古代卷．北京：人民出版社．

贾德江，杨连升，周士钢．2008．大连国画家．北京：北京工艺美术出版社．

蒋维炎．1900．妈祖文献资料．福州：福建人民出版社．

李露露．2003．从民女到海神：妈祖神韵．北京：学苑出版社．

李晓东．2012-3-19．海就在我们身边我们却不懂海．新商报，（33）．

李震．1987．中国近代战争史话．北京：军事译文出版社．

辽宁文物考古研究所．1992．辽宁省瓦房店市长兴岛三堂村新石器时代遗址．考古，（2）．

刘则亭．2009．二界沟开海日．鹤乡笔苑，（1）．

刘长青．2009．从元神岗的名称说到元神崇拜．鹤乡笔苑，（1）．

宁士员，张俊．2005．神奇的广鹿岛．长春：吉林文史出版社．

覃骊兰，郝二伟．海洋生物资源药用研究概述．辽宁中医药大学学报，10（9）．

秦岭．2007．大连市非物质文化遗产概览．沈阳：辽海出版社．

秦岭．2009．大连地区的妈祖信仰．戏剧丛刊，（1）．

孙光圻．1989．中国古代航海史．北京：海洋出版社．

陶炎．1989．营口开港与辽河航运．社会科学战线，（1）．

佟冬．1998．中国东北史．长春：吉林文史出版社．

王万涛．2002．大连市志：宗教志．沈阳：辽宁民族出版社．

王宗绍．1987．语言艺术的魅力．当代作家评论，（6）．

新金县志编委会．1993．新金县志．大连：大连出版社．

刑富君．1995．徐铎的小说世界．辽宁师范大学学报（社会科学版），（5）．

许敬文．1996．东沟县志．沈阳：辽宁人民出版社．

张安阳．1995．鸭绿江风情：丹东卷．沈阳：辽宁教育出版社．

张超．2008．大连画院作品集．沈阳：辽宁美术出版社．

张翠敏．2010．青堆子天后宫考．东北史地：（4）．

张森水．1989．中国远古人类．北京：科学出版社．

张晓莹．2011．辽南妈祖信仰的形成．福建论坛（人文社会科学版）．

张玉珠．2007．世纪之交的大连文艺．沈阳：春风文艺出版社．

朱诚如．2009．辽宁通史．第二卷，沈阳：辽宁民族出版社．

朱亚非．2007．古代山东与海外交往史．青岛：中国海洋大学出版社．

港口风光（仝开健供图）

**图书在版编目（CIP）数据**

中国海洋文化·辽宁卷/《中国海洋文化》编委会编 . —北京：海洋出版社，2016.7

ISBN 978-7-5027-9102-5

Ⅰ．①中… Ⅱ．①中… Ⅲ．①海洋－文化史－辽宁省 Ⅳ．① P7-092

中国版本图书馆 CIP 数据核字（2015）第 050484 号

责任编辑：冷旭东　肖炜

装帧设计：文化·邱特聪

责任印制：赵麟苏

ZHONGGUO HAIYANG WENHUA · LIAONING JUAN

海洋出版社 出版发行

http://www.oceanpress.com.cn

北京市海淀区大慧寺路 8 号　　　　邮编：100081

北京画中画印刷有限公司印刷　　　　新华书店经销

2016 年 7 月 第 1 版　　　　2016 年 7 月 北京第 1 次印刷

开本：810mm × 1050mm　1/16　印张：23.75

字数：417 千　　　　定价：70.00 元

发行部：010-62132549　邮购部：010-68038093

编辑室：010-62100038　总编室：010-62114335